油气藏渗流理论与开发技术系列

页岩气藏有效开发
非线性渗流理论及方法

朱维耀　宋付权　尚新春　宋智勇　郭　肖　著

科学出版社

北　京

内 容 简 介

本书通过实验、理论推导、数值模拟计算和现场实际应用相结合的方法建立反映页岩气多尺度、多流态流动特征的非线性渗流理论，主要包括各种复杂渗流机理、渗流规律、各类稳定渗流、不稳定渗流、含水条件下的页岩气体渗流、多场耦合作用渗流的非线性数学模型等；重点论述页岩气多尺度、多流态及多重质流动规律及实验技术，页岩气开发多尺度、多流态、多区耦合非线性渗流理论，页岩气开发多场耦合非线性渗流理论、非线性渗流理论在工程中的应用等；系统构建了页岩气开发的非线性渗流理论。

本书适合石油工程领域的科研人员、技术人员、高等院校的教师、本科生及研究生参考使用。

图书在版编目(CIP)数据

页岩气藏有效开发非线性渗流理论及方法/ 朱维耀等著.—北京：科学出版社，2018.4

ISBN 978-7-03-056422-1

Ⅰ．①页… Ⅱ．①朱… Ⅲ．①油页岩-油田开发-渗流-研究 Ⅳ．①P618.130.8

中国版本图书馆CIP数据核字(2018)第015374号

责任编辑：万群霞 耿建业 / 责任校对：彭 涛
责任印制：张 伟 / 封面设计：耕者设计工作室

科 学 出 版 社 出版

北京东黄城根北街 16 号
邮政编码：100717
http://www.sciencep.com

北京教园印刷有限公司 印刷
科学出版社发行 各地新华书店经销

*

2018 年 4 月第 一 版 开本：720×1000 B5
2018 年 4 月第一次印刷 印张：18 1/2
字数：370 000

定价：158.00 元

前　　言

页岩气是除常规油气和天然气水合物以外的最大油气资源，且资源丰富。据美国国家石油委员会(The National Petroleum Council, NPC)统计，截至2007年年底，全球页岩气资源量占非常规气资源量近50%，开采页岩气潜力巨大，正日益受到关注。页岩气藏具有"自生自储"、赋存方式复杂等特点，虽然目前已在页岩气成藏机理、资源评价等方面取得了巨大进步，但在页岩气藏多尺度流动规律研究方面仍处于空白，在流固耦合渗流理论方面的研究仍基于常规气藏开采的理论。目前，国内外还没有页岩气开采的多场耦合作用机理、非线性渗流理论、高效开发整体优化理论等方面的系统研究成果。为此，迫切需要建立和形成以页岩气藏开发的非线性渗流理论为指导，以期对页岩气藏开发给出开采的规律性认识，从而为页岩气藏的高效、科学开发提供理论支撑。

本书是笔者在跟踪国内外理论和技术研究的基础上，经过近年来的系统研究，通过室内渗流物理模拟实验、理论方程建立、数值模拟计算和现场实际应用相结合的方法建立的反映页岩气藏渗流特征的非线性渗流理论，并取得了原创性成果；该理论经矿场大范围工业化应用和验证，取到了较好的页岩气藏开发效果。本书是反映页岩气藏开发领域的最新科技研究成果的专著，解答了目前页岩气藏开发中诸多认识不清的问题。目前已出版的渗流理论、油气藏工程类图书涉及上述部分内容的较少，因此希望本书能为油气田开发的科研人员和工程技术人员、大专院校师生在油气藏开发的学习和应用中起到积极的作用，也希望对气田的开发起到推动作用。

全书共十章：第1章、第2章介绍页岩气藏的基本特征、页岩气藏开发技术及开发方法；第3章、第4章重点介绍页岩气藏多重介质多尺度流动规律；第5章介绍页岩气开采压力传播动边界渗流问题；第6章、第7章介绍各种井型多区耦合稳态、非稳态渗流数学模型；第8章、第9章、第10章重点介绍页岩气开采多场耦合作用规律、多场耦合非线性渗流理论及快速数值模拟方法；同时书中还介绍了非线性渗流理论的实际应用。

本书内容是国家重点基础研究计划(973)项目"页岩气多场耦合非线性渗流理论研究"（课题编号：2013CB228002）的部分研究成果，感谢国家科学技术部的支持。感谢亓倩、马东旭、刘嘉璇、于俊红、邓佳等博士研究生们为本书成果的研究做出了大量的贡献，也感谢科研团队的同事对本书给予的支持和帮助。

由于时间仓促及作者水平有限，书中错误和不妥之处在所难免，恳请读者批评指正。

作 者

2017 年 11 月 20 日

目　　录

第1章 页岩气藏的基本特征

1.1 页岩气的概念

页岩气是产自以富有机质页岩为主的储集岩系中的非常规天然气[1]。全球页岩气资源非常丰富,据美国能源信息署预测,全球页岩气资源量为$187×10^{12}m^3$。页岩储层与常规砂岩储层相比,具有复杂的孔隙结构特征,存在大量的有机质孔隙和无机质孔隙,以及天然微裂缝和人工压裂缝。页岩储层具有低孔隙度、低渗透率、超致密的特征。页岩储层中发育有大量的纳米级孔隙,是页岩气的主要储集空间,储层中的微裂孔隙和较大的孔隙对渗透率具有较大贡献。

近年来,由于勘探开发技术取得突破并得到大规模推广,北美页岩气开发取得重大突破,在一定程度上改变了世界天然气的供给格局。在政府税收优惠和补贴政策影响下,2000 年美国页岩气产量突破$100×10^8m^3$。进入 21 世纪以来,随着水平井钻探及压裂技术的进步,美国页岩气勘探开发取得突破性进展,2010 年美国页岩气产量高达$1380×10^8m^3$,2011 年超过$1700×10^8m^{3[2]}$,接近美国天然气总产量的 30%。与美国相比,我国页岩气储层条件更为复杂,具有特殊性,具体表现在如下几个方面。

(1)我国海相页岩沉积时代老、热演化程度高、总有机碳含量相对较低,多为寒武系、志留系和泥盆系,热演化程度(R_o)普遍大于 3.0%,总有机碳含量值(TOC)为 2%～8%。而美国页岩气储层以泥盆系、石炭系为主,R_o 一般为 1.1%～2.0%,TOC 为 2%～14%。页岩储层主要以纳米级有机质孔隙为主,具低孔隙度、特低渗透率致密的物性特征。美国主要产气页岩储层岩心分析总孔隙度分布在2.00%～14.00%,平均为 4.22%～6.51%;测井孔隙度分布在 4.0%～12.00%,平均为 5.2%;充气孔隙度分布在 1.0%～7.5%,充水孔隙度为 1.0%～8.0%;渗透率一般小于 0.1mD($1D=0.986923×10^{-12}m^2$),平均喉道半径不到 0.005μm。我国四川盆地页岩储层物性分析虽然取得了部分孔隙度资料,但渗透率因测试灵敏度低未测出。其中资 2 井筇竹寺组黑色粉砂质页岩样品的孔隙度分布在 1.0%～2.5%,平均孔隙度为 1.58%;资 3 井硅质页岩的孔隙度为 0.12%～0.70%;威 001-2井筇竹寺组页岩储层的测井孔隙度为 0.69%～3.08%,平均值为 1.64%,渗透率为 0.001～0.110mD,平均值为 0.019mD;阳深 2 井龙马溪组测井解释孔隙度一般为 1.0%～5.0%;阳 63、隆 32 等井在龙马溪组已测试获气流。可见,四川盆地下古生界页岩具备储集条件。与北美页岩气相比,我国页岩气储层纳米孔隙分布特征存在差异。因此，针对我国页岩气储层分布特点，对纳微米尺度孔隙渗流机理进行研究，具有重要的意义。

(2)我国海相页岩构造改造强烈，页岩储层受多次改造，断裂发育，页岩气保存条件欠佳[2-5]，而美国页岩构造活动简单，断裂稀少，页岩气保存条件相对较好。常规储层压裂多形成单一裂缝，而页岩储层的复杂层理、裂缝性特征决定了压裂可能形成更为复杂的裂缝或裂缝网络。美国页岩气藏成功开发的实践表明，压裂改造是实现页岩储层有效开发的主体技术。目前美国约有85%的页岩气井采用的是水平井与分段压裂技术相结合的方式，可以最大限度地增大复杂裂缝网络与基质的接触面积，增产效果显著。页岩气的产量主要取决于缝网发育程度，即人工改造区(SRV)裂缝发育程度。在人工改造区存在大量带有支撑剂的裂缝、无支撑剂的裂缝及天然微裂缝，这些微裂缝在页岩气开发中具有重要的作用。由于我国特殊的地质构造背景，决定了我国页岩气储层裂缝具有尺度多样性、分布复杂性等特点[6, 7]。在开发过程中，降压开采产生应力场变化导致介质变形，流-固耦合问题凸显，流动规律不明，因此，研究不同裂缝渗流机理、分布特征及流-固耦合作用势在必行。

(3)我国页岩气储层埋藏深，一般为1500~4000m，地表条件复杂，而美国页岩气储层埋深为1000~3000m，地表多为平原。由于埋藏深度存在差异，地应力作用也不相同，储层多孔介质岩石在不同的应力作用下的力学性质对渗流特征的影响也不尽相同。因此，针对我国页岩气的埋藏特点，有必要对不同应力条件下岩石的力学性质变化规律及应力场对渗流场的作用规律进行研究，为我国页岩气开发过程中钻井工艺和产能预测提供技术支持。

综上所述，照搬国外的理论无法满足我国页岩气的开发要求。因此，亟待针对我国页岩气的特点进行纳微米尺度孔隙流动机理及流-固耦合作用机理进行研究。此外，页岩储层压裂液与储层的耦合作用也与其他气藏存在差异。目前在页岩储层水力压裂过程中，压裂液返排率较低，导致大量压裂液滞留在缝网系统。压裂液返排与产气量的关系与常规储层存在较大的差异。压裂液的存在对页岩缝网的导流能力及储层的物性都有影响。残留压裂液的去向及对应力场变化的影响，残留压裂液的赋存状态与渗流的关系，对气井产能的影响，与常规气藏差异的产生机理，储层的吸水特性，以及对页岩流-固耦合渗流的影响等问题亟待探索。

页岩储层具有复杂的孔隙特征，包括纳米级孔隙、微裂缝、人工压裂缝等。储层具有多尺度的渗流特征，并且在开发过程中存在应力场的流-固耦合作用，以及压裂液与储层的流-固耦合作用。目前关于页岩气开采的流固耦合的渗流规律的研究尚不深入。因此，亟待对人工改造区缝网多重介质多尺度流动的流固耦合流动问题进行深入研究，为提高页岩气的产气能力提供理论支撑，从而促进页岩气藏的开发和有效动用。

1.2 储 层 特 性

页岩通常被定义为"细粒的碎屑沉积岩",但它在矿物组成(黏土质、石英和有机碳等)、结构和构造上却多种多样。含气页岩并不仅仅是单纯的页岩,它也包括细粒的粉砂岩、细砂岩、粉砂质泥岩及灰岩、白云岩等。页岩作为岩层,为不同颗粒大小和不同岩性的混合。

页岩储层具有丰富的储集空间类型,通过对不同类型孔隙统计可知,我国南方海相页岩(筇竹寺组/龙马溪组)中多发育矿物粒间孔、有机质孔、粒内溶蚀孔及成岩收缩缝,这些孔隙是页岩气的主要储气空间。

1.2.1 页岩储层岩性及有机质特征

1. 实验仪器

采用德国布鲁克公司 D8 Discover X 射线衍射仪(图 1.1)。前期调研选型阶段做了深入细致的工作,包括带实际样品到各大厂家相关仪器上实测,最后选定了国内同行业极为鲜见的 UMC150 样品台为核心,配置新型林克斯探测器、测角仪、低角度附件的技术配置组合。

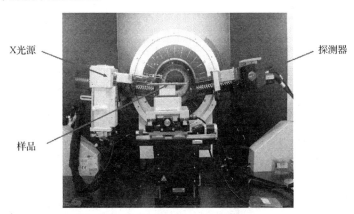

X光源　　　　　　　　　　　　　　　　　　　　探测器

样品

图 1.1 德国布鲁克公司 D8 Discover X 射线衍射仪

2. 实验结果

通过全岩 X 射线衍射分析,发现龙马溪组页岩四块岩样矿物成分以石英和黏土矿物为主(图 1.2)。其中石英含量为 37%~51%,平均为 45%;黏土矿物含量为 29%~51%,平均为 32%;其他矿物含量较少,斜长石含量约 10%;偶见少量钾长石、方解石和黄铁矿。黏土矿物以绿泥石、伊利石、伊利石/蒙脱石间层为主,其中绿泥石的相对含量为 6%～33%，平均为 18%；伊利石的相对含量为 34%～79%，平均为 53%；伊蒙间层的相对含量为 5%～10%，平均为 33.6%，最大间层比为 10%。可见，页岩中黏土矿物含量较高。

　　黏土矿物是一些含铝、镁等为主的含水硅酸盐矿物；除海泡石、坡缕石具链层状结构外，其余均具层状结构；颗粒极细，一般小于 0.01mm；加水后具有不同程度的可塑性；主要包括高岭石族、伊利石族、蒙脱石族、蛭石族及海泡石族等矿物。在丰富的黏土矿物中发育大量的粒间孔隙，黏土矿物粒间孔主要起储集作用。

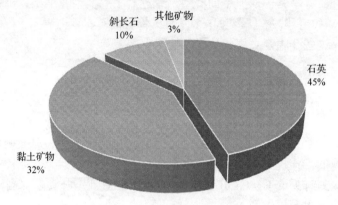

图 1.2　岩样黏土矿物含量

1.2.2　页岩储层微观孔隙结构特征

　　通过偏光显微镜和扫描电镜实验，对研究区页岩样品进行了微观形貌的观察和整体分布特征的分析。黑色页岩表现出相同的矿物分布特征：相对粒度较大的颗粒主要为石英、方解石、白云石、黄铁矿、云母，粉砂级的石英呈现脉状分布，其他矿物主要呈零星分布；其余的黏土矿物主要呈细分散状分布于岩石之中。辅以EDX（Energy Dispersive X-Ray）能谱分析，页岩矿物的微观形貌和矿物分布特征得到较为直观和清晰的观察。

　　通过扫描电镜，对下志留统龙马溪组页岩孔隙的形态特征进行了观察和分析。

1. 实验方法

　　对研究区的同一组样品进行了环境扫描电镜的实验测试，主要进行页岩样品微观形貌和孔隙特征的分析和观测，获得直观的认识，并依据特殊区域（孔隙形态发育区、不同孔隙类型区、多孔隙区等）进行能谱标定，辅助确定该孔隙的发育位置和类型。样品数量为 12（龙山 1 井样品数为 7，黔江剖面样品数为 5），原则为等间隔 3m 取样，结合岩性变化特征和特殊矿物（黄铁矿集中部位、方解石脉体发育部位等)加密取样,从制样方法和实验方法均严格按照分析测试中心及相关规定进行。

1)制样方法

下志留统龙马溪组底部所钻取的 30 余米岩心样品,主要岩性为黑色泥页岩,发育水平层理和微波状层理,局部可见黄铁矿出现,整个层段局部发育亮晶方解石脉体。在实际制样过程中,样品的规格按照分析测试中心规定,切样方向为垂直层理的方向,通过观察自然断面和氩离子抛光两种手段对岩样进行处理。由于泥页岩导电率低,为了达到最佳的观测效果,在进行自然断面观察时,对岩样表面进行了喷金处理(图 1.3)。

(a) 自然断面　　　　　　　　　　　　(b) 氩离子抛光处理

图 1.3　页岩岩样处理方法对比

油气储层孔隙结构研究的主要技术手段有铸体薄片分析法、高压压汞法、低温氮气等温吸附法和扫描电镜法等。应用铸体薄片分析法研究时,由于普通光学显微镜受到分辨率的限制,难以观察铸体薄片中的纳米级孔隙。高压压汞法常用于测试连通的中孔和大孔。低温氮气等温吸附法侧重于表征微孔和中孔的孔隙结构。扫描电镜技术不能分辨在机械抛光过程中由于页岩表面硬度不同所造成的不规则形貌和纳米孔,难以识别新鲜断面上由于样品破裂造成的假孔隙。由于页岩储层的平均孔径只有纳米量级,在制备页岩实验样品时要采用特殊手段防止样品制备过程中造成污染,常规的技术手段不能有效描述页岩的孔隙结构和表面形态,就需要将多种实验方法相结合。笔者等使用氩离子抛光技术对页岩样品表面进行刻蚀处理,然后采用高分辨率场发射环境扫描电镜直接观察页岩表面的纳米级孔隙结构形态,并对页岩储层孔隙类型进行划分(图 1.4)。

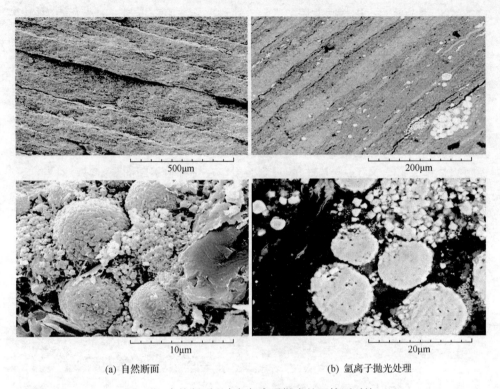

(a) 自然断面　　　　　　　　　　　　(b) 氩离子抛光处理

图 1.4　自然断面观察与氩离子抛光处理镜下对比

2) 测试仪器及方法

本次实验地点为中国石油天然气股份有限公司华北油田分公司勘探开发研究院分析测试中心，使用仪器为 FEI QuantaTM250，主要仪器参数：高真空模式分辨率[≤3.0nm@30kV（SE）；≤4.0nm@30kV（BSE）；≤8nm@3kV（SE）]，低真空模式分辨率[≤3.0nm@30kV（SE）；≤4.0nm@30kV（BSE）；≤10.0nm@3kV（SE）]，环境真空模式分辨率[≤3.5nm@30kV（SE）]。放大倍数为 6 倍~100 万倍，加速电压为 0.2~30kV。EDX 为电制冷能谱仪，型号为 Bruker QUANTAX400-10。主要参数：探测芯片有效探测面积为 $10mm^2$；能量分辨率，MnKa 分辨率优于 129eV（测试条件为 1000~100000cps）；最大输入计数为 1000000cps；最大输出计数为 400000cps。窗口类型为超薄轻元素探测窗口。元素探测范围为 Be（4）~Am（95）；可支持 4096×3072 像素分辨率的 Mapping。系统稳定性为 1000000cps 以内输入计数，谱峰偏移不超过 1eV。选定样品数为 12，进行页岩微观形貌的高真空观测（图 1.5）。

(a) 扫描电镜　　　　　　　　　　　　(b) 电镜能谱分析仪

图 1.5　扫描电镜实验装置

2. 孔隙类型

页岩中有机质颗粒内部存在丰富的纳米级孔隙，称为有机质孔隙或有机质纳米孔。有机质纳米孔是页岩中存在最广泛的孔隙类型之一，一块直径为几个微米的有机质颗粒可含有成百上千个纳米孔。孔隙大小为 8~950nm，主要呈近球形或椭球形，此外也有其他不规则形状，如弯月形和狭缝形等。部分有机质纳米孔附近散布大量的黄铁矿颗粒。但并不是所有的有机质都发育纳米孔，其与有机质成熟度有关，低成熟度的有机质颗粒孔隙较少。

有机质孔隙的孔径一般为纳米级，表现为吸收孔隙，是吸附态赋存的天然气主要储集空间。生油层中的有机质并非呈分散状，主要是沿微层理面分布。据进一步研究证实，生油岩中还存在三维的干酪根网络。微层理面可以理解为层内的沉积间断面，其本身有相对较好的渗透性，再加上相对富集的有机质可使其具有亲油性，若再有干酪根的相连，那么在大量生气阶段，易形成相互连通的、不受毛细管阻力的亲油网络，是页岩中天然气富集的重要孔隙类型之一。微孔直径一般小于 2nm，中孔直径为 2~50nm，大孔隙直径一般大于 50nm。随孔隙度的增加，孔隙结构也发生变化(微孔变成中孔甚至大孔隙)，孔隙内表面积随之增大。另外，这些分散有机质的表面是一种活性非常强的吸附剂，也能极大提高页岩的吸附能力，并且伴随着成熟度的增加，有机质热生烃演化还会形成一些微孔隙。黑色页岩中残留的沥青也属于该类孔隙，天然气主要以吸附态甚至溶解态赋存在沥青中(图 1.6)。

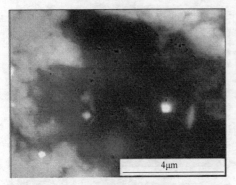 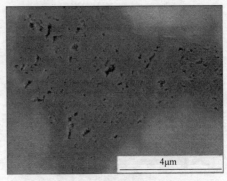

(a) 椭圆形有机质纳米孔，锰64井，60.6m　　　　(b) 不规则形状纳米孔，锰64井，104.7m

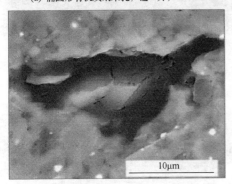 

(c) 弯月状有机质纳米孔，ZK-Ⅱ-1井，1022.49m　　(d) 低成熟有机质不发育孔隙，ZK-Ⅱ-1井，985.26m

图1.6　四川盆地及其周缘下古生界黑色页岩有机质孔[8]

（1）粒间孔。

粒间孔通常发育于矿物颗粒接触处，孔隙呈现出多角形和拉长形，多数为原生孔隙，呈分散状分布于基质中，排列一般无规律，粒间孔孔径多大于100nm（图1.7）。分析认为，多角形孔多为软硬颗粒间经压实胶结后剩余的孔隙空间；线型孔多与层状黏土矿物有关。本次实验中黏土矿物粒间孔大量存在，并多发育于伊蒙混层聚合体（絮状）中，其内部具纸房子微观构造。纸房子构造呈开放型，因而存在大量的孔隙空间，孔隙之间具有一定的连通性，能为气体导流提供微观运移通道，同时增强气体渗透能力。

（2）粒内孔。

黏土矿物层间粒内孔是本次实验中发现的最广泛发育的孔隙类型，其他矿物较少见。粒内孔孔径相对较小，从几纳米至几十纳米。黏土矿物，特别是化学不稳定矿物，如蒙脱石在沉积埋藏转变为伊蒙混层或伊利石的过程中会产生大量粒内孔，这些层间微孔隙大大增加了页岩气赋存的空间。早期浅埋泥页岩发育的大量粒间孔及少量的粒内孔连通性很好，是非常有效的孔隙网络。在丰富的黏土矿物中发育大量的粒内孔（图1.8）。伊利石呈现为薄层片状或纤维状，片层之间发育明显的狭缝形孔或楔形孔。纤维状伊利石沿石英表面生长，或具有一定的黏土桥连接片体，孔径为几十至几百纳米，分布集中，孔隙中可见石英自生加大充填。有的区域可见多个黏土矿物溶蚀孔，呈线状排列，连通有机质孔和矿物质孔，并在某种程度上具有微裂缝的作用。

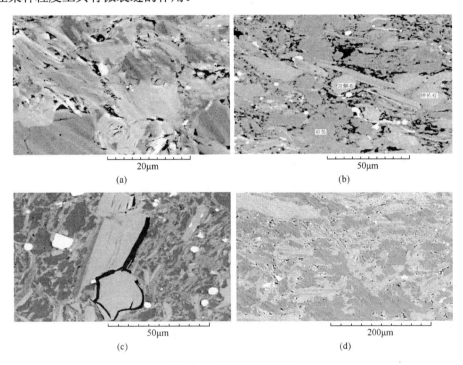

图 1.7　黑色页岩粒间孔

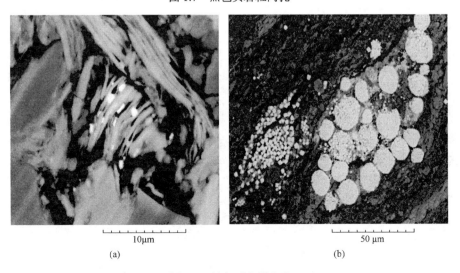

图 1.8　黑色页岩粒内孔

黏土矿物粒内孔发育集中，胶结复杂，分选差，而且黏土矿物粒度小，可塑性强，水化膨胀后易发生运移，堵塞孔道，使储层渗透性降低。成岩后期若没有强烈的改造作用，单一的黏土矿物粒间孔隙很难具备较好的油气运移能力。黏土矿物的比表面积大于石英矿物，其粒间孔越发育，气体的吸附能力越强，而且页岩有机碳含量较低时，黏土矿物的吸附作用十分显著。由此可见，黏土矿物粒间孔主要起储集作用。

(3) 古生物化石孔。

在部分页岩岩样中，存在一些古生物化石，如腹足类、藻类化石和介形类化石等(图 1.9)。这些微化石大小不等，长度为 12～800μm，并且保存比较完整。古生物微化石骨架和腔体内部发育微孔，微孔直径可达 30μm。古生物化石孔隙形状还与微化石结构有关，呈椭球状、狭缝状、多边形及不规则形状等。该类型孔隙尺度大，连通性好，但比较少见。

(a) 钙质生物化石内发育纳米孔，ZK-Ⅱ-1井，958.26m

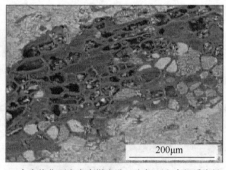

(b) 古生物化石内发育微米孔，方解石和有机质充填，ZK-Ⅱ-1井，1 022.49m

(c) 藻孢子囊孔，秀浅1井，167m

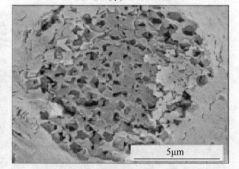

(d) 含有机质硅质藻类化石内发育纳米孔，锰64井，104.7m

图 1.9　页岩中的古生物化石[8]

(4) 微裂缝。

微裂缝在页岩气体的渗流中具有重要作用，是连接微观孔隙与宏观裂缝的桥梁。

实验发现，页岩中的有机质、颗粒骨架矿物、黏土矿物都能发育微裂缝(图 1.10)。页岩中的微裂缝主要有两种类型，一种是发育普通微裂缝，比较短小；另一种是发育层理缝。颗粒内部的微裂缝一般比较平直，曲折度较小，少有胶结物充填。颗粒间的微裂缝呈锯齿状弯曲。微裂缝长度为 5～12μm，裂缝间距可达 50nm 以上，层理缝通常延伸至整个切片表面。

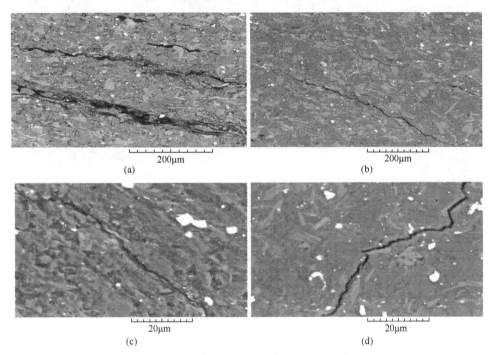

图 1.10　页岩中的微裂缝

存在微裂缝的区域，岩石脆性指数较高，易形成微裂缝网络，从而成为页岩中微观尺度上油气渗流的主要通道。裂缝可以有效地改善储层的渗流能力，因此，裂缝发育程度是评价储层好坏的重要指标。但是针对页岩储层，具有裂缝不一定是有利因素，因为天然裂缝的大规模发育使页岩作为盖层的保护作用降低，从而导致气体的流失。好的页岩储层是可压裂性好、广泛发育微裂缝的储层。扫描电镜观察到页岩中微裂缝发育位置多样，有机质、骨架矿物等中都可发育，其长度一般为微米级。页岩内部若广泛发育短裂缝，既有利于游离气的大量存储，又可以显著提高储层的渗透性。

1.2.3　层理页岩储层渗透率各向异性

研究区龙马溪组为陆棚边缘滞水盆地沉积，主要由黑灰色页岩、含粉砂页岩组成，偶积夹纹层状粉砂岩透镜体组成，局部地区夹浊流沉积。富含笔石动物组合及黄铁矿晶粒，发育水平层理及断续的水平层理。选取岩样为沉积层理明显的全直径岩心，分别沿平行于层理和垂直于层理方向钻取岩心[8-10]（图 1.11）。用脉冲法测得孔隙度渗透率，如表 1.1 所示。

(a)　　　　　　　　　　　　　　　　　(b)

图 1.11　层理页岩柱状岩样

表 1.1　不同层理方向渗透率

编号	取样类型	层位	长度/cm	直径/cm	质量/g	孔隙度/%	渗透率/mD	渗透率横纵比
Qj2-5-1	平行层理	龙马溪组	4.67	2.53	61.5827	2.8275	0.006	15
	垂直层理	龙马溪组	4.53	2.53	59.3931	2.4811	0.0004	
Qj2-4-1	平行层理	龙马溪组	4.37	2.53	58.1461	1.3545	0.0702	351
	垂直层理	龙马溪组	4.5	2.53	57.8298	1.4448	0.00023	
Qj1-7-1	平行层理	龙马溪组	4.75	2.53	62.3152	1.0578	0.0152	7.6
	垂直层理	龙马溪组	3.68	2.53	59.7865	1.2376	0.002	
Qj2-2-1	平行层理	龙马溪组	5.67	2.53	63.5827	2.8275	0.0057	19
	垂直层理	龙马溪组	4.53	2.53	53.3931	2.4719	0.0003	
Ls2-1-1	平行层理	筇竹寺组	4.77	2.53	52.1461	1.3545	0.0102	17
	垂直层理	筇竹寺组	4.1	2.53	54.8298	1.4448	0.0006	
Ls2-1-2	平行层理	筇竹寺组	3.97	2.52	54.0734	4.129	0.0028	2.3
	垂直层理	筇竹寺组	4.07	2.53	55.4048	4.0893	0.0012	

平行层理方向与垂直层理方向渗透率差异很大，相差 2.3~350 倍。分析原因主要是因为页岩层理的作用，导致在垂向上渗透率差异较大。

颗粒内部的微裂缝一般比较平直，曲折度较小，少有胶结物充填。颗粒间的微裂缝呈锯齿状弯曲。微裂缝长度为 5～12μm，裂缝间距可达 50nm 以上，层理缝通常延伸至整个切片表面(图 1.12)。

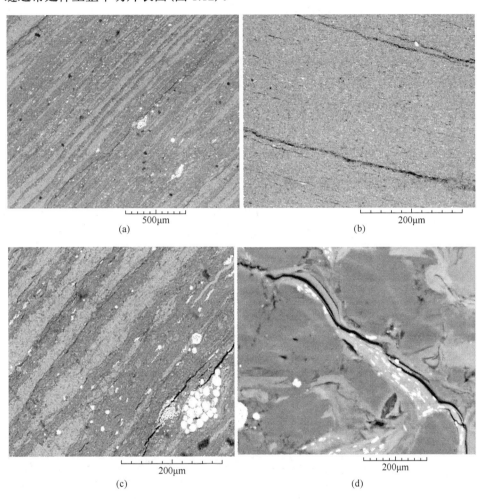

图 1.12　页岩储层中的层理缝

1.2.4　页岩储层孔隙度与渗透率

1. 孔隙度测定

孔隙度是多孔介质中孔隙的体积占岩石总体积的百分数，岩石总体积是岩石骨架体积和孔隙空间体积之和，孔隙度是表征储层流体储集空间的一个重要参数。孔隙度的测定一般使用氦孔隙度仪(图 1.13)，氦孔隙度仪的运行原理依据波义耳定律：

$$P_1V_1 = P_2V_2 \tag{1.1}$$

式中，P_1、V_1 为初始状态的体积和压力，是已知数据，测定 P_2 就可以算出 V_2。测定在等温条件下进行。打开氦气进口，使用标块校正氦孔隙度仪精度，完成后将上述测定完渗透率的岩心装填入氦孔隙度仪容量室，将岩心长度、直径、质量等基础数据输入到电脑控制界面的相应位置，电脑自动完成测定的整个过程，并通过自动计算将结果显示在操作界面的相应位置。

2. 渗透率测定

渗透率是流体介质通过多孔介质流动能力的综合反映，是以达西定律公式为依据反推求得，通常采用下式：

$$K = \frac{0.2Q\mu LP_0}{A(P_1^2 - P_2^2)} \tag{1.2}$$

图 1.13　氦孔隙度仪

式中，K 为气测渗透率，μm^2；Q 为气体流量，ml/s；μ 为气体黏度，$MPa \cdot s$；L 为岩样的长度，cm；A 为岩样截面积，cm^2；P_1 为进口压力，MPa；P_2 为出口压力，MPa；P_0 为大气压，MPa。

按照试验要求，选取长度为 5～7cm、直径为 2.5cm 的岩心，经洗油后，置于烘箱中以 108℃烘干 8h 以上，精确测定岩心长度、直径、质量等数据；然后装填入岩心夹持器，加围压 3MPa，打开气源阀；调节进口压力，待进口压力和出口流速稳定后记录出口端流速；每块岩样测定两个压力点，每个压力点记录三个流速取平均值，根据式(1.2)计算渗透率(图1.14)。

图 1.14　压差流量法测渗透率设备

3. 渗透率和孔隙度测定结果

孔隙度与渗透率是描述油藏的重要参数，将岩心按照上述方法测定孔隙度和渗透率等数据，部分岩心测定结果如表1.2所示。

表 1.2　实验岩心基础数据

编号	长度/cm	直径/cm	质量/g	孔隙度/%	渗透率/mD
Ls1-12-1	4.01	2.53	54.2145	3.8614	0.956
176-14/30-4	4.05	2.53	53.7954	4.0549	0.2773
Ls1-2-2	4.03	2.52	54.9889	1.3459	0.1455
Ls2-2-2	3.99	2.52	54.6924	3.5948	0.133
Qj1-4-2	3.95	2.51	53.8422	4.0033	0.1245
Qj1-6-1	4.57	2.53	60.3802	1.6512	0.118648
Ls1-10-5	3.96	2.52	53.7796	1.5394	0.1053
Ls1-14-3	4.05	2.48	53.2415	4.0893	0.0885
Ls2-2-8	3.83	2.52	52.3864	2.924	0.065
Ls1-15-1	4.04	2.52	54.8089	0.129	0.0426
Ls1-12-4	3.97	2.52	53.5447	1.1309	0.032
Qj2-9-2	3.35	2.52	45.4378	5.3019	0.0267
Ls1-6-2	4.04	2.54	55.3456	1.3029	0.0253
Ls1-1-5	1.85	2.52	25.2932	0.6622	0.023539
Qj1-7-1-x	4.75	2.53	62.3152	1.0578	0.0152
Ls1-13-4	3.94	2.49	52.5414	0.4257	0.015

续表

编号	长度/cm	直径/cm	质量/g	孔隙度/%	渗透率/mD
Ls2-3-2	4.11	2.52	56.0199	4.6784	0.0132
Qj2-4-1-x	4.37	2.53	58.1461	1.3545	0.0102
Ls2-7-1	3.93	2.51	53.6536	1.7759	0.0067
Ls1-15-2	4.02	2.52	54.5358	1.3287	0.0061
Qj2-5-1-x	4.67	2.53	61.5827	2.8275	0.006
Ls1-8-4	4.15	2.52	56.8774	0.7052	0.005
Ls2-7-4	3.44	2.51	46.5628	1.0879	0.0047
Ls1-3-1	4.12	2.52	55.4711	2.1758	0.0042
Ls2-1-3	4	2.52	54.8592	1.5437	0.0033
Ls1-3-7	3.98	2.52	53.4231	0.5203	0.0033
Ls1-1-4	3.91	2.52	53.5918	0.5719	0.0029
Ls2-1-1-x	3.97	2.52	54.0734	4.129	0.0028
Ls1-13-2	4.1	2.51	55.4239	2.1629	0.0026
Ls1-7-6	3.99	2.52	53.9907	1.8275	0.0025
Ls1-7-2	4.3	2.52	58.6544	1.0578	0.0025
Ls2-4-2	4.11	2.52	56.3182	3.5776	0.0025
Ls1-2-1	4.24	2.52	57.8493	1.4448	0.0022
Ls1-4-1	4.31	2.52	57.9847	0.6622	0.0022
Ls1-9-5	3.76	2.52	50.9776	1.3545	0.0021
Qj1-7-1-y	3.68	2.53	59.7865	1.2376	0.002
Ls1-1-1	4.01	2.52	55.0272	1.548	0.0019
Ls2-2-3	4.01	2.52	54.8467	0.9847	0.0015
Ls2-7-3	3.78	2.51	52.6564	2.1844	0.00143
Ls1-8-5	3.77	2.52	51.5627	2.4811	0.0013
Ls1-3-6	4.09	2.52	54.8392	1.0965	0.0013
Ls1-4-1	3.81	2.52	51.6034	4.4548	0.001271
Ls2-1-1-y	4.07	2.53	55.4048	4.0893	0.0012
Ls1-5-1	4.16	2.52	55.9522	0.0602	0.0011
Ls1-3-4	4.18	2.52	55.9466	0.8256	0.0011
Ls1-16-1	3.93	2.52	53.5561	0.7224	0.001
Ls1-11-5	3.84	2.53	52.3654	4.5236	0.001
ls2-1-2-x	4.82	2.52	66.0235	3.7453	0.00091
Ls1-10-2	3.95	2.52	53.6018	1.6512	0.0009
Ls1-11-1	4.04	2.53	55.1799	3.7453	0.00067
Qj2-4-1-y	4.1	2.53	54.8298	1.4448	0.0006
Ls1-11-5	3.84	2.53	52.3369	0.0602	0.000556
Ls1-1-6	2.62	2.53	35.5139	0.9847	0.000496
Ls2-8-2	4.05	2.5	54.6469	4.4548	0.00049

续表

编号	长度/cm	直径/cm	质量/g	孔隙度/%	渗透率/mD
Qj2-2-1-x	2.31	2.52	28.4579	1.0965	0.000471
ls2-1-2-y	3.71	2.53	52.0115	3.5948	0.0004
Qj2-5-1-y	4.53	2.53	59.3931	2.4811	0.0004
Ls1-1-2	2.57	2.52	34.2916	4.6784	0.0004
Ls1-1-4	2.58	2.53	34.5589	2.1629	0.000382
Qj2-2-2	2.108	2.52	25.4643	0.7224	0.000272
Ls1-1-3	2.884	2.53	38.5798	1.3459	0.000269
Qj2-2-1-y	2.76	2.52	35.4124	5.3019	0.000211

　　岩心常规物性分析的有效样品为 62 个，孔隙度为 0.06%～5.3%，平均为 2.15%；渗透率为 0.0002～0.9561mD，平均为 0.0371mD。

　　图 1.15 为储层岩心的实验室测定数据的孔渗相关性统计图，看出该区岩心孔渗相关性一般；孔隙度较大的岩心，其渗透率不一定也大。可见，孔隙对渗透率的贡献率较小，孔隙连通性一般。

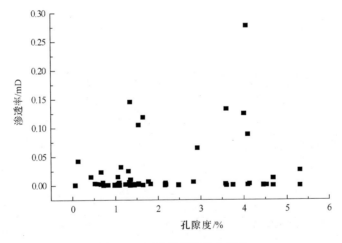

图 1.15　页岩储层孔渗相关性

1.3　页岩气赋存特征

　　页岩气存在三种赋存状态，即吸附在页岩孔隙表面的吸附态、分布在页岩孔隙及裂隙中游离态和溶解在页岩地层水中的溶解状态。一般情况下，在页岩热演化作用过程中生成的甲烷气体，首先满足吸附，然后溶解和游离析出，在一定的温度和压力调节下，这三种状态气处于同一动态平衡体系之中，当页岩的生烃量增大或外界条件改变时，三种存储形式可以相互转换[11, 12]。

1.3.1　吸附气

吸附状态的天然气量可以通过等温吸附曲线模拟确定。在当前的实验条件和理论水平下，均匀孔隙介质的 Langmuir 单分子吸附动力学模型仍是实验研究的理论依据。页岩气是以甲烷气体组分为主的混合气体，可利用 Langmuir 等温吸附方程来描述[13-16]。根据页岩气的气体组成，配制实验气体，模拟储层温度条件进行等温吸附实验；通过实验平衡压力点气体组分分析和气体压缩因子计算，可以得到该平衡压力点吸附混合气体的气量；对各测试点气体平衡压力和吸附混合气体气量，用方程式(1.3)做线性拟合，通过直线斜率和截距求得储层温度条件下混合气体的 Langmuir 吸附常数 $V_{L混}$、$P_{L混}$，并可进一步确定混合气体的等温吸附方程[式(1.4)]。

$$P / V_{吸} = P_{L混} / V_{L混} + P / V_{L混} \tag{1.3}$$

$$V_{吸} = V L_{混} P / (P + P / L_{混}) \tag{1.4}$$

式中，P 为压力；$V_{吸}$ 为吸附体积。

1.3.2　游离气

对于页岩气来言，孔隙为页岩气的富集提供了储集空间，同时也是液态地层水储集的空间。这些储存了气水流体的孔隙基本上是相对于中孔、大孔及以上的孔隙，称为有效孔隙度。有效孔隙度与总孔隙度相比，一般占 50%~80%，与页岩的成熟度和 TOC 含量有密切关系[17]。游离气量为孔隙中不同气体的气量之和：

$$V_{游} = \sum_{i=1}^{m} V_{游i} \tag{1.5}$$

式中，$V_{游}$ 为游离气的储集气量；$V_{游i}$ 为游离气中第 i 种气体的储集气量。当甲烷浓度很高或近似计算时，可以将页岩气简化为甲烷气体。

在储层的温度和压力条件下，煤层气作为真实气体，其与理想气体存在一定偏差。温压越大，理想气体就越需要气体的压缩因子(N_i)校正，N_i 的计算公式为

$$N_i = P_i V_p S_g / Z_i RT \tag{1.6}$$

式中，P_i 为储层压力，Pa；T 为储层温度，K；V_p 为煤储层渗流孔隙孔容，cm^3/t；S_g 为页岩气含气饱和度，%；Z_i 为第 i 种气体组分的压缩因子。

1.3.3　溶解气

溶解状态的天然气即页岩中的水溶气和油溶气，其数量的大小由孔隙中油水数量和特定温度和压力下对气体的溶解量的大小决定。各种气体在油水中溶解能力差别很大，一般页岩含油水的量都在 5%以下。在页岩气产液态烃的阶段，油溶气占了比较大的比例；在成熟度比较高的阶段，页岩中的油已经全部裂解，没有液态烃的存在，虽然油溶气的溶解能力强，但是没有油溶气存在。

页岩中水的溶解量是气体溶解度、孔隙度和含水饱和度的函数，可具体表达为

$$V_{溶} = \sum_{i=1}^{m} V_p S_w R_{si} \tag{1.7}$$

式中，$V_{溶}$ 为溶解气的储集潜力，cm^3/t；S_w 为含水饱和度，%；R_{si} 为第 i 种组分的溶解度(体积比)，cm^3/cm^3；当甲烷浓度很高时近视为页岩气全部为甲烷气体。天然气在水中溶解度受温度、压力和矿化度等多种因素的影响，刘洪林和王红岩[17]、付晓泰和王振平[18]提出天然气组分溶解度方程为

$$C_{si} = \left[\left(fK_i + \frac{\Phi_i}{RT + b_i P_i} \right) p_i - \frac{b_i P_i^2 f k_i}{RT + b_i P_i} \right] f + \frac{P_i (1-f) \Phi_{si}}{RT + b_i P_i} \tag{1.8}$$

式中，C_{si} 为第 i 种组分在盐溶液中溶解度，mol/m^3；f 为盐溶液的游离水体积分数，cm^3/cm^3；K_i 为第 i 种组分在纯水中的水合常数；Φ_i 为有效孔隙度中的水对第 i 种气体组分的溶解度 m^3/m^3；Φ_{si} 为有效孔隙度中的水对第 i 种气体组分的溶解度，m^3/m^3；b_i 为气体组分 i 的范德华体积，甲烷气体的 b_i 值为 $4.28 \times 10^{-5} m^3/mol$；$P_i$ 为气体组分 i 的分压，Pa；i 为第 i 种气体组分；T 为绝对温度，K；R 为摩尔气体常数，$8.31 J/(mol \cdot K)$。

1.4　页岩气的运移、储集和保存条件

1.4.1　成藏过程特征

通过对我国四川盆地志留系成熟—生烃演化和研究区龙马溪组"三史"(埋藏构造史、有机质演化史、孔隙演化史)特征的研究，分析认为研究区龙马溪组页岩成藏具备两个特征。

(1)巨厚的原始黑色页岩沉积奠定了页岩气成藏的物质基础。研究区志留系沉积丰富，延续到志留纪末期，地层沉积厚度可达 1600 余米。

(2)经历多次振荡沉积与抬升剥蚀，残余厚度较大。受加里东运动作用影响较大，研究区整体抬升，志留系遭受剥蚀；进入海西期，持续抬升，缺失上覆泥盆纪沉积；直至早二叠世，地壳下降接受沉积，龙马溪组被深埋；中二叠世末，受东吴运动影响再一次抬升剥蚀，印支期龙马溪组随着上覆地层的不断沉积而被深埋；有机质进入生烃门限。但受印支运动影响，地壳抬升，有机质生烃作用停滞，龙马溪组黑色页岩厚度在该区保存较好，残留厚度大。

1.4.2　成藏后的封盖及保存条件

研究认为，由于蜀南地区龙马溪组存在浓度封闭和岩性封闭等类型的封盖保存条件，因而该地区页岩气藏具有很好的封闭和保存条件。

从浓度封闭条件看，研究区龙马溪组黑色页岩上部为一套厚度较大的低有机碳页岩与粉砂岩组成的地层，其低孔隙度、低渗透率，具有较强的封盖能力，既是盖层又是烃源岩。进入生烃门限后，上部烃源岩生成具有一定浓度的天然气，减少了与龙马溪组下部黑色页岩生烃浓度的差异，龙马溪组底部页岩气通过盖层的扩散相对变弱，盖层对其下伏气藏中天然气的扩散起到了一定的封闭作用。据四川盆地威远气田、资阳及利 1 井下古生界油气勘探及研究成果，志留系泥质岩不存在超压作用。

从盖层的宏观封闭性来看，研究区龙马溪组上部石牛栏组主要为泥灰岩及生物灰岩夹钙质页岩，韩家店组主要为页岩、粉砂质页岩夹粉砂岩。泥页岩是重要的盖层岩类之一，其封闭性能仅次于膏盐岩，封盖能力强。石牛栏组和韩家店组在研究区横向上分布稳定，厚度大于 250m，垂向上均质性强。加之研究区后期构造运动对志留系盖层影响波及的范围小，现今区内大部分志留系盖层深埋于 2000m 以下，能有效地封闭下伏源岩生成的油气。同时，本区志留系地层以巨厚的泥、页岩为主，塑性大，各构造地震剖面图显示，除深大断裂穿志留系地层外，志留系上下地层中的断层一般均尖灭于志留系地层，在历次构造活动中都起着缓冲作用，断裂破碎不很强烈，以塑性变形为主，有利于志留纪油气的保存。

第2章 页岩气藏开发技术及开发方法

由于页岩气藏中基岩属于超低孔隙度、超低渗透率致密多孔介质，导致气井产能极低甚至无自然产能，石油工业通常采用水平井钻井技术进行商业化开发。目前，国内外的水平井钻井技术发展已较为成熟，并在页岩气田开采方面得到了广泛应用，取得了很好的开发效果，显著提高了页岩气井产能，但水平井钻井技术在降低成本方面仍存在很大的提升空间。现代水平井钻井技术更趋向于"工厂化"的钻井和压裂生产模式，进行集群化的布井和工厂化作业，以有效地提高钻完井的效率，降低经济成本[19]。

2.1 页岩气藏水平井钻井技术

2.1.1 水平井钻井技术简介

水平井钻井技术主要包括分支井钻井技术、套管钻井技术及不间断油管钻井技术三个方面[20]。

1. 分支井钻井技术

多分支井钻井技术是在单一井眼里钻出若干个支井，并且回到单个主井筒的钻井新技术。多分支井的概念起源于20世纪30年代。目前，我国的新疆、辽河、胜利、南海、四川等油田都先后钻成了多分支井。多分支井的优点为：①增大井眼在目的层的总长度，增大油藏泄油面积，提高油井产量；②可以开采多层段的油气藏；③减少井位、占地面积及配套设备，减少主井眼重钻、搬迁工序等。多分支井可以提高单井产量、实现少井高产，有利于提高最终采收率，提高油气井的效率[21]。

鱼骨井技术是当今设计分支井钻井中，较为复杂的一种类型。它是石油工业发展过程中，结合水平井技术和储层实际地层特征发展起来的一种新的钻井技术，因其形状像鱼骨，所以在石油工业中被称为鱼骨井。鱼骨井作为降低吨油成本、提高单井产量的一种重要手段，在国内外油田已得到很好的应用，并且取得了非常好的经济效益。根据完井方式的不同，鱼骨多分支水平井可以采用不同的钻进方式。目前，由于国内现有工具的限制，主要采用前进式或后退式两种钻进方式；也有在钻进过程中下入裸眼斜向器或专用工具进行钻进的做法，但这两种方式并不多见,主要是因为裸眼斜向器不利于回收,一旦回收不成功会造成井眼报废并需要重新侧钻[22]。

2. 套管钻井技术

套管钻井技术是指在钻井过程中,直接利用套管代替钻杆串来完成钻井作业,即用套管代替钻杆和钻铤来对钻头施加扭矩和钻压,边钻进边下套管,完钻后作钻柱用的套管留在井内作完井用。钻头和井下工具的起下在套管内进行,不再需要常规的起下钻作业。整个钻井过程不再使用钻杆、钻铤等,钻头是利用钢丝绳投捞,在套管内实现钻头升降,即实现不提钻更换钻头、钻具。因此套管钻井能够节省起下钻时间,提高效率,并大量节省钻具的采购、运输、检验、维护、更换等过程中的人力、物力等,大幅度节约钻井成本[23]。

总之,套管钻井技术在提高老油区钻井作业效率、实现低成本开发,降低新探区勘探作业风险、缩短投资回报周期方面优势显著。因此,该技术近年来获得了迅猛的发展,并逐渐趋于成熟[24]。

3. 不间断油管钻井技术

不间断油管钻井技术起源于第二次世界大战期间,自 20 世纪 60 年代开始用于石油工业。连续油管可以在不起出生产油管和不用压井情况下进行多种井下作业,不会因压井时压井液进入产层造成二次伤害,而且不间断油管具有比钢丝绳更高的抗拉强度,能产生较大的轴向力,可以在水平井和大斜度井中利用自身加重的连续油管柱,不用压井即可进行打捞作业[25]。

连续油管作业最初用于下入生产油管内完成特定的修井作业(如洗井、打捞等)。到 20 世纪 90 年代,连续油管作业装置已被誉为万能作业设备,广泛应用于油气田修井、钻井、完井、测井等作业,在油气田勘探与开发中发挥越来越重要的作用。在对不间断油管钻井技术进行应用的过程中,需要考虑多方面因素,尽量和其他技术相结合一起使用,例如,将旋转导向、平衡技术与不间断油管钻井技术相结合,可以有效地发挥不间断油管钻井技术的优势,使其更加符合实际情况[26]。

2.1.2 水平井钻井技术的应用

目前,水平井钻井技术在石油领域的应用越来越广泛。随着科学技术的发展,水平井钻井技术开始向着低污染、高产量、低成本的方向发展,其优势表现得越来越突出。尤其近几年以来,水平井钻井技术在全球范围内广泛推行,应用数量不断增长。随着石油行业的快速发展和经济效益的不断提升,市场对技术的要求也越来越高,进一步推动了水平井钻井技术的发展。这一技术目前已经广泛应用于油田开采，包括火山岩油田、稠油油田等，投入的成本相对较低，效率也相对较高，这些都是水平井技术得以发展的重要因素。在我国，水平井钻井技术已经得到了广泛的应用，在提升油田产量方面也做出了很大贡献。与此同时，钻井开采成本也越来越低，工艺得到了进一步的发展。在钻井过程中，一般采用导向仪定位，准确对位置进行指示，这也为水平井钻井技术的发展提供了良好的支撑[27]。

页岩气因其自身在岩石中的赋存状态特征和岩性特征决定了其开采必须通过水平钻井技术和分段压裂技术。这两项技术是页岩气开采技术的核心技术，缺一不可。所以从客观上讲，页岩气的钻井技术就是水平井钻井技术，但又不仅仅是水平井钻井技术。因为页岩的易水化、易膨胀等特征导致其比一般水平井钻井条件更严苛，在井壁稳定的控制上更加困难。另外，由于页岩气的开采都要采用压裂措施进行增产，这给固井质量提出了较高的要求，页岩气水平井的固井质量必须能经受得住分段压裂的考验[28]。

2.1.3　现代水平井钻井技术的发展趋势

现代钻井技术在设备和工艺上都表现出了多样化的特性，不仅从钻井的工艺技术，而且从井的结构、测试工具、尺寸来看，其多样化的趋势都较为明显，这也促使钻井技术更加适用于不同环境、不同条件。近年来，随着科学技术水平的不断完善，使油田水平井钻井技术获得了相应的发展，在各大油田中的应用也越来越广泛，油田的产量和经济效益随之获得了显著提升[29]。纵观当前的水平井钻井技术，可以预见其未来的发展呈现如下趋势。

1. 作业集成化、系统化

当前，现代水平井钻井作业向着集成化、系统化的方向发展，从钻具到测试工具都呈现出了新兴的智能化倾向，系统中单一的工具能够促使全系统向着全智能化的方向发展。导向钻井技术从初级导向向地面人工控制逐渐发展到全自动的旋转导向钻井。近些年来，地面自动化控制工具开发技术更加创新，真正实现了工具和作业的智能化目标。智能化钻井系统是实现钻井自动化的重要软件，是促进产品向着更加高新科技化、集成化方向发展的重要设备，随着其微型化的实现，将促使技术向着更加广阔的方向发展[30]。

2. 钻井信息数字化

随着钻井位置、状态等参数不断实现新型化的调试，其执行、修正的可能性也越来越大。当前，三维成像技术就是钻井信息实现数字化的一个重要例证[31]。

2.2 单一压裂水平井降压开采

2.2.1 多级压裂水平井技术

国外在 20 世纪 80 年代中期开始研究水平井压裂增产改造技术，最初是沿水平井段进行笼统压裂。2002 年以后，随着致密气、页岩气、致密油等非常规油气资源的大规模开发和水平井的大规模应用，许多公司开始尝试水平井分段压裂技术，欲在比较长的水平井井段中以较短的时间、安全地压裂形成上述优化的多条水力裂缝，且压后快速地排液，实现低伤害的水平井分段压裂。其压裂工艺技术的难点在于分段压裂工艺方式的选择和井下封堵工具[32]。归纳国内外水平井分段压裂的工艺技术方法，主要分为以下三类。

1. 化学隔离技术

国内外在 20 世纪 90 年代初采用化学隔离技术，主要用于套管井。其基本方法是：①射开第一段，油管压裂；②用液体胶塞和砂子隔离已压裂井段；③射开第二段，通过油管压裂该段，再用液体胶塞和砂子隔离；④采用这种办法，依次压开所需改造的井段；⑤施工结束后冲砂、冲胶塞，合层排液求产。液体胶塞和填砂分隔分段压裂方法施工安全性高，但所使用的液体胶塞浓度高，对所隔离的层段伤害大，同时压后排液之前要冲开胶塞和砂子，冲砂过程中对上下储层均会造成伤害，而且施工工序繁杂，作业周期长，综合成本高。因此，该技术方法没有得到进一步发展与推广应用[33]。

2. 机械封隔分段压裂技术

机械封隔分段压裂技术用于套管井，主要有机械桥塞与封隔器结合或双封隔器单卡分压或环空封隔器分段压裂等技术，基本分为以下三种[34]。

(1)机械桥塞+封隔器分段压裂。射开第一段，油管压裂，机械桥塞坐封封堵；再射开第二段，油管压裂，机械桥塞坐封封堵；按照该方法依次压开所需改造的井段，打捞桥塞，合层排液求产。

(2)环空封隔器分段压裂。首先把封隔器下到设计位置，从油管内加一定压力坐封环空压裂封隔器，从油套环空完成压裂施工；解封时从油管加压至一定压力剪断解封销钉，同时打开洗井通道，洗井正常后起出压裂管柱；重复作业过程，实现分射分压。

(3)双封隔器单卡分压。可以一次性射开所有待改造层段，压裂时利用导压喷砂封隔器的节流压差压裂管柱，采用上提的方式，一趟管柱完成各层的压裂。

现场试验结果表明，环空封隔器分段压裂技术可成功地应用于浅层油藏，相对成熟，但在深井应用中还需改进与完善。双封隔器单卡分段压裂技术容易砂卡封隔器，造成井下事故，需要进一步攻关[35]。

3. 限流压裂技术

限流法分层压裂技术是指一口井中具有多个压裂目的层，且各层破裂压力又不相同，通过限制各油层的炮眼数量和直径，尽可能地提高施工中的注入排量和用先压开层吸收压裂时产生的炮眼摩阻，大幅度提高压力，进而迫使压裂液分流，使各目的层按破裂压力的高低顺序相继被压开，最后一次加砂，同时支撑所有裂缝的工艺。限流法压裂是一种完井压裂技术，它主要用于未射孔的新井，其特点是射孔方案必须满足压裂施工的要求。射孔方案是压裂的一部分，各小层射孔数量、总的射孔数量及孔眼直径都必须根据地面所能提供的最大施工排量、施工管柱结构、最大破裂压力差异值(最高破裂压力与最低破裂压力差值)及各目的层的物性参数来确定，施工过程中的最大炮眼摩阻必须大于最大破裂压力差异值[36]。

限流压裂工艺应用的基础条件是：各个措施层段的破裂压力都集中在一个较小的范围之内，调整射孔仅能在小范围内改变孔眼摩阻，使它们的破裂压力基本相当。即各措施井段的地应力基本相近，破裂压力集中在较小范围内；具有能优化射孔的条件；各措施井段电性与物性条件相差不大；在层段较多时，各设计井段间的距离基本保持一致[37]。

2.2.2 单一压裂水平井降压开采技术

伴随着非常规油气资源的大规模开发、水平井的大规模应用，水平井分段压裂改造的概念随之提出，同时受益于微地震实时监测技术的提高和工厂化作业模式的日渐成熟，水平井分段压裂分段级数逐渐增多，作业效率和改造精度也越来越高。我国通过引进和学习的方式，在水平井分段压裂改造基础理论、工艺技术等方面都取得了一系列成绩。特别是"十一五"期间，由中国石油集团川庆钻探工程公司井下作业公司自主研制的水平井裸眼分段改造工具和水力喷射工具为代表的水力压裂、产品，使水平井分段改造技术取得了突飞猛进的发展，实现了从笼统改造到精细化改造质的飞跃，初步形成了适用于不同完井条件的水平井分段改造工艺技术。经过 10 多年的发展，目前已形成较为完善的水平井分段压裂改造技术。目前国内外水平井分段改造主流技术包括水力喷射分段压裂技术、裸眼封隔器分段压裂技术、连续油管底封分段压裂及速钻桥塞分段压裂技术[38]。

然而，水平井分段压裂改造时由于分段层位内存在物性及就地应力非均质特征，多簇射孔或裸眼完井模式下难以完全达到压裂设计改造目标，经后期产能测试结果分析表明，多数水平井压裂施工过程中射孔孔眼未完全开启，在裸眼分段压裂时储层中仅形成一条主裂缝，降低了储层有效动用程度，制约了压裂施工改造效果。因此，扩大储层泄油面积、提高压裂改造储层动用程度、增加水平井分段改造时裂缝复杂程度，成为当前水平井分段压裂改造亟待解决的关键问题[39]。为提高非均质性较强水平井改造层段整体动用程度，通过一次或多次使用高强度水溶性暂堵剂临时封堵先前裂缝，提高缝内净压力迫使流体转向，从而压开新缝或沟通激活天然裂缝，最终提高裂缝复杂程度即波及体积，实现动用程度沟通天然裂缝或达到压开新裂缝的目的[40]。该技术的优点在于：在不增加分段工具的基础上，可在施工过程中通过投送暂堵剂的次数与数量来实现每个分段内裂缝数量、规模的控制。根据国内外现场应用经验，水平井段内多缝压裂技术在减少分段工具使用量的基础上，可有效增加压裂改造体积，提高单井产量，为改善低渗储层的开发效果开辟了新的工艺技术途径。水平井段内多缝压裂技术的原理是利用缝间封堵技术、段内转向技术，在有限的井段内增加水力裂缝的条数和复杂程度，提高单位水平井段的改造效率，从而获得比常规水平井分段改造更大的单井有效改造体积[41]。

段内多缝压裂施工过程中，一次或多次向段内投送高强度水溶性暂堵剂，遵循流体向阻力最小方向流动的原则，暂堵剂颗粒随压裂液进入已开启裂缝或高渗透层，从而在高渗透带形成滤饼桥堵。一方面，当井筒压力高于裂缝破裂压力差值时，后续压裂液无法进入裂缝和高渗透带，被迫转向高应力区或新裂缝层，促使新缝的产生和支撑剂铺置方式发生变化，最终在水平单段内形成多缝裂缝。另一方面，当高强度的暂堵剂进入已开启的裂缝或高渗透层时，由于其强度及封堵能力有限，很难开启较低渗透率的储层或新裂缝。但随着缝内净压力的不断升高，裂缝端部的就地应力发生改变，迫使裂缝发生转向，这就极大地增加了单缝的复杂程度，使改造效率进一步提升[42]。这就是水平井段内多缝压裂改造的基本理念，它主要应用于渗透率及应力非均质性强的储层。

水平井段在进行分段压裂改造时，由于受到储层在平面上的非均质性影响，人工裂缝在储层内很难得到均匀扩展，这在一定程度上制约了水力压裂改造效果。

针对由于储层非均质性导致的改造受限，应用暂堵剂封堵已改造的水力裂缝，迫使井底压力升高，开启破裂压力更高一级或渗透率更低一级的新裂缝，最终实现整个水平段充分改造的目的。从力学的观点看，裂缝总是产生于强度最弱、抗张力最小的地方。即对于天然裂缝不发育的储层，水力裂缝面总是垂直于最小主应力方向。无论对于段内多点起裂还是单点起裂，造缝机理总是与当前地应力场密切相关[43]。破裂压力是体现水力裂缝起裂难易程度最直接的参数。破裂压力的计算不仅与泊松比、上覆应力、岩石的抗张强度相关，还与储层流体压力、水平主应力密切相关。在水平方向上的主应力大小及其非均质性程度直接影响构造应力系数。因为在水平井段内垂向应力及流体压力的差异较小，破裂压力取值的大小直接取决于泊松比、构造应力系数及岩石抗张强度。因此，水平应力的非均质性及岩石泊松比决定了水平井段内各处破裂阻力的大小及人工水力裂缝起裂的先后顺序。

2.3 "工厂化"生产模式

2.3.1 页岩气开发的工厂化钻井模式

目前页岩气水平井开发仍然存在钻井周期长、成本高等问题。国外工厂化钻井已配套多种钻机快速移动系统，实现了适应页岩气开发的工厂化钻井技术和管理模式，钻井效率得到显著提高。国内页岩气藏采用常规开发方式成本高，目前已优化为非常规尺寸钻头序列和套管组合的井身结构，通过非常规结构井提速技术攻关，可大幅度降低钻井材料消耗和钻机作业成本，实现难采储量水平井效益规模应用。国外开发实践证明，集群化布井、工厂化作业是提高钻完井效率、降低成本的有效途径。我国页岩气储层需要攻关三维大偏移长水平段钻井和工厂化作业，实现用更少井数控制更多储量，并通过提高钻井效率，降低开发成本[44]。

传统油田勘探开发采用的钻井模式是一口井一个井场，一部钻机固定对应一支钻井队。由于钻完井的复杂性、队伍素质的差异性，作业周期中包括了很多无进尺时间或停工、等待环节，生产时效不高。页岩气丛式水平井相比单井作业，由于同一井场井数多、作业时间长、井场面积相对较大，原来大量的临时作业和粗放管理如果采用精细化的工厂化管理模式运作，作业成本和作业效率都将发生明显改善[45]。

但对于工厂化作业没有权威的定义，人们习惯称丛式水平井井场为"井工厂"或"平台"，针对平台的精细施工管理为"工厂化作业"。系统梳理相关观点，可以给出如下定义：工厂化作业是以平台作业效益为优化目标，应用系统工程的思维方法，以自动化、模块化、高移动性钻完井装备、标准化的技术与管理、现代信息技术为手段，协同优化管理整个建井过程涉及的多项因素，对平台内多口井通过批量化、流水线等方式进行钻井、测井、固井、压裂、完井和试采的连续作业，以提高作业效率、强化资源共享利用、降低工程成本，实现集约化管理[46]。

1. 工厂化作业的应用条件

工厂化作业的产生背景是大规模丛式水平井的布井方式，同一井场可达 40口井或更多。因此，工厂化作业应具备如下条件：①大规模部署丛式钻井平台；②定制专用钻机、压裂设备，特别是移动钻机、高性能钻井泵与循环系统、高功率密度压裂车等；③钻机自动化升级，包括顶驱、自动送钻、自动化井口操作设备、管子自动排放系统等；④成熟、实用的标准化集成钻井技术；⑤大规模自动压裂液成套技术；⑥清洁化生产技术，包括井场功能区设计、井场清污水分流技术、不落地循环系统、电代油动力技术、噪声抑制技术、岩屑处理技术、钻井液回收技术、压裂液回收技术、废弃物处理技术等。

2. 工厂化作业创新方法

工厂化作业是技术创新与管理创新共同作用的产物。其中管理方法有学习曲线、协同管理、六西格玛管理等，技术方法有流水线设计、批量作业、脱机作业等。

1) 学习曲线法

学习曲线又称熟练曲线、经验曲线，它反映的是在大量生产周期中，随着累计产量的增加，产品单位工时逐渐下降的生产规律。学习曲线反映出的这一生产规律称为学习效应，是通过学习、练习不断积累经验，持续调整、优化的结果。学习效应最早产生于飞机制造业，在石油、化工、合成橡胶等行业都发现了类似的现象。影响学习效应的因素主要包括操作熟练程度、技术工艺、工具设备、方案设计、原料供应、专业分工和组织管理等[47]。页岩气开发极大地区别于常规油气，具有显著的技术学习效应。依据涪陵页岩气田实地调研数据，拟合不同开发阶段的钻井总成本学习曲线，并与传统的技术学习曲线进行了对比分析。研究发现，开发早期相对于中后期，技术学习速率更高，钻井成本变动更剧烈；考虑规模效应时，钻井成本变动较为平缓，但技术学习的间接作用则更为明显[48]。

2) 协同管理

工厂化钻井更加强调油气田公司、钻井承包商和技术服务公司等参与各方的密切协作来实现单井各个作业环节的无缝衔接，以减少或避免非生产时间。工厂化作业不同于传统生产队式的分散作业模式，是一个跨专业、跨单位、集成性的管理平台，在这个过程中，最重要的是要有"指挥家"进行协同管理，演奏好工厂化作业这部盛大的"交响曲"。一方面，在油气田公司要加强多专业协作，实现油气藏开发与平台井位部署的协调，实行地质-工程一体化管理；另一方面，要加强现场生产组织和甲乙方的分工协作。第三，同时作业的专业服务与钻井队之间也要相互配合、沟通、协调。

3) 六西格玛管理

六西格玛管理起源于摩托罗拉公司，发展于通用电气公司，经历了由冷转热、由西而东、由顶级跨国公司到普通企业的传奇般历程。六西格玛管理发展到现在已一再单单是一种质量改进方法，还是企业保持持续改进、增强企业核心竞争力和不断提高顾客满意度的重要管理手段。目前，国内不少企业都在实施六西格玛管理，如联想集团、中兴通讯股份有限公司、宝钢集团有限公司和珠海格力电器股份有限公司等，实施范围从制造业扩展到采矿业、服务业，并已取得了明显成效[49]。精益六西格玛优化方法的核心是消灭一切浪费，提高收益和生产率；六西格玛依靠统计学的科学方法来显著性降低缺陷率，其以减小过程波动、改善过程能力、降低缺陷率作为目标，从而显著降低顾客角度所定义的缺陷率。

4) 精益生产

精益生产是运用多种现代管理方法和手段，以社会需求为依据，以充分发挥人的作用为根据，有效配置和合理使用企业资源，最大限度地为企业谋取经济效益的一种新型生产方式。如果将精益思想引入油田钻井成本管理中，则是将传统的"四个单井"的钻井成本管理模式进一步改进，以实现低成本可持续发展为目标，构建以精益设计、精益预算、精益核算、精益控制与分析、精益考核为一体的钻井成本精益管理模式，加强钻井成本管理，提高油田经济效益[50]。

5) 流水线设计

建设流水线首要解决的是生产线平衡和调度问题。其基本因素包括钻井到压裂各工序(流水线)的时间要素和空间要素。时间要素即各工序占用的时间以及是否同时作业或交叉作业；空间要素包括井场功能区的规划和是否脱机作业。另一方面，工序划分和分解的主要目的是提高钻机、人员、材料的利用率。同时，工程师的经验也十分重要。

6) 脱机作业

脱机作业又称离线作业，就是通过合理安排丛式井钻井程序，使大量操作不占用钻机转盘，实现非进尺操作的同步、交叉完成，提高钻机进尺工作时效，减少进度曲线的水平段长度。如在脱钻机测、固井工序，利用撬装上扣机在钻机前场完成钻具立柱组合、水泥头、套管连接、井口装置、转换头上扣等。

技术、装备、管理、操作实现标准化、系列化，有利于管理、技术和操作经验的大规模复制和推广，也便于提高作业队伍的整体实力和水平。同时，在设备定制、物料采购方面统一规格，这样既能缩短交付时间、提高资金周转率，又可降低由于不同型号设备采购导致的费用增加，便于统一运输和管理，规模采购还能获取优惠。另外，还需制订不同阶段交叉作业的风险控制规范。

2.3.2　页岩气开发的工厂化压裂模式

工厂化压裂就是要像普通工厂一样，在一个固定场所连续不断地泵注压裂液和支撑剂。工厂化压裂可以大幅提高压裂设备的利用率，减少设备动迁和安装，减少压裂罐拉运，降低工人劳动强度。北美地区开发实践证明，在页岩气开发中应用工厂化压裂技术可以提高压裂施工速度、缩短投产周期、降低采气成本[51]。

1. 工厂化压裂组成及主要设备

1)连续泵注系统

连续泵注系统包括压裂泵车、混砂车、仪表车、高低压管汇、各种高压控制阀门、低压软管、井口控制闸门组及控制箱。使用的压裂设备大都是拖车式，其压裂泵车以 2250HP 为主；高低压管汇上带增压泵(由独立柴油机带动)，以解决混砂车远离泵车时供液压力不足的问题；羊角式井口内径与套管相同，方便下入各种尺寸的工具；液控闸门使开关井口安全方便；采用内径 100mm 左右的高压主管线，大大减小管线的磨损，延长使用寿命，保证压裂的连续性。

2)连续供砂系统

连续供砂系统主要由巨型砂罐、大型输砂器、密闭运砂车和除尘器组成，可以。实现大规模连续输砂，自动化程度高。巨型砂罐由拖车拉到现场，它的容量大特别适用于大型压裂；双输送带、独立发动机与巨型固定砂罐连接后，利用风能把支撑剂送到固定砂罐中；除尘设备与巨型固定砂罐顶部出风口连接，把砂罐里带粉尘的空气吸入除尘器进行处理。

3)连续配液系统

连续配液系统以水化车为主体，液体添加剂车、液体瓜尔胶罐车、化学剂运输车、酸运输车等辅助设备构成。

水化车用来将液体瓜尔胶或减阻剂及其他各种液体添加剂稀释溶解成压裂液。其体积庞大，自带发动机，可实现连续配液，适用于大型压裂。其他辅助设备把压裂液所需各种化学药剂泵送到水化车的搅拌罐中。

4)连续供水系统

连续供水系统由水源、供水泵、污水处理机等主要设备，以及输水管线、水分配器、水管线过桥等辅助设备构成。水源可以利用周围河流或湖泊将水直接送到井场或者在井场附近打水井做水源，挖大型水池来蓄水。对于多个丛式井组可以用水池，压裂后放喷的水直接排入水池，经过处理后重复利用。水泵把水送到井场的水罐中，现场使用的水泵一般为 304.8mm 进口、254mm 出口，排量为 21m³/min，扬程为 110m，自吸高度为 8m。污水处理机用来净化压裂放喷出来的残液水，主要是利用臭氧进行处理沉淀后重复利用。

5)工具下入系统

工具下入系统主要由电缆射孔车、井口密封系统(防喷管、电缆放喷盒等)、吊车、泵车、井下工具串(射孔枪、桥塞等)和水罐组成。该系统工作过程是：井下工具串连接并放入井口密封系统中，将放喷管与井口连接好，打开井口闸门，工具串依靠重力进入直井段，启动泵车用 KCl 水溶液把桥塞等工具串送到井底。

6) 后勤保障系统

后勤保障系统主要包括燃料罐车、润滑油罐车、配件卡车、餐车、野营房车、发电照明系统、卫星传输、生活及工业垃圾回收车等。工厂化压裂的作业时间较长，一般为 10～40 天，后勤保障系统可以为人员和设备连续工作提供良好的支持。

工厂化压裂技术的应用，缩短了页岩气的投产周期，大大降低了劳动强度和施工成本，具有重要的意义。

(1) 对于需要压裂的低渗透储藏，建议采用丛式水平井组的开发方式。要开展工厂化压裂施工，井场布局十分关键，单个井场的施工井数越多、压裂的液量、砂量越大，工厂化压裂的优势越明显。井场距离近可以充分发挥连续供水系统的作用，放喷出来的水经过处理后重复利用，既节约了压裂水，又减少了拉运污水的工作量。并且压裂设备动复员时间短，降低施工成本[52]。

(2) 与工厂化压裂相配套的工艺，建议选用泵送快钻桥塞压裂技术。目前，水平井多段大型压裂施工主要有泵送快钻桥塞、裸眼封隔器投球、连续油管喷砂射孔(砂塞或底带封隔器分段)、连续油管水力封隔等工艺技术。从目前应用情况看，使用最多的是泵送快钻桥塞工艺技术。该技术可以实现任意段数的压裂，段与段之间的等候时间在 2～3h。利用此间隙可以完成设备保养、燃料添加等工作，特别适用于工厂化压裂[53]。

(3) 开展工厂化压裂工艺流程及设备配套研究。考虑国内相关法律法规、道路、井场的实际条件，开展相关的研究，完善配套工厂化压裂所需的设备，优选施工工艺，细化生产组织，以促进工厂化压裂施工模式的形成[54]。

2. 工厂化压裂模式

针对页岩气储层超低渗的特点，以"大液量，大排量，低砂比，段塞式滑溜水注入"为主要方向进行改造，利用页岩自身的脆性、层理面、天然裂缝等储层特征，通过以滑溜水为主的低黏液体注入，形成主裂缝与多级次生裂缝在内的复杂裂缝网络系统，使得与渗透率极低的页岩基质接触的人工裂缝面积最大化，最终极大地降低油气渗流距离和渗流阻力，有效地提高页岩储层整体渗透率。施工工艺方面则普遍采用电缆泵送桥塞分段结合分簇射孔工艺，配套技术包括大液量储液、大排量连续供液、压裂液连续混配、连续供砂、电缆泵送桥塞及分簇射孔、微地震实时监测、连续油管钻磨、压裂返排液回收再利用等技术系列[55]。

通过对页岩气"工厂化"压裂模式的探索，在 3 个页岩气示范区已经初步形成拉链式、循环拉链式、同步式 3 种作业模式，代表性的"工厂化"压裂平台压裂模式如下。

1) 拉链压裂模式

拉链式压裂模式, 即同一井场一口井压裂、一口井进行电缆桥塞射孔联作, 两项作业交替进行并无缝衔接; 同时在另一口实施井下微地震监测, 之后单独对监测井进行压裂[56]。

2) 循环拉链压裂模式

循环拉链式压裂模式是目前应用较多的一种作业模式, 即一个平台以段为单位, 按顺序依次进行压裂施工。如 B 平台 3 口井循环拉链式压裂, 总共压裂 60 段, 平均每天压裂 3 段; C 平台 4 口井总共 70 段, 循环拉链压裂每天作业时间为 15h, 平均每天压裂 3.1 段。其中 B 平台具体作业流程如下: ①一套压裂设备先对 1 井实施一段压裂作业, 然后压裂 2、3 井; ②电缆作业设备在 1、2、3 井之间倒换, 进行桥塞坐封、射孔作业; ③压裂 1 口井时, 另外 2 口井同步进行电缆作业, 先完成电缆作业的井即可选择性开始压裂; ④钻磨完 3 口井的桥塞即开始放喷排液[57]。

3) 同步压裂模式

举例说明同步压裂模式, 如 A 平台有 4 口井, 采用 2+2 同步式压裂模式, 每天有效压裂作业时间为 15h, 最快每天压裂 6 段, 平均每天压裂 4 段。具体作业流程如下: ①两套压裂设备先对 2、3 井实施同步压裂作业, 然后压裂 1、4 井; ②电缆作业设备在 2、3 井和 1、4 之间倒换, 进行下桥塞坐封、射孔作业; ③压裂 2、3 井时, 1、4 井同步进行电缆作业; ④钻磨完 4 口井的桥塞即开始放喷排液。

3. "工厂化" 压裂地面配套

1) 拉链式压裂配套

拉链式压裂作业期间的主要地面设备包括压裂车组、混砂设备、连续混配设备、电缆作业设备、连续油管设备、液罐、砂罐、地面排液设备等。考虑拉链式压裂涉及众多作业内容和大量交叉作业, 因此在现场按照功能区布置地面设备, 设备的摆放同时兼顾操作方便性和安全性。供液是工厂化压裂施工中极为重要的一环, 由于井场场地限制, 一般地面供水采用河流-储水池-液罐三级供液模式, 同时结合施工要求最大幅度地减少过渡液罐的使用, 另一方面采用重叠式压裂液罐减少占地需求[58]。

2) 同步式压裂配套

同步式压裂地面配套与拉链式压裂基本相同, 但同步式压裂车组数量、电缆作业设备数量等为拉链压裂的两倍, 对井场面积的需求为拉链压裂的 1.2 倍以上。因此在施工期间井口电缆相关设备工具的优化配置、场地占用都要考虑交叉作业的影响。

　　页岩气平台主要通过井组间改造体积的交叉覆盖，实现产能释放的目的。合理的井间距是其成功实施的关键，井间距过大将会造成部分储层无法改造到位，间距过小则会使井间应力干扰现象严重，导致施工困难或井筒复杂。目前川渝地区平台井间距一般部署在 350～400m，通过压裂施工过程中井口压力计和微地震实时监测裂缝拓展情况，以及每段压裂施工的瞬时停泵压力差异分析，此间距条件不会使得相邻井压裂相互串通，也能够满足改造体积覆盖的要求[58]。岩石力学特征、天然裂缝发育程度、水平井眼轨迹方位和垂向穿越轨迹、有效改造体积的扩展范围都是影响压裂效果的重要因素。考虑水平井眼轨迹落在龙马溪底部优质储层、多井压裂考虑井间的交错布缝，以及水平井眼轨迹与最大主应力方位的大角度交叉是最大限度形成有利改造体积及获得压后高产的重要保障。

第3章 页岩气藏多重介质多尺度流动规律

页岩储层纳微米孔隙与微裂缝结构复杂，页岩基质孔隙以纳微米孔隙为主，孔隙直径为 2～50nm，渗透率为 1×10^{-9}～$1\times10^{-3}\mu m^2$，表现出超低孔隙度、超低渗透率的物性特征，气体在页岩中的流动不仅有渗流过程，还表现出不同于常规储层的滑移、扩散、解吸等微尺度渗流特征，原有的线性渗流机理及理论已不再适用[59]。另外，页岩气藏发育天然裂缝，压裂改造是实现页岩储层有效开发的主体技术。页岩储层中的微裂缝和人工压裂裂缝具有较高的渗透性，是页岩气渗流的主要通道。因此，页岩储层为由基质、微裂缝和人工裂缝组成的多重介质，裂缝网络与基质的纳微米级渗流通道形成页岩气藏复杂的多尺度流动。因此，页岩气开采的气体运移规律具有明显的多重介质和多尺度流动特征[60]。

页岩气藏属于"自生自储"气藏，页岩气主要以三种形式存在：吸附态、游离态和溶解态，吸附态和游离态占主体，其中吸附态天然气的含量为 20%～85%[61]。页岩气在储层中的流动包括解吸、扩散、渗流三个过程：①在压降作用下，页岩气在页岩基质表面发生解吸；②考虑滑移和分子与孔壁的碰撞，页岩气由纳微米孔隙向微裂缝扩散；③页岩气在微裂缝-裂缝网络中流动，即渗流。

本章针对页岩气储层自生自储和纳微米孔隙尺度的特点，通过页岩岩心实验，研究页岩储层多重介质多尺度渗流机理。在实验的基础上，综合考虑达西渗流、滑移扩散效应、解吸等多重非线性效应，利用克努森数(knudsen number，Kn)划分流态，绘制多尺度流态图版，阐明了克努森扩散、过渡流、滑移流、连续流等多种流态下不同区域流动特征，建立了页岩气储层多尺度统一流动模型。

3.1 纳微米孔隙中的流动

3.1.1 吸附-解吸(实验、数学)模型

1.吸附-解吸类型

页岩气的吸附-解吸机理可归纳综合为单分子层吸附和多分子层吸附两大类，其机理模型可归纳为 5 类，即 Langmuir 等温吸附及其扩展模型、BET 多分子层吸附模型、吸附势理论模型、吸附溶液模型和实验数据拟合分析模型等。

对于单一气体(或蒸气)在固体上的吸附已观测到的常见等温吸附曲线有 5 种形式(图 3.1)。其中化学吸附只有 I 型等温吸附曲线，物理吸附则有 I～V 型 5 种等温吸附曲线[61-64]。

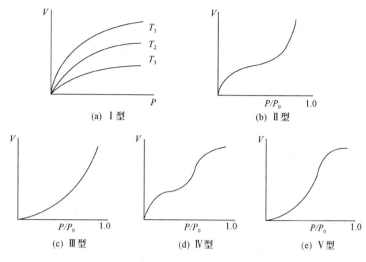

图 3.1　等温吸附曲线类型

Ⅰ型，在 2.5nm 以下微孔吸附剂上的吸附等温线属于这种类型。满足 Langmuir 方程和 D-R 方程。

Ⅱ型，常称为 S 型等温线。吸附剂孔径大小不一，发生多分子层吸附。在比压接近 1 时，发生毛细管和孔凝现象。

Ⅲ型，当吸附剂和吸附质相互作用很弱时会出现这种等温线。

Ⅳ型，多孔吸附剂发生多分子层吸附时会有这种等温线。在比压较高时，有毛细凝聚现象。

Ⅴ型，为多分子层吸附，有毛细凝聚现象，当吸附剂与吸附质之间的作用比较弱时，呈现 Ⅴ 类等温线。详见表 3.1。

表 3.1　等温吸附类型

模型类型	模型名称	表达式	理论基础
Ⅰ型	Langmuir 方程	$V = \dfrac{bP}{1+bP}$	单分子层吸附理论
Ⅰ型	D-R 方程	$\theta = \exp\left[-\left(\dfrac{A}{E}\right)^2\right]$	微孔填充理论
Ⅱ型	BET 方程	$\dfrac{n}{n_{\mathrm{m}}} = \dfrac{Cx}{(1-x)(1-x+Cx)}$	多分子层吸附理论
Ⅲ型	BET 方程		
Ⅳ型	Kelvin 方程	$\ln \dfrac{P}{P_0} = -\dfrac{2\sigma V_{\mathrm{L}}}{RT}\dfrac{1}{r_{\mathrm{m}}}$	毛细孔凝聚理论
Ⅴ型	Kelvin 方程		

注：V 为吸附量，mg/L；b 为 Langmuir 吸附常数，无量纲；p 为压力，MPa；θ 为微孔填充度，%；A 为微分摩尔吸附功，J；E 为特性常数，无量纲；n 为吸附量，mg/L；n_{m} 为单层饱和吸附量，mg/L；C 为等温吸附常数，无量纲；x 为相对蒸气压力，MPa；P 为弯曲液面饱和蒸气压，MPa；P_0 为平液面饱和蒸气压，MPa；σ 为表面张力，mN/m；V_{L} 为流体摩尔体积，g·mol^{-1}；R 为气体常数，J/(mol·K)；T 为温度，K；r_{m} 为表面半径，m。

2. 页岩气吸附-解吸规律实验研究

1) 实验设备

利用恒体积法和物质平衡原理，采用 HKY-Ⅱ型全自动吸附气含量测试系统进行页岩气吸附实验，实验装置如图 3.2 所示。实验装置的压力为 0～40MPa，温度范围为室温到 95℃。主要由恒温装置、样品缸、参考缸及温度传感器和压力传感器组成。实验设备压力计量最小分度为 0.001MPa，温度计量最小分度为 0.1℃，样品缸和参考缸由不锈钢材料制成，容积分别为 152mL 和 85mL。实验装置实现了体系温度和压力的自动连续记录和控制，保证了数据监测和计量的准确性。

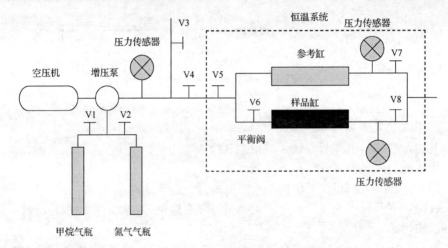

图 3.2　实验流程图

V1～V8 为阀门

2) 实验方法

实验样品取自南方海相页岩即黔江地区志留系龙马溪组，储层深度为 630～700m；页岩岩样渗透率为 $3.44×10^{-5}$～0.3103mD，平均渗透率为 0.0081mD；平均孔隙度为 6%；TOC 值为 0.25%～5.4%，平均为 2.54%；热成熟度为 1.1%～3.5%；比表面为 9.54～20.47m^2/g；平均孔径为 3～10nm。

将页岩样品统一破碎至 60～80 目，取 100～150g 样品，在 60℃下烘干 48h 除去样品中的水分，采用 HKY-Ⅱ型全自动吸附气含量测试系统进行等温吸附实验。分别设计了 25℃、40℃和 60℃三组不同等温吸附实验；压力范围为 0～14MPa，总共测试了 7 个压力点；每个测试点平衡时间为 12h；甲烷和氦气实验介质纯度为 99.99%。

3) 实验数据处理

甲烷等温吸附曲线见图 3.3。图 3.3(a)中所测 5 块龙马溪组岩心的等温吸附曲线均符合等温吸附曲线基本类型中的 I 型，其吸附现象可以用 Langmuir 单分子层吸附理论描述：

$$V_a = \frac{V_L P_g}{P_L + P_g} \tag{3.1}$$

式中，V_a 为吸附气量，cm^3/g；P_g 为气体压力，MPa；V_L 为 Langmuir 体积，cm^3/g；P_L 为 Langmuir 压力，MPa。

图 3.3(b) 中，当压力由 0 升高到 3MPa 时，页岩吸附量迅速增加。然而，随着压力继续增加，吸附量增速放缓。随着温度的升高，页岩的吸附量减少，这是因为吸附是放热过程，温度升高，页岩表面的吸附能力减弱。

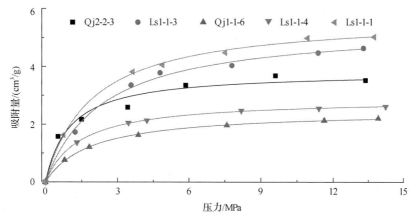

(a) 龙马溪组页岩等温吸附曲线(40℃)

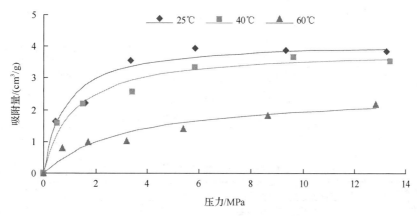

(b) 不同温度下Qj2井页岩等温吸附曲线

图 3.3　等温吸附曲线

甲烷吸附实验结果见表 3.2 可以看出当温度为 25℃时，龙马溪组页岩甲烷吸附的 Langmuir 体积为 4.311cm³/g。温度为 40℃时，龙马溪组页岩甲烷吸附的 Langmuir 体积为 3.803cm³/g。温度为 60℃时，龙马溪组页岩甲烷吸附的 Langmuir 体积为 2.476cm³/g。当温度从 25℃升高到温度为 40℃时，吸附量平均减少了 11.78%；然而，当温度从 40℃升高到 60℃时，吸附量急速下降，平均减少了 42.57%。

表 3.2　甲烷吸附实验结果

温度/℃	Langmuir 等温吸附系数		
	V_L/(cm³/g)	P_L/MPa	相关系数 R/%
20	4.311	0.981	96.79
40	3.803	0.998	97.31
60	2.476	3.065	91.85

3.1.2　页岩气储层扩散系数测试

1. 实验方案

实验测定不同有效应力和温度下页岩中的气体扩散系数，研究温度与有效应力变化对页岩扩散规律的影响。岩心夹持器左右两端分别以甲烷、氮气作为扩散介质，保持注气平衡压力恒定为 4MPa，围压为 17MPa(真实模拟储层的上覆岩层压力)，温度由 25℃依次升至 35℃、45℃、55℃、65℃、75℃、85℃条件下，测定页岩气扩散系数；同理，保持温度为 40℃，注气平衡压力恒定为 4MPa，测定围压为 15MPa、17MPa、19MPa、21MPa、23MPa 下的页岩气扩散系数。

2. 实验装置与岩样

页岩气扩散系数测试装置主要由 4 部分构成：加压装置(往复式增压泵、围压追踪泵)，多功能岩心夹持器(恒温加热装置、氮气和甲烷扩散气室、岩心夹持器)，气体组分分析装置(多功能色谱仪)，抽真空装置。实验采用湖南龙山筇竹寺组页岩岩心，厚度为 50～300m，由一套黑色炭质泥页岩、灰色含粉砂泥岩、粉砂岩、细砂岩、灰岩构成，泥页岩中脆性矿物含量高，其中隐晶质石英平均质量分数为 15%，粒径小于 0.02mm。筇竹寺组页岩储层平均孔隙度为 0.81%～1.42%，渗透率为 0.002×10^{-3}～$0.008 \times 10^{-3} \mu m^2$。测试岩样基础参数见表 3.3。

表 3.3　湖南龙山区块筇竹寺组页岩样品基本参数

岩样编号	井深/m	长度/cm	直径/cm	岩性	渗透率/$10^{-3}\mu m^2$
Ls2-2-4	730.80～735.40	1.83	2.511	页岩	0.002433153
Ls1-1-5	739.50～742.50	1.79	2.523	页岩	0.000724861
Ls1-4-3	724.40～728.40	1.81	2.506	页岩	0.005724325
Ls1-9-4	754.53～758.30	1.86	2.516	页岩	0.000356972

3. 扩散系数计算

扩散系数根据 Fick 定律计算：

$$\frac{dQ}{dt} = -DA\frac{dC}{dx} \tag{3.2}$$

式中，D 为页岩气扩散系数，cm^2/s；$\dfrac{dQ}{dt}$ 为页岩气扩散速率，cm^3/s；A 为页岩气扩散流动面积，cm^2；$\dfrac{dC}{dx}$ 为页岩气浓度梯度，$(cm^3/cm^3)/cm$。

由式(3.2)得

$$D = \frac{\ln\dfrac{C_0' - C_0''}{C_t' - C_t''}}{Bt} \tag{3.3}$$

式中，$B = \dfrac{S}{Z}\left(\dfrac{1}{V'} + \dfrac{1}{V''}\right)$；$C_0' - C_0''$ 为初始时刻甲烷气体在 2 个扩散室中的浓度差，%；$C_t' - C_t''$ 为 t 时刻甲烷气体在 2 个扩散室中的浓度差，%；B 为中间变量；t 为时间，s；S 为岩样的横截面积，cm^2；Z 为岩样的长度，cm；V'、V'' 分别为甲烷扩散室和氮气扩散室的体积，cm^3。

4. 实验结果分析

1)扩散系数随温度的变化规律

围压为 17MPa、注气平衡压力为 4MPa 时，页岩气扩散系数与温度的关系如图 3.4 所示。

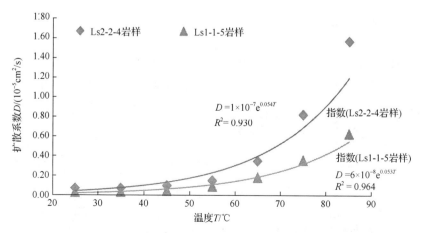

图 3.4 围压为 17MPa、注气平衡压力为 4MPa 时页岩气扩散系数与温度的关系

由图 3.4 实验数据分析可知，2 块岩样的扩散系数与温度都呈现较好的指函数递增关系。温度为 25～55℃时，扩散系数增加幅度相对较小，2 块岩样扩散系数总体平均提高约 2.73 倍；温度为 55～85℃时，扩散系数出现快速增加，总体平均提高约 8.36 倍。出现上述现象的主要原因，从微观角度分析，分子扩散空间不变的条件下，随温度的升高，分子无规则热运动加剧，直接导致分子运动平均自由程增大。依据克努森数的定义，克努森数增大。分子扩散由 Fick 扩散转变成克努森扩散，使气体分子扩散能力显著提升。

2）扩散系数随有效应力的变化规律

温度为 25℃时页岩气扩散系数与有效应力的关系如图 3.5 所示。

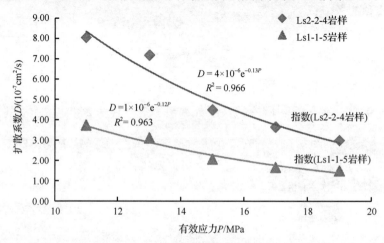

图 3.5　温度为 25℃时页岩气扩散系数与有效应力的关系

有效应力主要是用于模拟真实的地层所受力环境，通常定义为上覆岩层压力与流体压力之差。由图 3.5 实验数据分析可知，2 块岩样的扩散系数与有效应力都呈现较好的指函数递减关系。当有效应力从 11MPa 增加到 19MPa 时，岩样 Ls2-2-4、Ls1-1-5 的扩散系数分别下降 63%、60%，平均下降为 61.5%。有效应力升至 15MPa前，扩散系数出现快速下降；而当有效应力从 15MPa 增至 19MPa，扩散系数出现缓慢降低。主要原因是随着有效应力的增加，孔隙结构发生变形，岩石颗粒之间的结合程度更加紧密，纳米级孔隙空间不断缩小，部分孔隙甚至闭合，气体扩散空间大幅度减少，使气体分子扩散能力显著降低。

5. 小结

（1）页岩气扩散系数与温度呈现较好的指函数递增关系。随温度从 25℃增至85℃，扩散系数出现快速增加，总体平均提高约 8.36 倍，可见温度对扩散系数影响较大。通过扩散系数温度敏感性评价表明，温度敏感指数与温度同样具有较好的指函数关系，25～35℃为弱温度敏感区，扩散系数对温度敏感程度为弱；35～55℃温度区间为中等-强温度敏感区，扩散系数对温度敏感程度由中等变强；55～85℃为超强温度敏感区，在该区间扩散系数增加幅度巨大，扩散系数对温度敏感程度为超强。

（2）有效应力对页岩扩散系数有明显的抑制作用，二者呈现较好的指函数递减关系。随有效应力从 11MPa 增加至 19MPa，扩散系数下降 61.5%。通过扩散系数应力敏感评价表明，有效应力变化的不同阶段，页岩扩散系数对其敏感程度不同：即有效应力为 11～13MPa 为弱应力区，扩散系数降低较小；而有效应力 13～19MPa 为中等应力区，扩散系数下降较大。

3.1.3　页岩气储层滑脱因子测试

1. 实验设备

实验采用 HA-Ⅲ-抗 H_2S-CO_2 型高温高压油、气、水相渗测试仪设备，实验设备及流程见图 3.6。为检验实验装置的密封性和渗透率测试结果的可靠性，首先用铁岩心进行测试，发现当围压大于 5MPa 时设备才能达到较好的密封性；然后对 3 块标准岩心的渗透率进行重复性测试，测试结果表明实验设备所测数据可信，误差在允许范围内。

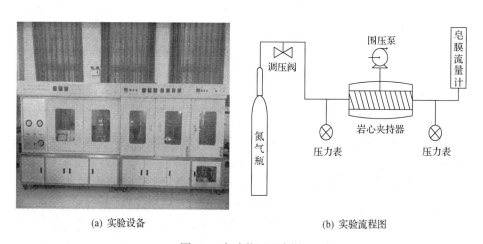

(a) 实验设备　　　　　　　　　　　　(b) 实验流程图

图 3.6　实验装置示意图

2. 物性参数测试

本实验样品取自南方海相页岩即黔江地区志留系龙马溪组和筇竹寺，储层深度为 630～1000m；页岩岩样渗透率为 $3.44×10^{-5}$～0.863mD，平均渗透率为 0.0081mD；

平均孔隙度为 6%；TOC 值为 0.25%～5.4%，平均为 2.54%；热成熟度为 1.1%～3.5%；比表面为 9.54～20.47m²/g；平均孔径为 3～10nm，如表 3.4 所示。

表 3.4　实验选用页岩岩样编号及基本参数

序号	层位	井号	岩心编号	岩心直径/cm	岩心长度/cm	渗透率/mD	备注
1	龙马溪	龙山 2 井	Ls2-2-1	2.536	4.142	0.0519	有裂缝
2	筇竹寺	龙山 2 井	Ls2-9-2	2.514	4.079	0.0421	有裂缝
3	筇竹寺	龙山 1 井	Ls1-14-2	2.507	4.081	0.1118	有裂缝
4	竹筇寺	龙山 2 井	Ls2-8-1	2.510	3.886	0.2328	有裂缝
5	龙马溪	黔江 2 井	Q j2-12	2.526	3.186	0.8633	有裂缝
6	竹筇寺	龙山 1 井	Ls1-7-4	2.524	4.221	0.0051	无裂缝
7	竹筇寺	龙山 1 井	Ls1-3-2	2.520	3.955	5.078×10^{-6}	无裂缝
8	竹筇寺	龙山 1 井	Ls1-2-5	2.526	4.054	2.1789×10^{-5}	无裂缝
9	竹筇寺	龙山 1 井	Ls1-15-4	2.522	4.068	7.833×10^{-5}	无裂缝
10	龙马溪	龙山 1 井	Ls1-3-5	2.512	4.167	0.0039	无裂缝
11	筇竹寺	龙山 1 井	Ls1-8-2	2.511	3.941	0.0031	无裂缝
12	筇竹寺	黔江 1 井	Q j1-6	2.527	4.071	0.0107	无裂缝
13	筇竹寺	龙山 1 井	Ls1-12-3	2.528	3.982	0.0045	无裂缝
14	龙马溪	黔江 1 井	Q j1-4	2.508	4.396	0.0004	无裂缝
15	龙马溪	黔江 2 井	Q j2-7	2.502	4.256	0.0178	无裂缝

3. 滑脱相关理论

1）Forchheimer 效应

Forchheimer 在 1901 年指出，流体在多孔介质中的高速运动偏离达西定律，并在达西方程中添加速度修正项以描述这一现象。天然气在页岩储层压裂诱导裂缝中的高速流动遵循 Forchheimer 定律。式(3.4)给出了考虑惯性效应的 Forchheimer 方程。预测 Forchheimer 系数的模型可以分为单相流动和两相流动模型。两相流动模型中，水的存在影响气体流动的有效迂曲度、孔隙度和气相渗透率。水力压裂措施在页岩储层中形成复杂的裂缝网络，由于裂缝网络的复杂形状，因而使得支撑裂缝、次级裂缝和基质具备不同的 Forchheimer 系数。目前，页岩气的数值模拟中已经考虑了 Forchheimer 流动规律。

$$-\nabla P = \frac{\mu}{K}V + \beta \rho V^2 \tag{3.4}$$

式中，V 表示气体渗流速度，m/s；K 表示 Klinkenberg 渗透率，mD；μ 表示气体黏度，Pa·s；ρ 表示密度，kg/m³；β 表示 Forchheimer 系数，m⁻¹。

除气体的解吸、扩散和渗流之外，页岩储层的流动机理还包括气体流动过程中储层的压敏效应，与含水饱和度相关的两相流动，温度变化引起的热效应等。页岩储层的压敏效应是指储层渗透率、孔隙度、总应力、有效应力、岩石属性(孔隙压缩性、基质压缩性、杨氏模量等)随应力的变化而变化。页岩储层的压敏效应主要考虑储层渗透率、孔隙度随压力的变化。两相流动是指含水储层气、水相对渗透率、毛细管力作用、相变、黏土膨胀等的作用。其中黏土膨胀作用可以在气、水相对渗透率和毛细管力中应用不同的数学方程进行描述。温度变化引起的热效应可以通过 Peng-Robinson 状态方程来描述。

2)页岩的气体滑脱机理

页岩的孔渗结构复杂，以纳微米级孔隙为主的页岩储层可认为是特低渗致密的多孔性介质，而对于致密的多孔性介质，滑脱效应尤为显著。大量实验和理论研究证实，气体在页岩储层中的渗流主要受制于滑脱效应，滑脱效应对裂缝系统中气、水两相的渗流有着重要影响，不少学者也对滑脱效应的机理及其对气井产能和气藏数值模拟等方面的影响进行了研究。气体和液体在多孔介质中的渗流方式存在不同，主要是由二者的性质差异所造成。对液体来讲，孔道中心处的液体分子比靠近孔道壁的分子流速要高；而气体在岩石孔道壁处不产生吸附薄层，气体在介质孔道中渗流时，靠近孔道壁表面的气体分子流速不为零，气体分子的流速在孔道中心和孔道壁处无明显差别，这种特性称为气体滑脱效应，是由 Klinkenberg 于 1941 年提出的，亦称 Klinkenberg 效应。

(1)纳米孔隙中的气体滑脱效应。

在经典的流动理论中，流体在多孔介质中流动时连续性理论成立，流体在孔隙壁面处的流速为零。常规的储层孔隙喉道半径相对较大(通常是为 1~100μm)，连续性理论成立，达西方程能够很好地描述常规储层中的流体流动规律[图 3.7(a)]。

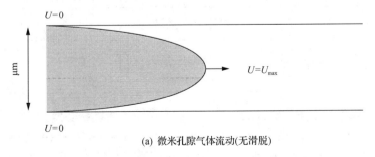

(a) 微米孔隙气体流动(无滑脱)

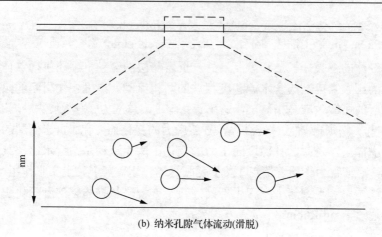

(b) 纳米孔隙气体流动(滑脱)

图 3.7　微米孔隙及纳米孔隙中气体流动示意图

　　气体在纳米孔隙中的流动特征如图 3.7 中(b)所示,页岩孔隙直径较小,甲烷分子的直径(0.4nm)对于其流动通道来讲相对比较大。在分子水平,连续性理论不再成立,分子将在压差的驱动之下,朝着一个总体的方向以一个相对随机的方式运动,许多分子将会与孔隙壁面发生碰撞,并沿着壁面间发生滑脱运动,在宏观上表现出气体在孔道壁面具有非零速度。气体滑脱会贡献一个附加通量,同不存在滑脱的情况相比,气体分子在壁面的滑脱会降低气体的流动压力差。

　　克努森数是判断气体在不同尺度的流动通道内的流动是否存在滑脱效应的无量纲数,代表了分子平均自由程同孔隙尺寸的相互比例关系,是识别气体不同流动状态的重要参数。Javadpour 等[65]认为页岩中发育着微米甚至纳米级孔隙,其尺度接近或小于气体分子平均自由程,因此气体流动呈现明显的滑脱现象,气体流动规律偏离达西定律。通过计算页岩中的气体特性参数克努森数,对页岩气的流态进行划分,发现页岩中的气体流态处于滑脱流和过渡流区(表 3.5)。

表 3.5　Navier-Stokes 方程根据克努森数划分的流态

Navier-Stokes 方程		
非滑脱($Kn<0.001$)	滑脱($0.001<Kn<0.1$)	过渡($0.1<Kn<10$)
连续流	滑脱流	滑脱流
达西流	克努森扩散	自由分子流

　　目前,国内外学者广泛接受的气体在微孔隙中的流动状态的分类方式是:黏性流($Kn\leqslant0.001$)、滑脱流($0.001<Kn<0.1$)、过渡流($0.1<Kn<10$)、自由分子流($Kn\geqslant10$)。黏性流也就是达西流动;滑脱流指的是分子在孔隙壁面的速度不为零,分子对孔隙壁面的碰撞不能忽略,发生滑脱;$Kn\geqslant10$ 时,会出现自由分子流,分子和壁面之间的碰撞是主要的,分子之间的碰撞可以忽略。滑脱流和自由分子流

之间存在着过渡流，黏性流理论不再适用，分子与孔隙壁面的碰撞和分子间的碰撞同样重要，目前过渡流的微观机理仍然在研究过程中(图 3.8)。

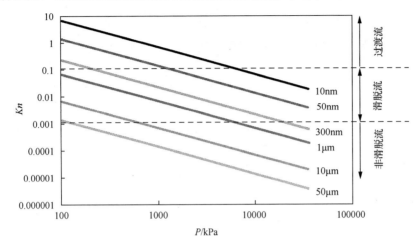

图 3.8 在 350K 时不同尺寸孔隙中气体在不同压力下的克努森数

(2)纳米孔隙气体滑脱效应的表征模型。

在研究气体在纳微米孔隙中的流动规律时，视渗透率直接地表征了气体滑脱效应对气体渗流的影响，目前对视渗透率的表征模型主要有 Klinkenberg 模型、B-K 模型和 Javadpour 模型。

①Klinkenberg 模型。

Klinkenberg 发现在低压力条件下，实验观察到的气体流量高于达西方程的预测值，提出了表观气体渗透率随着压力的变化：

$$K_a = \left(1 + \frac{b_k}{P}\right)K_\infty \tag{3.5}$$

式中，$b_k = 4c\lambda\bar{P}/r$，Klinkenberg 气体滑脱因子，MPa；其中，λ 为给定压力和温度下的气体分子平均自由程；r 为孔隙半径；$c \approx 1$。K_∞ 为等效液体渗透率，mD；$\bar{\rho}$ 为平均孔隙压力，MPa。

Klinkenberg 方程是表征气体滑脱效应的经典模型，可以写成克努森数表征的形式：

$$K_a = (1 + 4cKn)K_\infty \tag{3.6}$$

②B-K 模型。

B-K 表观渗透率模型由 Beskok 和 Karniadakis[66]及 Karniadakis 等[67]基于微管模型提出了能够表征不同流态下的气体表观渗透率计算公式：

$$K_a = \left(1 + \alpha Kn\right)\left(1 + \frac{4Kn}{1 - bKn}\right)K_\infty \tag{3.7}$$

式中，α 为无因次稀疏系数；b 为微管模型中气体流动的滑脱系数，通常取-1。Givan[68]在该模型的基础上，提出了无因次稀疏系数修正公式：

$$\alpha = \frac{\alpha_0}{1 + \dfrac{A}{Kn^B}} \tag{3.8}$$

式中，$A=0.170$，$B=0.434$，$\alpha_0 = 1.358$。

③Javadpour 模型。

Javadpour 模型考虑克努森扩散和滑脱的双重作用，提出了表观渗透率计算公式[69]：

$$K_a = \left\{\frac{2\mu M}{3 \times 10^3 RT \rho^{-2}}\left(\frac{8RT}{\pi M}\right)^{0.5}\frac{8}{r} + \left[1 + \left(\frac{8\pi RT}{M}\right)^{0.5}\frac{\mu}{\bar{\rho}r}\left(\frac{2}{\alpha} - 1\right)\right]\frac{1}{\bar{\rho}}\right\}K_\infty \tag{3.9}$$

式中，T 为气藏温度，K；$\bar{\rho}$ 为气体平均密度，kg/m³；$\bar{\rho}$ 为储层平均孔隙压力；α 为切向动量供给系数，其取值在 $0\sim1$，与孔隙壁的光滑程度、气体类型、温度和压力有关，一般需要通过实验来获得。

Javadpour 模型由克努森扩散部分和滑脱部分组成，可以看出纳米孔隙中表观渗透率同绝对渗透率之间的关系由气体的性质、孔喉大小及压力温度等表示。基于该模型，可有效地研究页岩孔径、温度压力等条件对其气体流动规律的影响。

4. 滑脱实验测试

针对页岩是否存在明显的滑脱效应，以及滑脱效应对气体渗透率的影响情况，在页岩气的渗流机理和气体渗流的滑脱机制基础上，通过室内实验测定了不同孔隙压力下的滑脱因子的大小，以及渗透率随孔隙压力的变化曲线，研究了孔隙压力对页岩气滑脱效应的影响。实验选用岩心为南方海相页岩，均取自于井深小于1000m 的储层，表 3.6～表 3.35 分别为各个实验岩心的基本数据及滑脱效应数据，图 3.9～图 3.24 分别为各个岩心不同平均孔隙压力下的渗透率关系。

表 3.6　Ls2-2-1 岩心滑脱实验测试结果基础数据

油田/地区	井号	岩样长度/cm	取样深度/m	测定温度/℃
南方海相	龙山 2 井	4.142	730.8～735.4	25
层位	岩样编号	岩样直径/cm	绝对渗透率/mD	注入气名称
龙马溪	Ls2-2-1	2.536	0.4167	氮气

表 3.7　Ls2-2-1 岩心滑脱效应实验数据表

入口压力/MPa	平均压力倒数/MPa^{-1}	气体流量/(mL/s)	气体有效渗透率/mD
0.1016	6.72	0.0549	0.5197
0.2016	5.03	0.1429	0.5107
0.2984	4.05	0.2525	0.4908
0.4016	3.35	0.3912	0.4677
0.5016	2.87	0.5580	0.4578
0.6016	2.51	0.7418	0.4440
0.7141	2.20	0.9488	0.4195
0.8156	1.98	1.1737	0.4090
0.9297	1.78	1.4286	0.3927
1.0859	1.56	1.7857	0.3693
1.1734	1.46	1.9802	0.3559
1.3188	1.32	2.3529	0.3407
1.4469	1.22	2.6490	0.3227
1.5953	1.12	3.0120	0.3059
1.7969	1.00	3.5336	0.2871
2.0313	0.90	4.2373	0.2732
2.2016	0.83	4.6083	0.2551
2.3875	0.77	5.1282	0.2433
2.6156	0.71	5.7803	0.2304
2.8156	0.66	6.4103	0.2220

表 3.8　Ls2-9-2 岩心滑脱实验测试结果基础数据

油田/地区	井号	岩样长度/cm	取样深度/m	测定温度/℃
南方海相	龙山 2 井	4.142	907.06～911.71	25
层位	岩样编号	岩样直径/cm	绝对渗透率/mD	注入气名称
龙马溪	Ls2-9-2	2.514	0.0349	氮气

表 3.9　Ls2-2-1 岩心滑脱效应实验数据表

入口压力/MPa	平均压力倒数/MPa^{-1}	气体流量/(mL/s)	气体有效渗透率/mD
0.1016	6.72	0.0044	0.0421
0.2000	5.05	0.0111	0.0401
0.2984	4.05	0.0201	0.0391
0.4000	3.36	0.0317	0.0383
0.5000	2.87	0.0459	0.0379
0.5984	2.52	0.0621	0.0376
0.7375	2.14	0.0893	0.0373
0.8641	1.89	0.1176	0.0370

续表

入口压力/MPa	平均压力倒数/MPa⁻¹	气体流量/(mL/s)	气体有效渗透率/mD
1.0297	1.63	0.1585	0.0362
1.2250	1.41	0.2137	0.0355
1.4109	1.24	0.2717	0.0347
1.6125	1.11	0.3431	0.0342
1.8172	0.99	0.4274	0.0340
1.9938	0.91	0.5038	0.0337
2.2	0.83	0.5988	0.0333
2.4	0.77	0.6969	0.0328
2.5906	0.72	0.7955	0.0324
2.7984	0.67	0.9091	0.0319
2.9844	0.63	1.0101	0.0314

表 3.10　Ls1-14-2 岩心滑脱实验测试结果基础数据

油田/地区	井号	岩样长度/cm	取样深度/m	测定温度/℃
南方海相	龙山 1 井	4.081	911.06～916.4	25
层位	岩样编号	岩样直径/cm	绝对渗透率/mD	注入气名称
龙马溪	Ls1-14-2	2.507	0.0941	氮气

表 3.11　Ls1-14-2 岩心滑脱效应实验数据表

入口压力/MPa	平均压力倒数/MPa⁻¹	气体流量/(mL/s)	气体有效渗透率/mD
0.1031	6.69	0.0119	0.1118
0.2000	5.05	0.0297	0.1083
0.3000	4.03	0.0541	0.1052
0.4000	3.36	0.0850	0.1031
0.5016	2.87	0.1227	0.1015
0.6000	2.51	0.1606	0.0974
0.7609	2.09	0.2312	0.0920
0.9063	1.81	0.3065	0.0890
1.0281	1.63	0.3777	0.0871
1.2297	1.40	0.4792	0.0796
1.4391	1.22	0.6146	0.0763
1.6172	1.10	0.7481	0.0747
1.8063	1.00	0.8905	0.0722
2.0469	0.89	1.0684	0.0698

表 3.12　Ls2-8-1 岩心滑脱实验测试结果基础数据

油田/地区	井号	岩样长度/cm	取样深度/m	测定温度/℃
南方海相	龙山 2 井	3.886	730.8～735.4	25
层位	岩样编号	岩样直径/cm	绝对渗透率/mD	注入气名称
龙马溪	Ls2-8-1	2.510	0.2042	氮气

表 3.13　Ls2-8-1 岩心滑脱效应实验数据表

入口压力/MPa	平均压力倒数/MPa⁻¹	气体流量/(mL/s)	气体有效渗透率/mD
0.2047	4.99	0.0696	0.2328
0.3000	4.03	0.1233	0.2276
0.4031	3.34	0.1967	0.2238
0.5031	2.86	0.2819	0.2203
0.6016	2.51	0.3724	0.2135
0.6891	2.26	0.4641	0.2094
0.8203	1.97	0.6173	0.2040
0.9094	1.81	0.7353	0.2017
1.0516	1.60	0.9390	0.1975
1.1906	1.44	1.1462	0.1919
1.3547	1.29	1.3890	0.1831
1.5547	1.14	1.7123	0.1746
1.7391	1.03	2.0535	0.1696
1.9844	0.92	2.4816	0.1602
2.1828	0.84	2.8657	0.1544
2.356	0.78	3.2468	0.1514
2.6109	0.71	3.8760	0.1480
2.8406	0.66	4.4978	0.1459
2.9984	0.63	4.8232	0.1420

表 3.14　Q j2-12 岩心滑脱实验测试结果基础数据

油田/地区	井号	岩样长度/cm	取样深度/m	测定温度/℃
南方海相	黔江 2 井	3.186	724.29～728.79	25

层位	岩样编号	岩样直径/cm	绝对渗透率/mD	注入气名称
龙马溪	Qj2-12	2.526	0.7453	氮气

表 3.15　Q j2-12 岩心滑脱效应实验数据表

入口压力/MPa	平均压力倒数/MPa⁻¹	气体流量/(mL/s)	气体有效渗透率/mD
0.1000	20	0.1150748	0.8632597
0.2016	9.920634921	0.2890173	0.8010943
0.3000	6.666666667	0.5263158	0.7862915
0.4000	5	0.8	0.7463924
0.5063	3.950227138	1.1204482	0.7012743
0.6063	3.298697015	1.4705882	0.6731883
0.7031	2.844545584	1.8348624	0.6466826
0.8563	2.335630036	2.4691358	0.6110214
1.0375	1.927710843	3.2787	0.57176

入口压力/MPa	平均压力倒数/MPa⁻¹	气体流量/(mL/s)	气体有效渗透率/mD
1.1984	1.668891856	4.0816	0.5463293
1.4375	1.391304348	5.3333	0.5094359
1.6234	1.231982259	6.4516	0.4915612
1.7719	1.12873187	7.2727	0.4704126
1.9563	1.022338087	8.3333	0.4476127

表 3.16 Ls1-14-2 岩心滑脱实验测试结果基础数据

油田/地区	井号	岩样长度/cm	取样深度/m	测定温度/℃
南方海相	龙山1井	4.081	911.06～916.40	25
层位	岩样编号	岩样直径/cm	绝对渗透率/mD	注入气名称
龙马溪	Ls1-14-2	2.507	0.094	氮气

表 3.17 Ls1-14-2 岩心滑脱效应实验数据表

入口压力/MPa	平均压力倒数/MPa⁻¹	气体流量/(mL/s)	气体有效渗透率/mD
0.1496	6.6867268	0.015682	0.1468567
0.1988	5.0301811	0.038052	0.1371676
0.2512	3.9808917	0.068595	0.1288275
0.2988	3.3467202	0.10125	0.1220362
0.3488	2.8669725	0.14286	0.1181647
0.3996	2.5028157	0.18748	0.1126545
0.5086	1.9661817	0.30285	0.1051096
0.6058	1.6507098	0.42435	0.1000916
0.7092	1.4101389	0.5526	0.0928266
0.8008	1.2487512	0.69018	0.0894787
0.9044	1.1057054	0.83255	0.083525
1.0154	0.9848821	0.98425	0.0775305
1.1043	0.905592	1.12258	0.0742883
1.2073	0.8282945	1.26286	0.0694902
1.2992	0.7697044	1.40126	0.0663153
1.4124	0.7080398	1.57286	0.0626812
1.5048	0.6645622	1.76524	0.0618263
1.6193	0.6175508	1.95468	0.0589245

表 3.18 Ls1-8-2 岩心滑脱实验测试结果基础数据

油田/地区	井号	岩样长度/cm	取样深度/m	测定温度/℃
南方海相	龙山1井	3.941	954.53～958.30	25
层位	岩样编号	岩样直径/cm	绝对渗透率/mD	注入气名称
龙马溪	Ls1-8-2	2.511	0.0012	氮气

表 3.19　Ls1-8-2 岩心滑脱效应实验数据表

入口压力/MPa	平均压力倒数/MPa⁻¹	气体流量/(mL/s)	气体有效渗透率/mD
0.2016	5.03	0.0009	0.003059
0.4000	3.36	0.0022	0.002524
0.6000	2.51	0.0038	0.002204
0.8438	1.92	0.0062	0.001954
1.0672	1.58	0.0088	0.001808
1.2266	1.41	0.0108	0.001708
1.4219	1.24	0.0135	0.001634
1.6531	1.08	0.0174	0.001579
1.8328	0.99	0.0204	0.001528
2.0516	0.89	0.0247	0.001493
2.2094	0.83	0.0281	0.001480
2.4313	0.76	0.0335	0.001468
2.6422	0.70	0.0385	0.001443
2.8063	0.67	0.0428	0.001433
2.9906	0.63	0.0481	0.001426

表 3.20　Q j1-6 岩心滑脱实验测试结果基础数据

油田/地区	井号	岩样长度/cm	取样深度/m	测定温度/℃
南方海相	黔江 1 井	4.071	635.40～644.04	25
层位	岩样编号	岩样直径/cm	绝对渗透率/mD	注入气名称
龙马溪	Qj1-6	2.527	0.0078	氮气

表 3.21　Q j1-6 岩心滑脱效应实验数据表

入口压力/MPa	平均压力倒数/MPa⁻¹	气体流量/(mL/s)	气体有效渗透率/mD
0.2016	5.03	0.0030	0.010665
0.4016	3.35	0.0081	0.009607
0.6000	2.51	0.0153	0.009105
0.8156	1.98	0.0255	0.008802
1.0016	1.67	0.0365	0.008672
1.2078	1.42	0.0505	0.008509
1.4078	1.25	0.0667	0.008458
1.6392	1.09	0.0881	0.008413
1.8359	0.98	0.1080	0.008347
2.0063	0.91	0.1271	0.008309
2.2031	0.83	0.1506	0.008252

入口压力/MPa	平均压力倒数/MPa^{-1}	气体流量/(mL/s)	气体有效渗透率/mD
2.4125	0.77	0.1786	0.008240
2.5875	0.72	0.2033	0.008217
2.7797	0.67	0.2326	0.008196
2.9719	0.63	0.2632	0.008166

表 3.22 Ls1-12-3 岩心滑脱实验测试结果基础数据

油田/地区	井号	岩样长度/cm	取样深度/m	测定温度/℃
南方海相	龙山 1 井	3.982	911.66～916.40	25
层位	岩样编号	岩样直径/cm	绝对渗透率/mD	注入气名称
龙马溪	Ls1-12-3	2.528	0.0033	氮气

表 3.23 Ls1-12-3 岩心滑脱效应实验数据表

入口压力/MPa	平均压力倒数/MPa^{-1}	气体流量/(mL/s)	气体有效渗透率/mD
0.2016	5.03	0.0013	0.0045
0.4016	3.35	0.0035	0.0041
0.6016	2.51	0.0066	0.0038
0.8188	1.97	0.0111	0.0037
1.0656	1.59	0.0177	0.0037
1.2359	1.40	0.0229	0.0036
1.4625	1.21	0.0310	0.0036
1.6969	1.06	0.0409	0.0036
1.9656	0.93	0.0535	0.0035
2.2063	0.83	0.0662	0.0035
2.4141	0.77	0.0781	0.0035
2.7211	0.69	0.0980	0.0035
2.9797	0.63	0.1163	0.0035

表 3.24 Ls1-7-4 岩心滑脱实验测试结果基础数据

油田/地区	井号	岩样长度/cm	取样深度/m	测定温度/℃
南方海相	龙山 1 井	4.221	924.4～928.4	25
层位	岩样编号	岩样直径/cm	绝对渗透率/mD	注入气名称
龙马溪	Ls1-7-4	2.524	0.0038	氮气

表 3.25　Ls1-7-4 岩心滑脱效应实验数据表

入口压力/MPa	平均压力倒数/MPa^{-1}	气体流量/(mL/s)	气体有效渗透率/mD
0.2109	9.48	0.0015	0.0051
0.4172	4.79	0.0040	0.0046
0.6203	3.22	0.0075	0.0044
0.8078	2.48	0.0115	0.0042
1.0469	1.91	0.0181	0.0041
1.2641	1.58	0.0253	0.0041
1.5406	1.30	0.0361	0.0040
1.7484	1.14	0.0455	0.0040
2.0156	0.99	0.0590	0.0040
2.2203	0.90	0.0704	0.0039
2.4844	0.81	0.0870	0.0039
2.7672	0.72	0.1064	0.0039
3.0469	0.66	0.1274	0.0039
3.3953	0.59	0.1556	0.0039
3.8328	0.52	0.1951	0.0039
4.2688	0.47	0.2395	0.0038
4.6203	0.43	0.2778	0.0038
5.0016	0.40	0.3226	0.0038

表 3.26　Ls1-3-2 岩心滑脱实验测试结果基础数据

油田/地区	井号	岩样长度/cm	取样深度/m	测定温度/℃
南方海相	龙山 1 井	3.955	924.4~928.4	25
层位	岩样编号	岩样直径/cm	绝对渗透率/(10^{-6}mD)	注入气名称
筇竹寺	Ls1-3-2	2.520	2.456	氮气

表 3.27　Ls1-3-2 岩心滑脱效应实验数据表

入口压力/MPa	平均压力倒数/MPa^{-1}	气体流量/(mL/s)	气体有效渗透率/(10^{-6}mD)
2.968	0.63211125	0.000169	5.078
3.5703	0.53102514	0.0002187	4.608
4.0406	0.47207667	0.0002672	4.445
4.5109	0.42490811	0.0003185	4.283
5.0422	0.38181055	0.000367	3.979

表 3.28　Ls1-2-5 岩心滑脱实验测试结果基础数据

油田/地区	井号	岩样长度/cm	取样深度/m	测定温度/℃
南方海相	龙山 1 井	4.054	939.5～942.5	25
层位	岩样编号	岩样直径/cm	绝对渗透率/(10^{-6}mD)	注入气名称
筇竹寺	Ls1-2-5	2.526	9.95	氮气

表 3.29　Ls1-2-5 岩心滑脱效应实验数据表

入口压力/MPa	平均压力倒数/MPa^{-1}	气体流量/(mL/s)	气体有效渗透率/(10^{-5}mD)
2.1547	0.9282035	0.0003827	2.17895
2.3938	0.8354917	0.0004372	2.03833
2.7125	0.7373272	0.0005149	1.89127
3.0344	0.6591089	0.0006242	1.84977
3.3328	0.600096	0.0007067	1.7512
3.6391	0.5495864	0.000809	1.69481
4.0016	0.4998001	0.0009718	1.69709

表 3.30　Ls1-15-4 岩心滑脱实验测试结果基础数据

油田/地区	井号	岩样长度/cm	取样深度/m	测定温度/℃
南方海相	龙山 1 井	4.068	911.6～916.4	25
层位	岩样编号	岩样直径/cm	绝对渗透率/(10^{-6}mD)	注入气名称
筇竹寺	Ls1-15-4	2.522	4.1	氮气

表 3.31　Ls1-15-4 岩心滑脱效应实验数据表

入口压力/MPa	平均压力倒数/MPa^{-1}	气体流量/(mL/s)	气体有效渗透率/(10^{-5}mD)
2.0094	0.995322	0.0011976	7.833
2.2250	0.8988764	0.001372	7.399
2.5359	0.7886746	0.001654	6.951
2.9141	0.6863182	0.002079	6.700
3.1641	0.6320913	0.0024096	6.638
3.4172	0.5852745	0.0027322	6.499
3.7302	0.5361643	0.003286	6.607
4.0422	0.4947801	0.0038168	6.579

表 3.32　Ls1-3-5 岩心滑脱实验测试结果基础数据

油田/地区	井号	岩样长度/cm	取样深度/m	测定温度/℃
南方海相	龙山 1 井	4.167	924.4～928.4	25
层位	岩样编号	岩样直径/cm	绝对渗透率/mD	注入气名称
筇竹寺	Ls1-3-5	2.512	0.0031	氮气

表 3.33　Ls1-3-5 岩心滑脱效应实验数据表

入口压力/MPa	平均压力倒数/MPa^{-1}	气体流量/(mL/s)	气体有效渗透率/mD
0.6078	2.4881811	0.0065209	0.0039308
0.8188	1.9708317	0.010296	0.0036532
1.0047	1.665695	0.0145987	0.0035718
1.2406	1.392176	0.0212766	0.0035334
1.4578	1.2093361	0.0285307	0.0035104
1.6313	1.094511	0.0347827	0.0034709
1.8500	0.9775171	0.0434788	0.0034282
2.0750	0.8806693	0.0534759	0.0033943
2.2406	0.8208159	0.0614759	0.0033755
2.4422	0.7580926	0.0719424	0.0033545
2.6313	0.7073887	0.0826446	0.0033429
2.8234	0.6623833	0.0934579	0.0033062
3.0609	0.6140809	0.1075269	0.0032582
3.2672	0.5775006	0.1219512	0.003261
3.4813	0.5438773	0.1369863	0.0032447
3.7422	0.5078462	0.15625	0.0032236
4.0141	0.4750481	0.1785714	0.0032215
4.4047	0.4347165	0.2105496	0.0031745
4.7088	0.4077638	0.2395295	0.0031739
5.0063	0.3844453	0.2684685	0.0031597

表 3.34　Ls1-8-2 岩心滑脱实验测试结果基础数据

油田/地区	井号	岩样长度/cm	取样深度/m	测定温度/℃
南方海相	龙山 1 井	3.941	954.53~958.30	25
层位	岩样编号	岩样直径/cm	绝对渗透率/mD	注入气名称
筇竹寺	Ls1-8-2	2.511	0.0014	氮气

表 3.35　Ls1-8-2 岩心滑脱效应实验数据表

入口压力/MPa	平均压力倒数/MPa^{-1}	气体流量/(mL/s)	气体有效渗透率/mD
0.2031	5.0112754	0.001212	0.004096
0.4000	3.3557047	0.002778	0.003192
0.6016	2.5075226	0.004854	0.002774
0.8016	2.0048115	0.007105	0.002441
1.0563	1.5970614	0.010712	0.002228
1.5219	1.1642121	0.019048	0.002018
1.9891	0.9152899	0.029155	0.001871
2.9422	0.637308	0.056524	0.001723
3.9469	0.4827536	0.093458	0.001625
4.9422	0.3892414	0.13986	0.001574

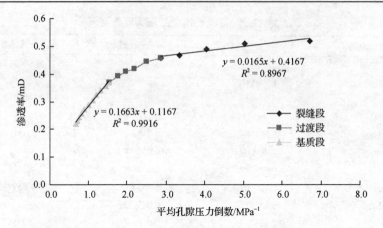

图 3.9 岩心 Ls2-2-1 不同平均孔隙压力下的渗透率关系

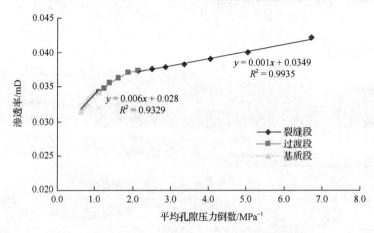

图 3.10 岩心 Ls2-9-2 不同平均孔隙压力下的渗透率关系

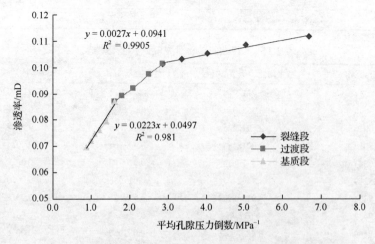

图 3.11 岩心 Ls1-14-2 不同平均孔隙压力下的渗透率关系

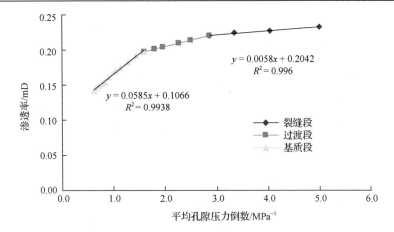

图 3.12　岩心 Ls2-8-1 不同平均孔隙压力下的渗透率关系

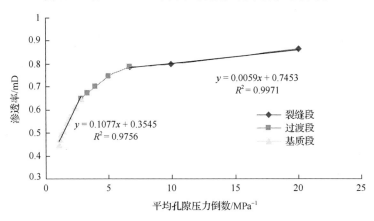

图 3.13　岩心 Q j2-12 不同平均孔隙压力下的渗透率关系

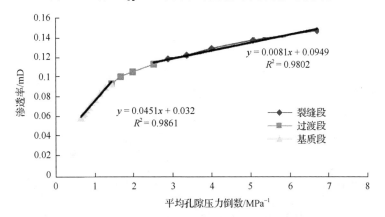

图 3.14　岩心 Q j1-4 不同平均孔隙压力下的渗透率关系

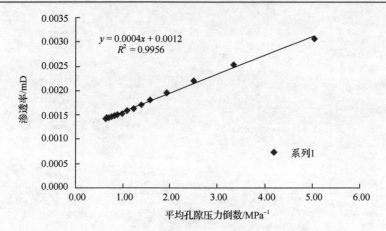

图 3.15　岩心 Ls1-8-2 不同平均孔隙压力下的渗透率关系

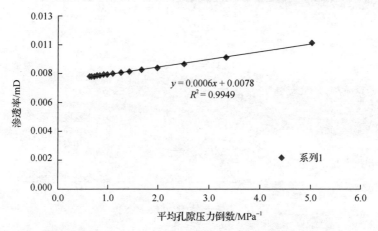

图 3.16　岩心 Q j1-6 不同平均孔隙压力下的渗透率关系

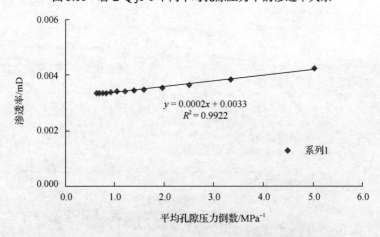

图 3.17　岩心 Ls1-12-3 不同平均孔隙压力下的渗透率关系

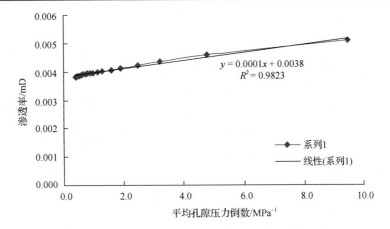

图 3.18　岩心 Ls1-7-4 不同平均孔隙压力下的渗透率关系

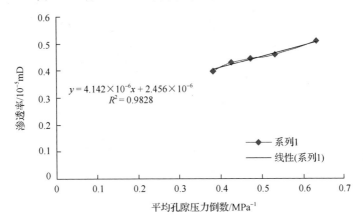

图 3.19　岩心 Ls1-3-2 不同平均孔隙压力下的渗透率关系

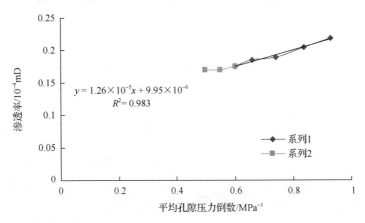

图 3.20　岩心 Ls1-2-5 不同平均孔隙压力下的渗透率关系

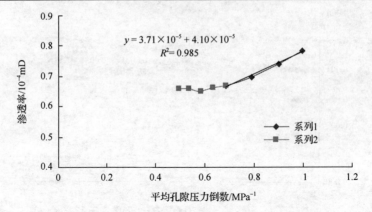

图 3.21　岩心 Ls1-15-4 不同平均孔隙压力下的渗透率关系

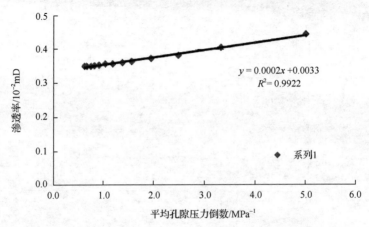

图 3.22　岩心 Ls1-12-3 不同平均孔隙压力下的渗透率关系

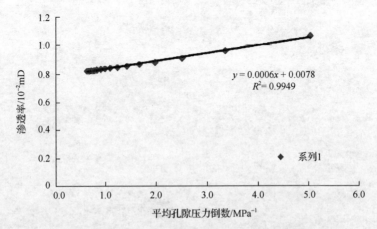

图 3.23　岩心 Q j1-6 不同平均孔隙压力下的渗透率关系

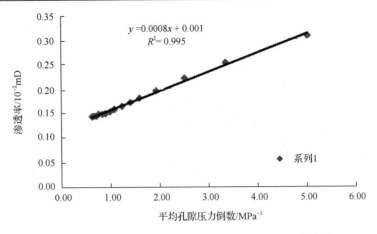

图 3.24　岩心 Ls1-8-2 不同平均孔隙压力下的渗透率关系

　　图 3.12~图 3.14 中所示的 3 条关系曲线为带明显裂缝岩心所测结果，可以看出含有裂缝的岩心所测得的滑脱因子不再是一个常数，而是一个变化的值，随着孔隙压力的增大，滑脱因子增大，渗透率与平均孔隙压力倒数曲线表现为三段式。当入口压力为 0.5~0.7MPa 时为第一段，当入口压力为 1.0~2.0MPa 时为第三段，中间压力部分为第二段，每一个分段均存在良好的线性关系。随着平均孔隙压力的增大，渗透率不断降低，且下降趋势越来越明显。分析认为，对于含有裂缝的岩心，随着平均孔隙压力的变化，裂缝闭合程度较无裂缝的岩心更容易发生变化。随着孔隙压力的增大，孔隙结构发生变化，气体在孔隙裂缝里的流动将会出现惯性效应；致密度不同的组织，压力波传递的速度有所不同，在较疏松的组织中传递较快，在较致密的组织中传递较慢，从而导致流体在孔隙介质中的流动规律发生改变。

　　图 3.22~图 3.24 中所示 3 条关系曲线为不带裂缝岩心所测结果，可以看出曲线变化的总体趋势，随着平均孔隙压力的增大，渗透率不断降低，但减小幅度在不断减小，到最后趋于平缓，渗透率几乎不变。当平均孔隙压力小于 1.5MPa 时，渗透率随平均孔隙压力倒数变化的关系曲线接近一条直线，滑脱因子为一常数，渗透率变化较大，滑脱效应对渗透率的贡献明显；当平均孔隙压力大于 1.5MPa 后，随着孔隙压力的增大渗透率变化不明显，滑脱效应对渗透率的贡献很小，滑脱效应可以忽略。实验结论与滑脱效应的物理意义相一致。由此可见，气体渗流过程中滑脱效应的强弱很大程度上取决于储层孔隙压力的大小，当储层孔隙压力较小的时候，滑脱效应明显，滑脱对渗透率的影响较大；当储层孔隙压力大于 1.5MPa 的时候，滑脱效应不明显，那么在页岩气藏开发过程中也就没有必要考虑滑脱效应对气井产能的影响。从储层深度来考虑，可以认为较深的储层不需要考虑滑脱效应的影响。而对于较浅的储层来说，滑脱效应对于气藏的开发具有一定影响，不可忽视。基于之前所提到的气体渗流的滑脱机制，计算 3 块岩心直线段得到滑

脱因子，即岩心渗透率越低，滑脱因子越大，滑脱效应越明显，因此对于低压低渗储层，滑脱效应更为明显。

通过对滑脱因子的计算，选择 3 块不同级别滑脱因子的岩心实验数据，绘制出了滑脱渗透率对气测渗透率的贡献率 k/k_∞ 随孔隙压力变化的关系曲线，即反映了不同孔隙压力下滑脱效应对渗透率的影响情况，如图 3.25 所示。从图 3.25 可以看出，3 块页岩岩样的气测渗透率受滑脱效应的影响规律基本一致，随着孔隙压力的增大，滑脱效应对渗透率的影响先是快速减弱再是缓慢减弱；滑脱因子越大，在变化相同孔隙压力条件下，K/K_∞ 的变化幅度越大，滑脱效应对渗透率的影响越大。

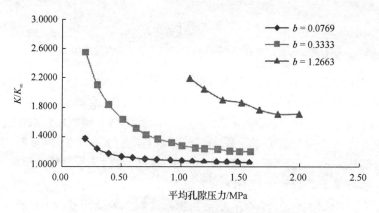

图 3.25　不同孔隙压力下滑脱效应对渗透率的影响

由实验结果可以得出，气体渗流过程中滑脱效应的强弱很大程度上取决于储层孔隙压力的大小，当储层孔隙压力较小的时候，滑脱对渗透率的影响较大，滑脱效应明显；当储层孔隙压力较大的时候，滑脱效应不明显，那么在页岩气藏开发过程中也就没有必要考虑滑脱效应对气井产能的影响。由此可见，页岩中普遍存在气体滑脱效应，滑脱效应对于页岩气的渗流规律及页岩气井的产能具有一定影响，不可忽视。本书在建立裂缝系统气相渗流方程的过程中，考虑了气体滑脱效应对渗透率的影响，认为页岩气在页岩储层天然裂缝中的渗流过程遵循考虑滑脱效应的广义达西定律。

5. 小结

（1）气体在页岩渗流过程中滑脱效应的强弱很大程度上取决于储层孔隙压力的大小，当储层孔隙压力小于 1.5MPa 的时候，滑脱效应明显，滑脱对渗透率的影响较大；当储层孔隙压力大于 1.5MPa 的时候，滑脱效应不明显。从储层深度来考虑，较深的页岩储层可以不需要考虑滑脱效应的影响，而对于较浅的页岩储层来说，滑脱效应对于页岩气藏的开发具有一定影响，不可忽视。同时，页岩储层的渗透率越低，滑脱因子越大，滑脱效应越明显。

(2)对于不带裂缝的岩心，渗透率与平均孔隙压力倒数呈现良好的线性关系，渗透率首先随着孔隙压力增大稳步降低，最后趋于稳定，滑脱对渗透率的影响开始减弱。页岩储层中的渗流可以分为以下两个阶段：孔隙压力较低时，表现为滑脱效应主导阶段；孔隙压力升高后，滑脱效应减弱，表现为达西流。

(3)对于含有明显裂缝的岩心，渗透率与平均孔隙压力倒数的关系曲线不再是一条直线，而是表现为三段式，当入口压力为 0.5~0.7MPa 时为第一段，当入口压力为 1.0~2.0MPa 时为第三段，中间压力部分为第二段。第一段中的气体流动过程受滑脱效应的影响较大，之后的流动过程主要是因为裂缝的闭合程度及孔隙结构发生了变化而出现了惯性效应，以及驱替压力传递速度的不同，从而导致流动规律发生了改变。

3.1.4　页岩储层渗流规律实验研究

1. 实验材料、仪器及步骤

岩心基础资料如表 3.36 所示。

表 3.36　岩心基础数据表

岩心编号	井段	长度/cm	直径/cm	渗透率/mD	孔隙度/%
Ls4-1	15-16/27	6	2.51	0.000052	2.678
Ls4-2	15-25/27	6.01	2.5	0.000086	2.112
Ls4-3	15-16/27	6	2.5	0.000201	5.026
Q j4-4	15-22/27	6	2.5	0.000458	2.267
Q j4-5	15-24/27	6.01	2.52	0.007148	0.236
Q j4-6	15-16/27	6	2.5	0.018169	1.556

实验用氮气注入。用到的实验仪器有平流泵、连接线、六通阀、中间容器、岩心夹持器、秒表、流体计量设备、压力传感器、标准数字压力表、真空泵、恒温箱、手摇泵、电子天平、磁力搅拌器、活塞容器等。实验流程如图 3.26 所示，实验设计步骤如下。

(1)将岩心在 108℃下烘干 12h 后称重，测量孔隙度和渗透率。

(2)岩心装入夹持器，放入恒温箱中，加围压至实验要求压力 15MPa，开始实验。

(3)以某一设定极低流速注气，观察岩心两端压差，直到岩心两端压力稳定，记录岩心两端的压力及流量。

(4)将流量依次提高一倍注入，重复(3)过程，直至测定完成所有设定的流量点，结束实验。

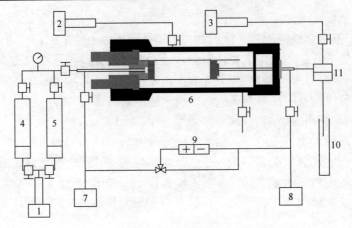

图 3.26　实验流程图

1～3.注入泵；4,5.中间容器；6.三轴岩心夹持器；7,8.上、下游压力传感器；9.高线性压差传感器；10.流量收集装置；
11.回压阀

2. 实验结果与分析

图 3.27 为全部岩心渗流规律曲线，可以看出，在一定注入速度下，随着渗透率的降低，岩心两端的压差逐渐增加，且岩心渗透率越小，两端压差数值越大。要在不同渗透率的岩心两端保持相同的压差，需要在高渗透率的岩心上有更高的注入速度。实验结果表明，随着气体注入速度的增加，岩心两端的压差也逐渐增加，当注入速度较小时，岩心两端压差增加幅度较小；而当注入速度继续加大时，岩心两端压差增加幅度急剧增大。由图 3.27 还可以看出，该区块岩心流体流动具有非达西渗流特征，存在启动压力，渗流曲线为明显的非线性特征。流速越大所

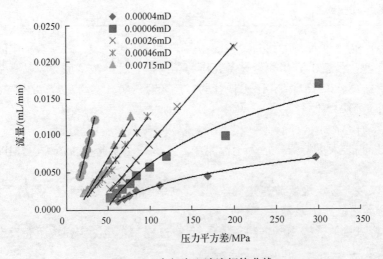

图 3.27　全部岩心渗流规律曲线

需压差越大，且非线性增加。随着渗透率的增加，曲线形状以Ⅰ和Ⅱ型重温吸附曲线为主，而后过渡趋向达西流。

3.2 裂缝中的页岩气流动规律

3.2.1 微裂缝页岩渗流规律

1. 岩样选取及其物性

实验选用 4 块四川气田下志留统龙马溪组储层黑色页岩，运用脉冲法和氦气法测定渗透率与孔隙度，测试结果及岩样数据如表 3.37 所示。

表 3.37 页岩岩心基础数据

样品编号	长度/cm	直径/cm	孔隙度/%	渗透率/$10^{-3}\mu m^2$
Ls1-11	5.65	2.53	2	0.0008
Ls1-16	5.17	2.52	4	0.0025
Ls2-4	5.53	2.51	3	0.0053
Ls1-2	5.28	2.51	2	0.0072

由于页岩储层的微观孔隙为纳米量级，常规的技术手段不能准确描述页岩的孔隙结构和表面形态，需要多种实验方法相结合。在制备页岩实验样品时要采用特殊手段防止样品制备过程中造成污染，笔者使用氩离子抛光技术对页岩样品表面进行刻蚀处理，然后采用扫描电镜观察页岩的微观孔隙结构形态，并结合高压压汞的实验方法对页岩储层孔隙形态及分布特征进行研究。

通过扫描电镜观察发现，层理发育的页岩中发育有层理缝，裂缝宽度可达50nm 以上，通常延伸至整个切片表面，如图 3.28 所示。

500μm

(a)

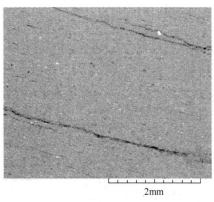

2mm

(b)

图 3.28 含气页岩试样层理微观结构

　　常规压汞一般压力较小，不能突破纳米尺度的毛管压力。本次采用高压压汞的方法，实验最高驱替压力为 300MPa，可识别的最小毛管半径为 1.451nm。选取 4 块平行层理方向岩样，通过高压压汞法测得4块页岩样品的孔隙参数如图3.29所示。

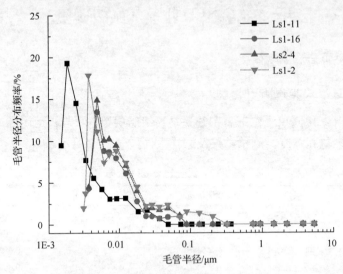

图 3.29　页岩压汞毛管半径分布曲线

　　由图 3.29 可知，4 块岩样的孔隙分布主要呈"单峰"的曲线特征，孔隙半径主要分布在 10nm 以下，占孔隙体积的 85%～90%；毛管半径 50～200nm 级别孔隙占孔隙体积的 10%～15%。由此可见，页岩中的基质孔隙为页岩气的赋存提供了主要的储集空间。结合扫描电镜的分析结果可知，占据较小孔隙体积的孔隙为层理缝，相对于孔隙半径较小的基质孔隙，贯穿岩样的层理缝由于开度较大，在压汞过程中所需要的进汞压力较低。层理缝的开度虽然相对基质的孔隙较大，但是分布较少，不能为页岩气提供较多的储集空间。Ls1-11 岩样的孔隙主要分布区间为 2～5nm，平均为 3nm，相对于其他 3 块岩样基质的孔隙更小；层理缝的孔隙半径分布区间为 50～80nm，平均为 60nm，在 4 块岩样中层理缝的开度最小。其他 3 块岩样的基质孔隙主要分布在 4～10nm，平均为 8nm。Ls1-16 岩样层理缝孔隙半径的分布区间为 50～100nm，平均为 86nm。Ls2-4 岩样的层理缝分布区间为 80～150nm，平均为 123nm。Ls1-2 岩样的层理缝分布区间为 100～200nm，平均为 168nm，在 4 块岩样中层理缝的开度最大。

2. 实验材料仪器及步骤

　　实验采用氮气注入。用到的实验仪器有平流泵、连接线、六通阀、中间容器、岩心夹持器、秒表、流体计量设备、压力传感器、标准数字压力表、真空泵、恒温箱、手摇泵等。

实验设计步骤如下。

（1）将岩心在 108℃下烘干 12h 后称重，测量孔隙度和渗透率。

（2）岩心装入夹持器，放入恒温箱中，加围压至实验要求压力 15MPa，开始实验。

（3）以某一设定极低流速注气，观察岩心两端压差，直到岩心两端压力稳定，记录岩心两端的压力及流量。

（4）将流量依次提高 1 倍注入，重复过程（3），直至测定完成所有设定的流量点，结束实验。

3. 实验结果

图 3.30 为岩心渗流规律曲线，可以看出与平行层理方向相比，垂直层理方向的流体流动更具有非达西渗流特征，平行层理方向的渗流曲线更接近线性渗流特征。垂直层理方向渗透率为 0.0006～0.0017mD，垂直层理方向的渗透率较小，即孔隙半径较小，当压力为 0.2～0.7MPa 时，滑移作用对气体的流量影响较大，渗流的非线性特征越明显，随着压差的增大，滑移作用对流量的影响减弱，非线性特征也相应减弱，逐步趋于线性流动。平行层理方向的渗透率为 0.0102～0.0162mD，相对于垂直层理方向渗透率较大，孔隙多为贯穿的层理缝，孔隙中的气体流量较大，在实验的压力区间内，滑移作用对流量的影响相对于垂直层理方向较小，曲线形态更接近线性流动。

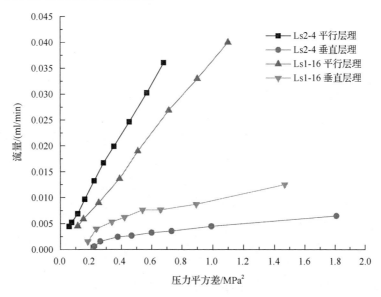

图 3.30　气体流量与压力平方差的关系

在相同压力平方差下，随着渗透率增加，渗流流量增加，Ls 2-4 岩样在 0.2～

0.68MPa 压力区间内,平行层理方向的流量是垂直层理方向流量的 10.6～18 倍。Ls 2-4 岩样在 0.2～1.2MPa 压力区间内,平行层理方向的流量为垂直层理方向的 2～7 倍。随着压差的继续增大,2 组岩样的流量差距也越来越大。层理的存在是导致页岩储层渗流规律各向异性的主要因素,平行层理方向的渗流能力优于垂直层理方向,压差越大,效果越明显。

3.2.2　裂缝页岩渗流规律

构造成因的裂缝可以划分为剪切裂缝和张裂缝,张裂缝包括扩张裂缝、拉张裂缝。压应力状态下产生剪切裂缝、扩张裂缝,存在张应力时则产生拉张裂缝,如图 3.31 所示。

微裂缝的形成与成岩过程中古构造应力场有关。在构造应力作用下,当偏应力达到层内局部破裂条件时,产生长度和开度很小的微裂缝;当偏应力达到或接近单层破裂条件时,产生显裂缝,裂缝开度有数量级的增加;当偏应力超过间互层的破裂条件时,裂缝发展成断层。

微裂缝的形成除与构造作用有关外,还与成岩作用有关。成岩过程中,因沉积物压实失水、矿物胶结、交代、重结晶等作用,使岩层发生收缩、膨胀及矿物间的重新组合、转化,都可以产生微裂缝。有些微裂缝进一步溶蚀形成溶蚀缝。

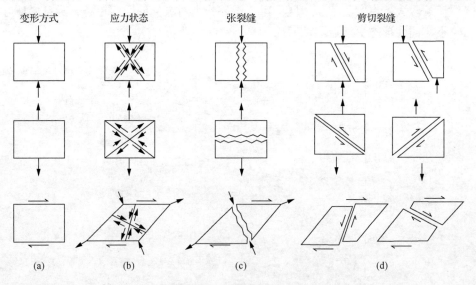

图 3.31　裂缝形成机制

1. 裂缝岩心制备及其试验材料

为研究微裂缝对页岩渗透性的影响,采用巴西试验装置对岩心进行造缝,造缝前先测定岩心的孔隙度和渗透率，造缝后再次测定岩心的渗透率和孔隙度，最后分析造缝前后岩心渗透率和孔隙度变化。实验参数见表3.38。

巴西试验装置工作原理：垂直方向加载的点载荷 P 与在水平方向加载相同大小的拉张应力的作用效果相同，最大的压应力出现在圆柱体岩心的中心线上，在水平拉张应力的作用下，岩心沿着轴向破坏、开裂，形成拉张应力裂缝(图3.32)。

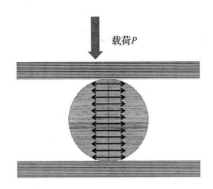

图 3.32　巴西试验原理

页岩中纳米级孔隙占主导地位，是页岩气的主要储集空间，储层中微裂缝和压裂裂缝是流体流通的主要通道，因此弄清不同裂缝形态页岩储层的渗流规律至关重要。通过对压裂前后不同裂缝形态的岩心进行了气体渗流规律实验，并对压裂后的岩心进行了纳微米 CT 扫描实验，结合气体渗流规律实验数据分析了不同的裂缝形态对页岩气渗流的影响，在此基础上又进行了裂缝岩心应力敏感实验，探讨了页岩储层在渗流过程中应力的改变与渗流能力改变的关系。选取 4 块龙马溪组页岩储层岩心人工压裂，并进行了渗流规律及流-固耦合实验测试，岩样基本参数见表3.39。

表 3.38　非贯穿裂缝实验材料及其基础数据

序号	岩心号	长度/cm	直径/cm	气测渗透率/mD	孔隙度/%
1	Ls1-12-4	3.97	2.52	0.032	0.263
2	Ls1-14-3	4.05	2.48	0.0885	0.951
3	Ls1-10-5	3.96	2.52	0.1053	0.358
4	Ls1-2-2	4.03	2.52	0.1521	0.313
5	Ls2-1-3	4.00	2.52	0.0033	0.359
6	Ls2-2-3	4.01	2.52	0.0015	0.229
7	Ls2-7-4	3.44	2.51	0.0047	0.253
8	Ls1-15-1	4.04	2.52	0.0426	0.03
9	Ls1-16-1	3.93	2.52	0.00067	0.168

表 3.39　贯穿缝人工压裂岩心基础数据表

编号	长度/m	直径/m	质量/g	孔隙度/%		渗透率/mD	
				压裂前	压裂后	压裂前	压裂后
Qj1-6-1	4.57	2.53	60.3802	1.6512	1.88	0.1186	2.056
Ls1-5-1	4.16	2.52	55.9522	0.0602	1.04	0.0011	161.3
Ls2-3-2	4.11	2.52	56.0199	1.6784	1.7756	0.0132	1.133
Qj1-7-1	4.75	2.53	62.3152	1.0578	1.1515	0.0152	0.495

2. 实验材料、仪器及步骤

实验仪器：DYQ-1 型多功能驱替装置，包括氮气气瓶、压力稳定装置、三轴应力岩心夹持器、轴压加压泵、光电微流量计、2XZ-2 型真空泵、DJB-80A 型围压跟踪泵、ZR-5 型真空缓冲容器、MOXA168 型数据采集系统、回压控制系统(海安石油科研仪器有限公司)、BSA2202S 型电子天平(德国赛多利斯公司)、台虎钳、试管、量筒、烧杯。

实验用气为氮气，纯度为 99.999%。岩心为龙马溪组页岩岩心，基本参数见表 3.40。

表 3.40　龙马溪组页岩岩心基本参数

序号	岩心号	长度/cm	直径/cm	气测渗透率/mD	孔隙度/%
1	Ls1-12-4	3.97	2.52	0.032	0.263
2	Ls1-14-3	4.05	2.48	0.0885	0.951
3	Ls1-10-5	3.96	2.52	0.1053	0.358
4	Ls1-2-2	4.03	2.52	0.1521	0.313
5	Ls2-1-3	4.00	2.52	0.0033	0.359
6	Ls2-2-3	4.01	2.52	0.0015	0.229
7	Ls2-7-4	3.44	2.51	0.0047	0.253
8	Ls1-15-1	4.04	2.52	0.0426	0.03
9	Ls1-16-1	3.93	2.52	0.00067	0.168

利用高压驱替装置测定气体在压裂缝中的渗流规律，实验流程如图 3.33 所示。实验设计步骤如下。

(1)连接实验装置管线，检查管线气体的密闭性。

(2)把用胶带捆绑好的压裂缝岩心放入夹持器，加有效围压至 30Mpa。

(3)利用恒压法测定渗流规律，在某一恒定低压下通入气体，在出口端测量气体的流速，直到流速稳定为止，记录稳定的流量及对应的压力。

(4)将压力依次提高 1 倍注入，重复(3)过程，直至测定完成所有设定的压力点，结束实验。

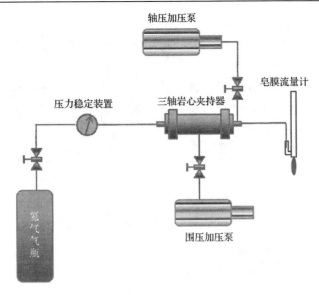

图 3.33　压裂造缝岩心渗流实验流程

(5)用不同裂缝长度和裂缝宽度的页岩岩心，重复以上过程(1)～(4)，直到测定完所有岩心的渗流规律曲线，分析裂缝的宽度和长度对气体渗流的影响。

3. 实验结果及分析

1) 未贯穿裂缝实验

选择9块页岩岩心进行压制,压裂后页岩岩心压裂缝缝长和缝宽参数见表3.41,岩样的渗透率见图 3.34。由实验结果可知，压裂造缝后岩样的渗透率均有大幅度的增加，岩样的渗透能力均大幅度增强。

表 3.41　龙马溪组页岩岩心压裂造缝后基本参数

序号	岩心号	长度/cm	直径/cm	气测渗透率/mD	缝长/cm	缝宽/cm	压裂造缝后渗透率/mD
1	Ls1-12-4	3.97	2.52	0.032	0.55	0.02	0.102
2	Ls1-14-3	4.05	2.48	0.0885	0.85	0.02	0.205
3	Ls1-10-5	3.96	2.52	0.1053	1.25	0.02	0.35
4	Ls1-2-2	4.03	2.52	0.1521	2.45	0.02	1.219
5	Ls1-15-1	4.04	2.52	0.0426	3.15	0.02	2.859
6	Ls2-2-3	4.01	2.52	0.0015	2.45	0.015	0.351
7	Ls2-7-4	3.44	2.51	0.0047	2.45	0.024	1.825
8	Ls2-1-3	4.00	2.52	0.0033	2.45	0.03	3.316
9	Ls1-16-1	3.93	2.52	0.00067	2.45	0.035	7.110

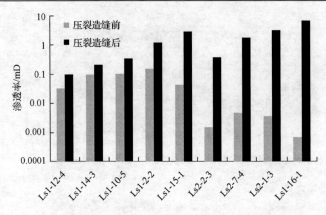

图 3.34　压裂造缝前后岩样渗透率对比

　　岩样压裂造缝后渗透率随裂缝长度和宽度的变化见图 3.35 和图 3.36，可知随着裂缝长度和宽度的增加，压裂造缝后岩样的渗透率以指数形式增加。

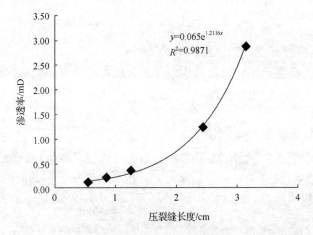

图 3.35　压裂造缝后岩样渗透率随压裂缝长度的变化曲线

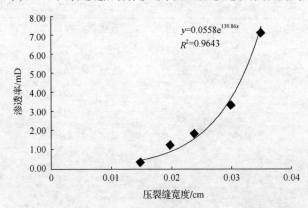

图 3.36　压裂造缝后岩样渗透率随压裂缝宽度的变化曲线

　　压裂造缝后岩样的渗流规律曲线见图 3.37，可知随着渗流速度的增加，岩心两端的压力平方差也逐渐增加，当渗流速度较小时，岩心两端压力平方差增加幅度较小，而当渗流速度继续加大时，岩心两端压力平方差增加幅度急剧增大。因此，要在不同渗透率的岩心两端保持相同的压力平方差，需要在高渗透率的岩心

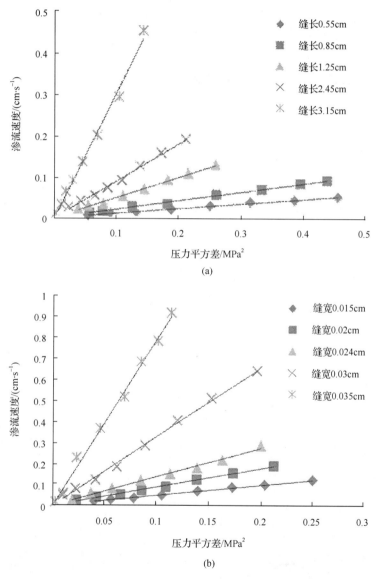

图 3.37　未贯穿裂缝长度与开度特征对渗流规律的影响

上有更高的渗流速度。渗流具有非达西渗流特征，存在启动压力，渗流曲线为明显的非线性特征。岩样渗透率越高，非线性减弱。随着注入压力的增加，渗流能力增强，在注入压力较低时，较小的注入压力不足以对裂缝产生大的影响，裂缝基本处于闭合状态，而随着注入压力的增加，裂缝的导流能力增强，从而使渗流能力增强。

2) 贯穿裂缝实验

图 3.38～图 3.41 为不同渗透率岩心的渗流规律曲线，可知裂缝的存在对岩心的渗流规律曲线有很大的影响，其中 Ls1-5-1 岩心压裂后渗透率较大。

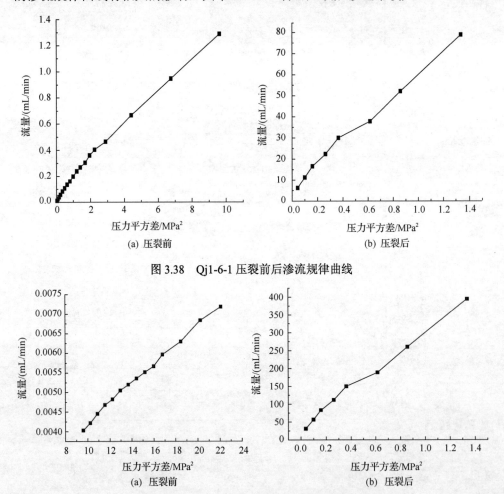

图 3.38　Qj1-6-1 压裂前后渗流规律曲线

图 3.39　Ls1-5-1 压裂前后渗流规律曲线

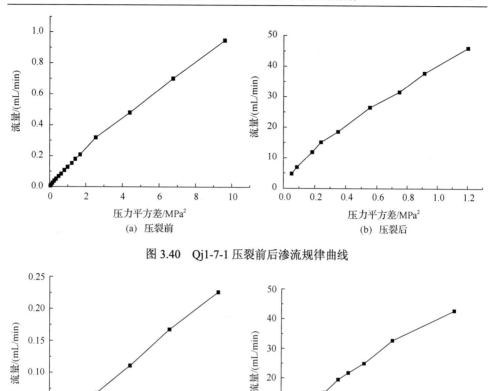

图 3.40　Qj1-7-1 压裂前后渗流规律曲线

图 3.41　Ls2-3-2 压裂前后渗流规律曲线

　　图 3.42 和图 3.43 为岩心压裂前后渗流规律对比曲线。由 3.42 压裂前的渗流规律对比可以看出，在一定注入速度下，随着渗透率的降低，岩心两端的压差逐渐增加，且岩心渗透率越小，两端压差数值越大；要在不同渗透率的岩心两端保持相同的压差，需要在高渗透率的岩心上有更高的注入速度。实验结果表明（图 3.43），随着气体注入速度的增加，岩心两端的压差也逐渐增加，当注入速度较小时，岩心两端压差增加幅度较小，而当注入速度继续加大时，岩心两端压差增加幅度急剧增大。该区块岩心流体流动具有非达西渗流特征，存在启动压力，渗流曲线为明显的非线性特征。压裂后 Ls1-5-1 岩样由于压裂的裂缝开度过大导致渗透率过大，无法在实验中测得数据，无法完成渗流规律实验。由此可以看出，在人工压裂过程中裂缝的开度是影响渗流的主要因素；通过压裂前后剩余 3 块岩心的数据对比可以看出，当裂缝的开度较小时，压裂前岩样的初始渗透率对压裂

后的渗透性能影响也比较大；裂缝形态对渗流规律的影响不如前两者大。

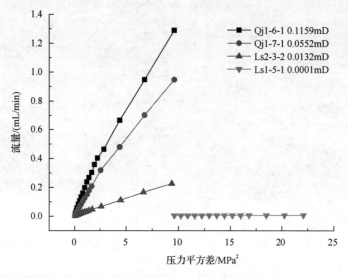

图 3.42 压裂前岩心渗流规律对比

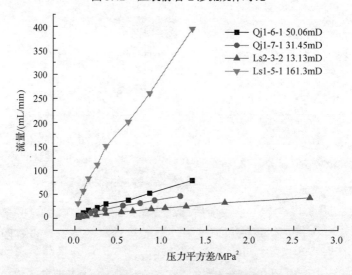

图 3.43 压裂后岩心渗流规律对比

3.3 页岩气储层多尺度多流态流动规律及统一模型

通过研究纳微米孔隙中气体的流动规律，对纳微米孔隙中气体的多尺度流动状态进行分析，建立了纳微米级孔隙多孔介质内气体非线性流动模型，并在此基础上形成稳定及不稳定渗流模型，对基质中气体的流动特点进行分析。

3.3.1　页岩储层页岩气多尺度流动状态分析

对于储层中的流体流动通常采用连续假设进行宏观描述，例如常用的气体渗流方程等均不考虑分子作用。但页岩气储层由于致密，具有纳微米级孔隙，随着孔隙尺度的减少，连续流动假设已不完全适合，需要采用连续介质力学与分子运动学相结合的方法进行描述。2002 年，Civan[68]指出气体在微孔介质中的流动状态取决于介质本身的岩石物理性质和气体分子平均自由程，并归纳总结 Narasimha[70] 和 Kaviany[71]的研究成果，提出利用克努森数划分气体流动区域，把页岩储层中气体流动分为 3 个区域：连续区、滑移区和过渡区。当克努森数 Kn <0.001 时，气体的流动为连续流，无滑移现象，处于连续区，用 Darcy 方程描述；当 0.001<Kn<0.1 时，气体的流动为连续介质流动，存在滑移效应，处于滑移区，用克努森方程描述；当 0.1<Kn<10 时，气体的流动为过渡流，连续介质假设失效，存在滑移效应，处于过渡区，用 Burnett 方程描述；当 Kn >10 时，气体的流动为自由分子流动，处于自由分子区，用 Fick 定律描述。

页岩气在不同区域的流动机理和特征有所不同，流动状态可用克努森数和处于不同区域的流动方程来描述。下面笔者将基于克努森数无量纲定义，采用 Kn 来判定气体在不同尺度的孔隙介质的流动状态，绘制流态图版，并对其流态进行分析。

1934 年，Knudsen 定义无量纲数 Kn ，其表达式为

$$Kn = \frac{\bar{\lambda}}{r} \tag{3.10}$$

$$\bar{\lambda} = \frac{K_B T}{\sqrt{2}\pi\delta^2 P} \tag{3.11}$$

式中，$\bar{\lambda}$ 为气体分子平均自由程，m；r 为孔喉直径，m；K_B 是玻尔兹曼常数（1.3805×10^{-23}J/K）；δ 为气体分子的碰撞直径；P 为气体压力；T 为气体温度。

图 3.44 给出了气体的平均自由程与压力和温度的关系，表 3.42 为不同组分的气体分子碰撞直径参数。图 3.45 为不同尺度下的克努森数与压力的关系，从图可

表 3.42　不同组分的气体分子碰撞直径

组分	含量/%	分子碰撞直径/nm	摩尔质量/(kg/mol)
CH_4	87.4	0.4	16
C_2H_6	0.12	0.52	30
CO_2	10.48	0.45	44
平均		0.41	19.5

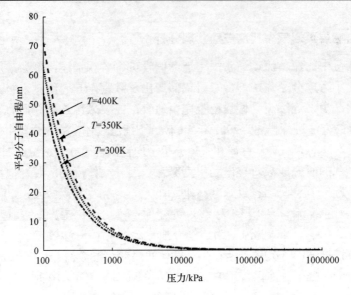

图 3.44　气体的平均自由程与压力和温度的关系

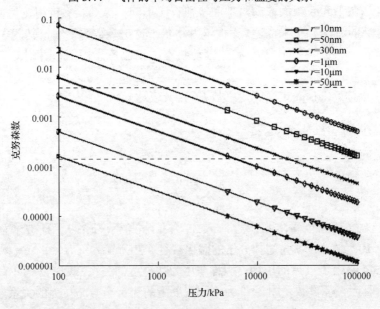

图 3.45　不同尺度下的克努森数与压力的关系

以看出，在不同的孔隙和压力条件下流体所处的流态是不同的，即存在过渡流、滑移流和连续流。连续流即是原有的渗流模式。纳米孔隙流动多以过渡流、滑移流为主，只是压力增高使得部分转换为连续流。当孔隙直径大于 50μm 时，流体流动均为连续流动。储层在压力 10～20MPa 条件下，10～300nm 的孔隙中气体的流动属于滑移流。所以对于页岩储层来说，孔隙中的流动是滑移流。以龙马溪组储层为例，其储层纳米孔的主孔孔径为 2～40nm，占孔隙总体积的 88.39%，占比表面积的 98.85%；2～50nm 的中孔提供了主要的孔隙体积空间，小于 50nm 的微孔和中孔提供了主要的比表面积。模拟结果如图 3.46 所示，可以看出不同孔径组合情况下的页岩气流动机制，对于占比 80%孔径为 70nm、占比 20%孔径为 3μm 的孔隙分布储层，储层在压力为 10～20MPa 条件下，其流动机制为连续流；对于占比 70%孔径为 10nm、占比 30%孔径为 1μm 的孔隙分布储层，储层在压力为 10～20MPa 条件下，其流动机制为滑移流；所以对于不同的孔径组合，其页岩气的流动机制也不同。

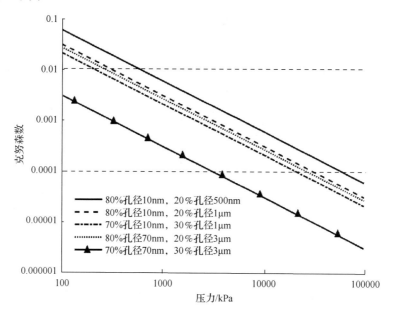

图 3.46　不同孔径组合下的克努森数与压力变化的关系

表 3.43　不同孔隙直径下流体流态

		流态			
		连续流	滑移流	过渡流	自由分子流
	满足方程	欧拉方程/无滑移边界的 N-S 方程	有滑移边界的 N-S 方程	Burnett 方程	分子假设
	克努森数	$Kn \leqslant 0.001$	$0.001 < Kn \leqslant 0.1$	$0.1 < Kn \leqslant 10$	$Kn > 10$
储层压力	5MPa	$D \geqslant 1\mu m$	$1\mu m > D \geqslant 10nm$	$10nm > D \geqslant 0.1nm$	$D < 0.1nm$
	10MPa	$D \geqslant 0.5\mu m$	$0.5\mu m > D \geqslant 5nm$	$5nm > D \geqslant 0.05nm$	$D < 0.05nm$
	15MPa	$D \geqslant 0.4\mu m$	$0.4\mu m > D \geqslant 4nm$	$4nm > D \geqslant 0.04nm$	$D < 0.1nm$
	20MPa	$D \geqslant 0.3\mu m$	$0.3\mu m > D \geqslant 3nm$	$3nm > D \geqslant 0.03nm$	$D < 0.1nm$
	25MPa	$D \geqslant 0.2\mu m$	$0.2\mu m > D \geqslant 2nm$	$2nm > D \geqslant 0.02nm$	$D < 0.1nm$
	30MPa	$D \geqslant 0.1\mu m$	$0.1\mu m > D \geqslant 2nm$	$2nm > D \geqslant 0.02nm$	$D < 0.1nm$

根据式(3.10)和式(3.11)计算得到不同压力、不同孔隙直径下的克努森数,对其流态进行判断分类,见表 3.43。分别对纳米尺度和微米尺度在不同压力条件下的流态进行分析。由图 3.47 可见,孔喉直径为纳米尺度时,$0.001<Kn\leqslant0.1$,流态为滑移流。由图 3.48 可见,孔喉直径为微米尺度时,$Kn\leqslant0.001$,流态为连续流。

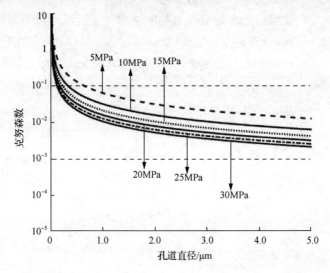

图 3.47　纳米尺度(压力为 4~30MPa)孔道直径及孔隙压力对气体流态的影响

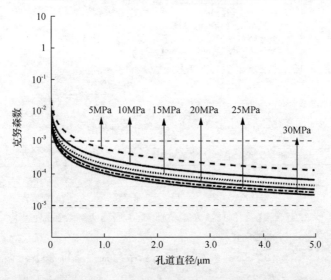

图 3.48　微米尺度(压力为 4~30MPa)孔道直径及孔隙压力对气体流态的影响

3.3.2　考虑扩散和滑移作用的多尺度非线性流动模型

流体在多孔介质内的流动问题通常可以用达西定律进行描述。然而,达西定律是一个基于宏观观测的实验定律，对于纳微米级孔隙多孔介质，因其内部孔隙结构复杂，气体流动过程中与纳微米孔道表面发生剧烈碰撞、扩散作用，同时，由于滑移等现象的存在，不能用简单的达西方程来描述。

Beskok-Karniadakis 模型得出了在连续介质、滑移、对流和不同分子类型下的渗透率的变化，从而得到渗流速度为[72]

$$v = -\frac{K_0}{\mu}(1+\alpha Kn)\left(1+\frac{4Kn}{1-bKn}\right)\frac{\mathrm{d}P}{\mathrm{d}x} \tag{3.12}$$

式中，K_0 为多孔介质渗透率；μ 为气体黏度；x 为两个渗流截面间的距离；α 为稀疏因子；b 为滑移因子，通常被指定为 -1。α 是唯一的经验参数，由 Beskok-Karniadakis 模型给出：

$$\alpha = \frac{128}{15\pi^2}\tan^{-1}\left(4Kn^{0.4}\right) \tag{3.13}$$

在此，引入渗透率校正系数 ζ，定义如下：

$$\zeta = (1+\alpha Kn)\left(1+\frac{4Kn}{1+Kn}\right) \tag{3.14}$$

图 3.49 为渗透率校正系数(ζ)随克努森数变化的双对数曲线。此处克努森数数值越接近于零，说明孔壁的影响越小，可以忽略。克努森数数值越大，说明传输定律需要校正而不能用没有考虑滑移的达西定律。

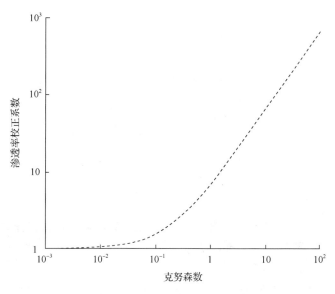

图 3.49 渗透率校正系数随克努森数变化的双对数曲线

对连续和滑移流区，克努森数 $Kn \leq 0.1$。二阶及高阶项可以忽略，用一阶泰勒展开式的前两项来表示 Beskok-Karniadakis 模型中的渗透率校正系数。则有

$$\alpha \approx \frac{128}{15\pi^2}\left[4Kn^{0.4} - \frac{1}{3}\left(4Kn^{0.4}\right)^3\right] \tag{3.15}$$

$$\frac{Kn}{1+Kn} \approx Kn\left(1 - Kn + Kn^2\right) \tag{3.16}$$

联立式(3.14)、式(3.15)、式(3.16)，可得

$$\zeta = 1 + 4Kn - 4Kn^2 + \frac{512}{15}\frac{Kn^{1.4}}{\pi^2} - \frac{8192}{45}\frac{Kn^{2.2}}{\pi^2} + \frac{2048}{15}\frac{Kn^{2.4}}{\pi^2} + o(Kn^3) \tag{3.17}$$

式中，$o(Kn^3)$ 表示 Kn 的高阶无穷小。

将式(3.17)的渗透率校正系数(ζ)代入式(3.12)的渗流速度公式具有很强的非线性特征，不易求解，应用价值不大。因此，对式(3.17)得到的渗透率校正系数进行简化，只取其前两项得

$$\zeta = 1 + 4Kn \tag{3.18}$$

在此，引入多项式修正系数 a，即在 Kn 上乘以一个修正系数 a，对式(3.18)进行修正，使简化后的二项式在计算中能够保证较高的精确度。由此得到纳微米级孔隙多孔介质内气体流动模型，其渗透率校正系数为

$$\zeta = 1 + 4aKn \tag{3.19}$$

利用式(3.20)最小二乘法分段拟合方法，与 Beskok-Karniadakis 模型得到的渗透率校正系数进行拟合，得到最为匹配的 a 值。

$$\varphi = \sum\left(Y_1 - Y_2\right)^2 \tag{3.20}$$

式中，$Y_1 = 1 + \alpha Kn + \dfrac{4Kn}{1+Kn} + \dfrac{4\alpha Kn^2}{1+Kn}$；$Y_2 = 1 + 4aKn$。

由于本书所研究的 Kn 为连续变化值，所以有

$$\varphi = \int_{Kn_1}^{Kn_2}\left(Y_1 - Y_2\right)^2 \mathrm{d}Kn \tag{3.21}$$

式中，Kn_1 为各流动区域的克努森数下限(连续流，滑移流，过渡流区域)；Kn_2 为各流动区域的克努森数上限(连续流，滑移流，过渡流区域)。计算求得 φ 取得最小值时的多项式修正系数 a。

前面根据克努森数的不同划分了不同流态，对不同的流态区域，利用最小二乘法分段进行拟合，得到 3 种不同流态下对应的近似线性函数：

$$g_1(Kn) = 1 + 4a_1 Kn \qquad 0 < Kn \leqslant 0.001$$

$$g_2(Kn) = 1 + 4a_2 Kn \qquad 0.001 < Kn \leqslant 0.1$$

$$g_3(Kn) = 1 + 4a_3 Kn \qquad 0.1 < Kn \leqslant 10$$

分段拟合得到的多项式修正系数 a 值，如表 3.44 所示，并应用 MATLAB 工具箱作图，如图 3.50 所示。

图 3.50 为纳微米级孔隙多孔介质内气体流动模型与 Beskok-Karniadakis 模型的对比图，可以看出，在不同的流动区域，本文提出的流动模型与 Beskok-Karniadakis 模型拟合误差很小，具有较高的精确度。

综上所述，针对纳微米级孔隙多孔介质内的气体流动，基于 Beskok-Karniadakis 模型，引入多项式修正系数，对 Beskok-Karniadakis 模型得到的渗透率校正系数进行改进，将其简化为含有修正系数的二项式方程，利用最小二乘法分段拟合，得到不同流态下 a 的取值，既简化了模型，又保证了计算的精确度。据此，建立了纳微米级孔隙多孔介质内气体流动模型。

表 3.44　多项式修正系数 a 的拟合值

Kn	a
0～0.001	0
0.001～0.1	1.2
0.1～10	1.34

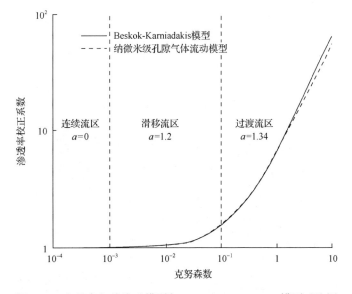

图 3.50　多尺度气体流动模型与 Beskok-Karniadakis 模型对比图

3.3.3　页岩气储层多尺度非线性渗流模型

对于页岩气储层纳微米孔隙介质，气体在其中流动时，由于微纳米级孔隙多孔介质渗透率极低，气体流动已偏离达西定律，扩散作用对多孔介质内气体流动的影响增加。

1. 多尺度稳定渗流模型

气体分子平均自由程的表达式由 Guggenheim[73]给出，克努森扩散系数(D_K)由 Civan[74]给出，对于理想气体：

$$\lambda = \sqrt{\frac{\pi ZRT}{2M}}\frac{\mu}{P} \tag{3.22}$$

$$D_K = \frac{4r}{3}\sqrt{\frac{2ZRT}{\pi M}} \tag{3.23}$$

式中，R 为通用气体常数，$J \cdot mol^{-1} \cdot K^{-1}$；$M$ 为气体相对分子质量；Z 为气体压缩因子，无因次；D_k 为克努森扩散系数，$m^2 \cdot s^{-1}$。

将式(3.23)代入式(3.22)，得

$$\lambda = \frac{3\pi}{8r}\frac{\mu}{P}D_K \tag{3.24}$$

因此，克努森数为

$$Kn = \frac{\lambda}{r} = \frac{3\pi}{8r^2}\frac{\mu}{p}D_K \tag{3.25}$$

气体渗流速度为

$$v = -\frac{K_0(1+4aKn)}{\mu}\frac{dP}{dx} = -\frac{K_0}{\mu}\left(1+\frac{3\pi a}{2}\frac{\mu}{r^2}D_K\frac{1}{P}\right)\frac{dP}{dx} \tag{3.26}$$

式中，多孔介质渗透率为

$$K_0 = \frac{r^2}{8} \tag{3.27}$$

将式(3.27)代入式(3.26)，得

$$v = -\frac{K_0}{\mu}\left(1+\frac{3\pi a}{2}\frac{\mu}{r^2}D_K\frac{1}{P}\right)\frac{dP}{dx} = -\frac{K_0}{\mu}\left(1+\frac{3\pi a}{16K_0}\frac{\mu D_K}{P}\right)\frac{dP}{dx} \tag{3.28}$$

2. 平面单向稳定渗流模型

对于平面单向流动，简化的物理模型如图3.51所示，假设水平圆柱形多孔介质渗透率为K，一端压力为P_e，另一端为排液道，其压力为P_w，圆柱长度为L，横截面积为A，同时假设气体黏度为μ，沿x方向流动。

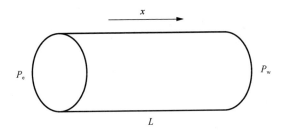

图 3.51　平面单向流模型

气体渗流速度：

$$v = -\frac{K_0}{\mu}\left(1 + \frac{3\pi a}{16K_0}\frac{\mu D_K}{P}\right)\frac{\mathrm{d}P}{\mathrm{d}x} \tag{3.29}$$

体积流量：

$$q = vA = -\frac{K_0}{\mu}\left(1 + \frac{3\pi a}{16K_0}\frac{\mu D_K}{P}\right)\frac{\mathrm{d}P}{\mathrm{d}x}A \tag{3.30}$$

质量流量：

$$q_m = -\frac{K_0}{\mu}\left(1 + \frac{3\pi a}{16K_0}\frac{\mu D_K}{P}\right)\frac{\mathrm{d}P}{\mathrm{d}x}A\rho_g \tag{3.31}$$

$$\rho_g = \frac{T_{sc}Z_{sc}\rho_{gsc}}{P_{sc}}\frac{P}{TZ} \tag{3.32}$$

式中，T_{sc} 为标准状态下温度，K；Z_{sc} 为标准状态下气体压缩因子，无因次；ρ_{gsc} 为标准状态下气体密度，kg·m^{-3}；P_{sc} 为标准压强，MPa。

将式(3.32)代入式(3.31)，则有

$$q_m = -\frac{K_0}{\mu}\left(1 + \frac{3\pi a}{16K_0}\frac{\mu D_K}{P}\right)\frac{\mathrm{d}P}{\mathrm{d}x}A\frac{T_{sc}Z_{sc}\rho_{gsc}}{P_{sc}}\frac{P}{TZ} \tag{3.33}$$

积分得

$$q_m = \frac{K_0}{\mu L} A \frac{T_{sc} Z_{sc} \rho_{gsc}}{P_{sc} TZ} \left[\frac{P_e^2 - P_w^2}{2} + \frac{3\pi a \mu D_K}{16 K_0} \left(P_e - P_w \right) \right] \tag{3.34}$$

在标准状态下的体积流量为

$$q_{sc} = \frac{K_0}{\mu L} A \frac{T_{sc} Z_{sc}}{P_{sc} TZ} \left[\frac{P_e^2 - P_w^2}{2} + \frac{3\pi a \mu D_K}{16 K_0} \left(P_e - P_w \right) \right] \tag{3.35}$$

3. 平面径向稳定渗流模型

对于平面径向流动：

$$A = 2\pi r h \tag{3.36}$$

将式(3.36)代入式(3.31)，并转化为柱坐标下的气体质量流量为

$$q_m = \frac{K_0}{\mu} \left(1 + \frac{3\pi a}{16 K_0} \frac{\mu D_K}{P} \right) \frac{dP}{dr} 2\pi r h \rho_g \tag{3.37}$$

将式(3.32)代入，则

$$q_m = \frac{K_0}{\mu} \left(1 + \frac{3\pi a}{16 K_0} \frac{\mu D_K}{P} \right) \frac{dP}{dr} 2\pi r h \frac{T_{sc} Z_{sc} \rho_{gsc}}{P_{sc}} \frac{P}{TZ} \tag{3.38}$$

引入拟压力函数：

$$\psi = 2 \int_{P_e}^{P} \left(1 + \frac{3\pi a}{16 K_0} \frac{\mu D_K}{P} \right) \frac{P}{\mu(P) Z(P)} dP \tag{3.39}$$

可得

$$q_m = \frac{\pi K_0 h Z_{sc} T_{sc} \rho_{gsc}}{P_{sc} T} r \frac{d\psi}{dr} \tag{3.40}$$

分离变量后进行积分，得出气体的质量流量表达式，即

$$q_m = \frac{\pi K_0 h Z_{sc} T_{sc} \rho_{gsc} \left(\psi_e - \psi_w \right)}{P_{sc} T \ln \frac{r_e}{r_w}} \tag{3.41}$$

整理可得气体的体积流量为

$$q_{sc} = \frac{2\pi K_0 h Z_{sc} T_{sc}}{P_{sc} T \overline{\mu Z} \ln \dfrac{r_e}{r_w}} \left[\frac{P_e^2 - P_w^2}{2} + \frac{3\pi a \mu D_K}{16 K_0} (P_e - P_w) \right] \tag{3.42}$$

式中，K_0 为绝对渗透率，m^2；h 为多孔介质厚度，m；r_e 为供给半径，m；r_w 为气井半径，m；P_e 为一端压力，MPa；P_w 为另一端排液道压力，MPa。

4. 多尺度气体流动模型与实验对比

1) 实验分析

图 3.52 为通过渗流实验得到的岩心渗流规律曲线可以看出流体流动具有非达西渗流特征，对同一块岩心，随着压力平方差的增加，渗流流量增加；在相同压力平方差下，随着渗透率增加，渗流流量增加。

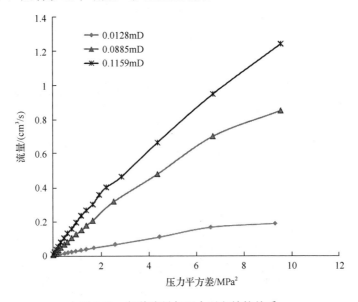

图 3.52　气体流量与压力平方差的关系

2) 模型对比

图 3.53 是微观渗流模拟实验所测得的数据点，并采用多尺度气体流动模型式 (3.36) 计算所得气体渗流速度和压力平方差。将实验数据和计算模拟结果对比 (图 3.53)，可以看出实验数据与模型计算结果拟合得很好，说明本模型具有较高的精确度，可用于工程实际。

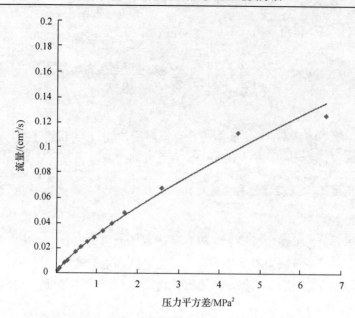

图 3.53　微观渗流模拟实验数据与计算模型对比图

3) 多尺度流动模型分析

　　根据推导出的考虑解吸的多尺度流动模型，利用国内某致密页岩气藏参数，进行计算模拟，对产气量及压力分布影响因素进行了分析，详见图 3.54。

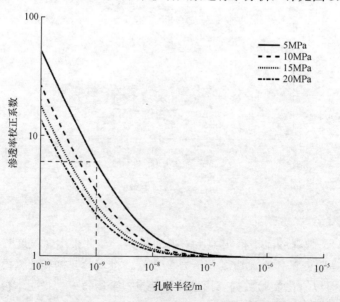

图 3.54　不同压力条件下渗透率校正系数随孔喉半径的变化

　　由图 3.54 以看出，渗透率校正系数随着孔喉半径的增大而减小，地层压力越小，渗透率校正系数越大。当孔喉半径为 1nm，地层压力为 5MPa 时，渗透率校正系数达到 6，达西定律偏离较大。当孔喉半径大于 100nm 时渗透率变化不大，当孔喉半径在 1～100nm 时，渗透率校正系数变化较大，所以对于纳微米孔隙储层，其流动规律远远偏离达西。

　　图 3.55 为不同尺度基质渗透率下气体流量随生产压差的变化，可以看出基质渗透率为 10^{-3}～10^{-2}mD 时，产气量变化较大；当基质渗透率为 10^{-4}～10^{-3}mD 时，产气量变化较小。结果表明，气体流动具有微尺度效应，在不同孔隙尺度范围内，页岩气渗流规律及产气量有很大差异。

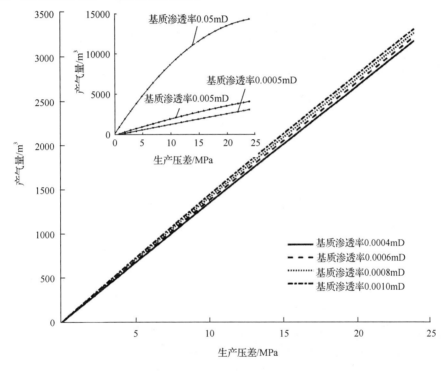

图 3.55　不同尺度基质渗透率对气体流量的影响

　　选取孔喉直径在 2～40nm 的下志留统龙马溪组钻井取心样品，进行了室内微观渗流模拟实验。将微观渗流模拟实验所测得的数据点，与采用纳微米级孔隙气体流动模型计算所得渗流特征曲线进行了对比，发现实验数据与模型计算结果拟合得很好，说明本模型具有较高的精确度，可用于工程实际。

第4章 含水条件下多尺度渗流规律

页岩储层中存在原始地层水，赋存与纳米孔隙的地层水对页岩气流动会产生重要影响。水力压裂技术是页岩气开发的关键，压裂过程中压裂液会进入到缝网系统中形成伤害。此外，在人工改造区存在着大量支撑剂无法进入微裂缝，这些微裂缝对页岩气产能具有重要的作用[75]。针对页岩中含水纳米孔隙的流动规律，采用氧化铝膜技术对纳米尺度气-水两相流动进行模拟，对纳米尺度气-水两相规律进行探索性研究。由于页岩易碎的特性，微裂缝的制备和描述存在诸多困难，目前有关微裂缝的压裂液伤害研究较少。本章研究利用下志留统龙马溪组页岩气藏的岩样，选用巴西劈裂的方法进行了人工造缝，利用扫描电镜、微米 CT 扫描等实验方法，对人工微裂缝的特征进行描述，并用水驱和气驱两种驱替方式模拟压裂液注入和返排过程，进行了水对微裂缝导流能力伤害的实验。

4.1 纳微米管束气-水流动规律

页岩气在开发过程中，地层水以及压裂液的存在会导致气-水两相流动，但页岩孔隙处于纳米级别，渗透率极低，一般小于 0.01mD[76-80]。在含水条件下，渗流阻力急剧增大，页岩气很难通过岩心，所以迫切需要研究在纳米尺度下气-水两相的渗流特征、含水条件下的非线性渗流机理，以及启动压力梯度特征。

4.1.1 实验材料、仪器及方法

实验用氮气纯度为 99.999%，用 26.1nm 孔径规格的纳米膜过滤后的去离子水（由 Milli-QA 型去离子水机制取，电导率＜10μs/cm），纳米通道为氧化铝膜（图 4.1），基本参数见表 4.1。

表 4.1 氧化铝膜的基本参数

孔径/nm	孔密度/(1/m²)	孔隙度/%	孔数量	孔长度/μm	长径比
26.1	4.2×10^{14}	22.2	1.3×10^{11}	56.4	2165
67.0	7.4×10^{13}	26.1	2.3×10^{10}	88.1	1315
89.2	5.1×10^{13}	31.7	1.6×10^{10}	93.7	1051
206.2	9.4×10^{12}	31.4	3.0×10^{9}	56.4	274
292.8	5.8×10^{12}	39.3	1.8×10^{9}	88.1	301

(a) 孔径为26.1nm　　　　　　　　　　(b) 孔径为67nm

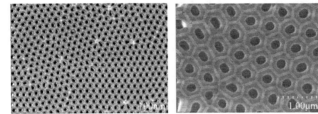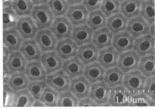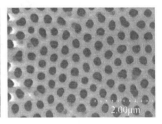

(c) 孔径为89.2nm　　　　　(d) 孔径为206.2nm　　　　　(e) 孔径为292.8nm

图 4.1　氧化铝膜扫描电镜图

实验设计并搭建了一个氮气流经纳米通道的实验系统，需测量的值有温度、压力和气体流量。

由于实验要求的精度较高，整个实验过程在定制的 VS-840U 净化工作台(洁净度十级)中进行，具体操作过程简述如下。

(1)实验用去离子水经紫外光杀菌，随后用 26.1nm 孔径规格的纳米膜过滤。实验所用烧杯、针筒都用过滤后的水冲洗 3 次，以减少对实验的影响。经过杀菌过滤后的去离子水应立即进行实验，以减少因放置造成的再污染。

(2)将氧化铝膜浸泡在杀菌过滤后的去离子水中 12h 后取出。

(3)连接各管路和电源(仪器各部件之间采用耐高压的塑料软管连接，接口处采用硬密封封住)。

(4)含支撑砂岩的上下夹具上各通过两个密封夹子和密封橡胶圈将纳米膜夹紧密封。

(5)打开氮气瓶，以 99.999%的高纯氮气作为动力源，对整个实验系统加压驱替，通过压力和温度测量仪读取温度和压力，液体流量由 MF4000 系列电子微流量计得到。

(6)调节驱替压力，得到不同压力下的气体流量，并重复 5 次，取平均值，以减少误差。

(7)待实验结束，小心取下纳米膜，检查纳米膜是否破损，如破损，舍弃该组数据，重新实验。

　　其中密封支撑纳米膜的装置是由两个夹具组成，分别称之为上夹具和下夹具，上下夹具上有一个直径为 20mm 的玻璃砂岩岩心柱，上面分布着密密麻麻的孔径约为 0.1mm 小通孔，玻璃砂岩岩心柱的存在可以保证流体流过，而且可以对非常脆薄的纳米膜起支撑作用，防止纳米膜随压力升高而破碎。上下夹具出口都通过 AB 胶连接实验用耐高压塑料软管。实验流程图见图 4.2。

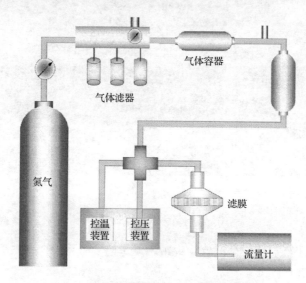

图 4.2　气体在纳米通道中的流动实验流程图

4.1.2　实验结果及分析

1. 气-水两相流动特征

　　利用图 4.2 实验装置，得到气-水两相在纳米通道中的流动特征如图 4.3 所示。

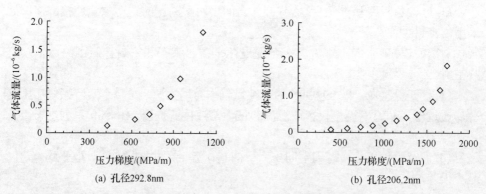

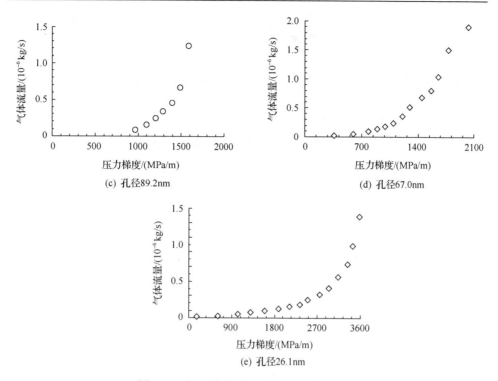

(c) 孔径89.2nm

(d) 孔径67.0nm

(e) 孔径26.1nm

图 4.3 不同孔径规格下气-水两相渗流特征

由图 4.3 可知，气体在饱和水后的纳米通道中流动时，表现出明显的非线性流动特征；从渗流曲线可以看到气体在含水条件下流动时，存在明显的启动压力梯度。

将所有纳米孔道中的气体流动的实验结果汇总在图 4.4。

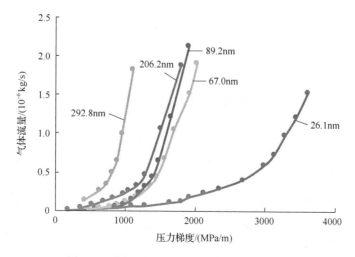

图 4.4 所有孔径规格下气体气-水两相流动

由图 4.4 可以发现，在纳米孔中，气-水两相表现出非线性流动特征，且基本表现出孔径越小，启动压力梯度越大的趋势。而且与微米尺度孔径中的启动压力梯度相比，在纳米尺度下，含水时的气体流动启动压力梯度都非常大，这也解释了页岩气基质中的气体对页岩气产量贡献少，需要进行压裂造缝技术增加页岩气的产量。

2. 气体单相与两相流动的比较

将气体单相流动的实验结果与气-水两相的实验结果进行对比，含水条件对气体流动特征的影响如图 4.5 所示。

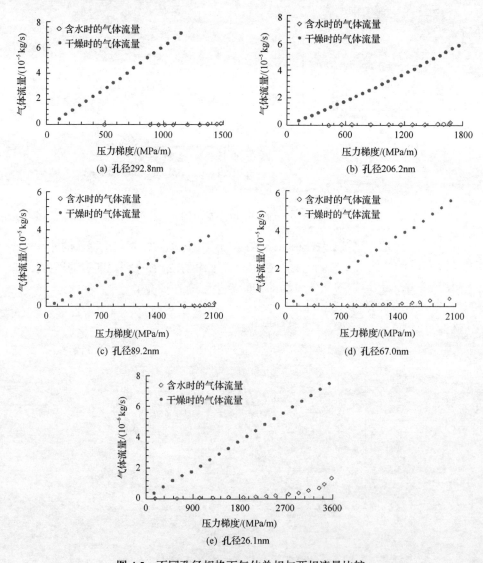

图 4.5　不同孔径规格下气体单相与两相流量比较

将气体单相流动与两相流动的实验结果对比，可以发现，在气体单相流动时，气体没有表现出非线性流动特征；而当气体在含水条件下时，流动表现出明显的非线性流动特征，且流量大幅度降低。说明在含水条件下，气体流动的阻力增大，流量降低。

4.2　裂缝性岩心气水渗流规律

4.2.1　人工裂缝特征对页岩渗流规律的影响

1. 未贯穿缝实验

1）实验材料仪器

实验用氮气的纯度为 99.999%；岩心为龙马溪组页岩岩心，基本参数见表 4.2。

表 4.2　龙马溪组页岩岩心基本参数

序号	岩心号	长度/cm	直径/cm	气测渗透率/mD	孔隙度/%
1	Ls1-12-4	3.97	2.52	0.032	0.263
2	Ls1-14-3	4.05	2.48	0.0885	0.951
3	Ls1-10-5	3.96	2.52	0.1053	0.358
4	Ls1-2-2	4.03	2.52	0.1521	0.313
5	Ls2-1-3	4.00	2.52	0.0033	0.359
6	Ls2-2-3	4.01	2.52	0.0015	0.229
7	Ls2-7-4	3.44	2.51	0.0047	0.253
8	Ls1-15-1	4.04	2.52	0.0426	0.03
9	Ls1-16-1	3.93	2.52	0.00067	0.168

实验采用 DYQ-1 型多功能驱替装置包括氮气气瓶、压力稳定装置、三轴应力岩心夹持器、轴压加压泵、光电微流量计、2XZ-2 型真空泵、DJB-80A 型围压跟踪泵、ZR-5 型真空缓冲容器、MOXA168 型数据采集系统、回压控制系统(海安石油科研仪器有限公司)、BSA2202S 型电子天平(德国赛多利斯公司)、台虎钳、试管、量筒、烧杯。

2）实验步骤

（1）压裂缝的产生。

应用人工压裂的方式使其产生裂缝，实验所用的造缝设备如图 4.6 所示。造缝过程中，将岩心放入设备中间，缓慢用力，同时用放大镜观察裂缝的状态，直到符合要求为止。

图 4.6　岩心压裂造缝设备

　　未贯穿缝是裂缝未贯穿整个岩心,对产生未贯穿裂缝的岩心即缝长实验岩心,在其造缝的一端放置一个稍微薄一点的铁片,从而导致在施加压力的过程中岩心整个接触断面受力不均匀,在受力较大的一端会首先产生微裂缝,通过放大镜观察裂缝形状,直至长度和宽度符合要求。

　　(2)渗流规律测定。

　　利用高压驱替装置测定气体在压裂缝中的渗流规律,实验流程如图 4.7 所示。

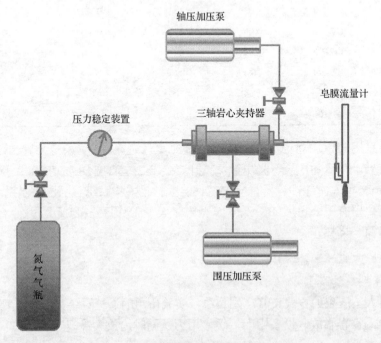

图 4.7　压裂造缝岩心渗流实验流程

　　具体步骤如下：①连接实验装置管线，检查管线的气体密闭性；②把用胶带捆绑好的压裂缝岩心放入夹持器，加有效围压至 30MPa；③利用恒压法测定渗流规律，在某一恒定低压下通入气体，在出口端测量气体的流速，直到流速稳定为止，记录稳定的流量以及对应的压力；④将压力依次提高 1 倍注入，重复③过程，直至测定完成所有设定的压力点，结束实验；⑤用不同裂缝长度和裂缝宽度的页岩岩心，重复以上过程①~④，直到测定完所有岩心的渗流规律曲线，然后分析裂缝的宽度和长度对气体渗流的影响。

　　3) 实验结果及分析

　　选择 9 块页岩岩心进行压制，压裂后页岩岩心压裂缝缝长和缝宽参数，以及岩样的渗透率见表 4.3 和图 4.8,可知压裂造缝后岩样的渗透率均有大幅度的增加，岩样的渗透能力均大幅度增强。

表 4.3　龙马溪组页岩岩心压裂造缝后基本参数

序号	岩心号	长度/cm	直径/cm	气测渗透率/mD	缝长/cm	缝宽/cm	压裂造缝后渗透率/mD
1	Ls1-12-4	3.97	2.52	0.032	0.55	0.02	0.102
2	Ls1-14-3	4.05	2.48	0.0885	0.85	0.02	0.205
3	Ls1-10-5	3.96	2.52	0.1053	1.25	0.02	0.350
4	Ls1-2-2	4.03	2.52	0.1521	2.45	0.02	1.219
5	Ls1-15-1	4.04	2.52	0.0426	3.15	0.02	2.859
6	Ls2-2-3	4.01	2.52	0.0015	2.45	0.015	0.351
7	Ls2-7-4	3.44	2.51	0.0047	2.45	0.024	1.825
8	Ls2-1-3	4.0	2.52	0.0033	2.45	0.03	3.316
9	Ls1-16-1	3.93	2.52	0.00067	2.45	0.035	7.110

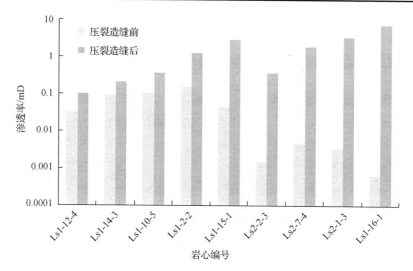

图 4.8　压裂造缝前后岩样渗透率对比

岩样压裂造缝后渗透率随裂缝长度和宽度变化见图 4.9 和图 4.10，可见，随着裂缝长度和宽度的增加，压裂造缝后岩样的渗透率以指数形式增加。

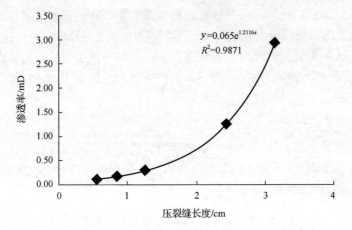

$$y=0.065e^{1.2116x}$$
$$R^2=0.9871$$

图 4.9　压裂造缝后岩样渗透率随压裂缝长度变化曲线

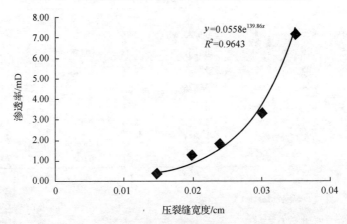

$$y=0.0558e^{139.86x}$$
$$R^2=0.9643$$

图 4.10　压裂造缝后岩样渗透率随压裂缝宽度变化曲线

压裂造缝后岩样的渗流规律曲线见图 4.11 和图 4.12，可见随着渗流速度的增加，岩心两端的压力平方差也逐渐增加，当渗流速度较小时，岩心两端压力平方差增加幅度较小，而当渗流速度继续加大时，岩心两端压力平方差增加幅度急剧增大。因此，要在不同渗透率的岩心两端保持相同的压力平方差，需要在高渗透率的岩心上有更高的渗流速度。由图 4.11 和图 4.12 可见，渗流具有非达西渗流特征，存在启动压力，渗流曲线为明显的非线性特征；岩样渗透率越高，非线性减弱；随着注入压力的增加，渗流能力增强；在注入压力较低时，较小的注入压力不足以对裂缝产生大的影响，裂缝基本处于闭合状态，而随着注入压力的增加，裂缝的导流能力增强，从而使渗流能力增强。

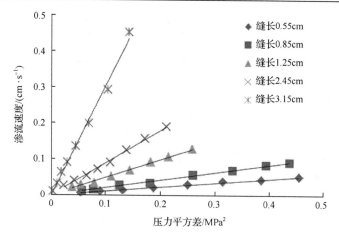

图 4.11　缝长对渗流的影响

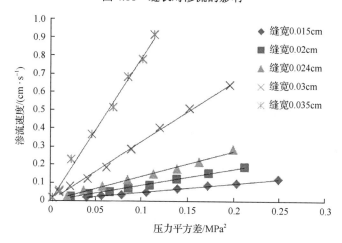

图 4.12　缝宽对渗流的影响

2. 贯穿缝岩样实验

1) 岩样选取

页岩中纳米级孔隙占主导地位，是页岩气的主要储集空间，储层中微裂缝和压裂裂缝是流体流通的主要通道。因此弄清不同裂缝形态页岩储层的渗流规律至关重要，本次工作通过对压裂前后不同裂缝形态的岩心进行了气体渗流规律实验；并对压裂后的岩心进行了纳微米 CT 扫描实验，结合气体渗流规律实验数据分析了不同的裂缝形态对页岩气渗流的影响；在此基础上又进行了裂缝岩心应力敏感实验，探讨了页岩储层在渗流过程中应力的改变与渗流能力改变的关系。本次工作选取 4 块龙马溪组页岩储层岩心进行人工压裂，并进行了渗流规律及流-固耦合实验测试，岩样基本参数见表 4.4。

表 4.4 人工压裂岩心基础数据表

编号	长度/m	直径/m	质量/g	孔隙度/%		渗透率/mD	
				压裂前	压裂后	压裂前	压裂后
Qj1-6-1	4.57	2.53	60.3802	1.6512	1.88	0.1186	2.056
Ls1-5-1	4.16	2.52	55.9522	0.0602	1.04	0.0011	161.3
Ls2-3-2	4.11	2.52	56.0199	1.6784	1.7756	0.0132	1.133
Qj1-7-1	4.75	2.53	62.3152	1.0578	1.1515	0.0152	0.495

2) 实验结果

图 4.13～图 4.16 为不同渗透率岩心的渗流规律曲线，可见裂缝的存在对岩心的渗流规律曲线有很大的影响，其中 Ls1-5-1 岩心压裂后渗透率较大。

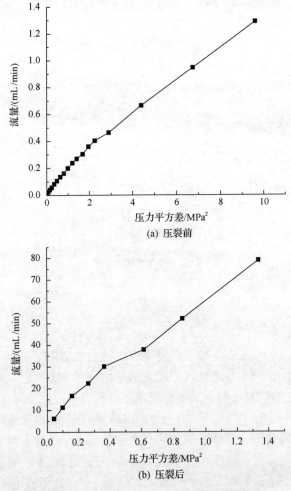

(a) 压裂前

(b) 压裂后

图 4.13 Qj1-6-1 压裂前后渗流规律曲线

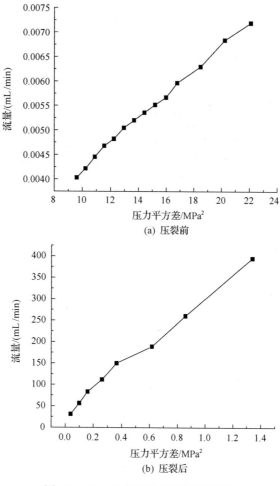

(a) 压裂前

(b) 压裂后

图 4.14 Ls1-5-1 压裂后渗流规律曲线

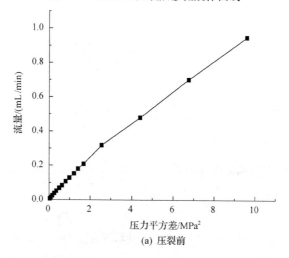

(a) 压裂前

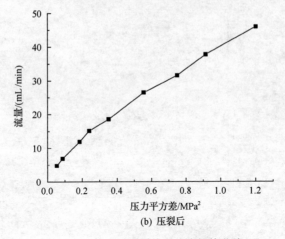

(b) 压裂后

图 4.15   Qj1-7-1 压裂前后渗流规律曲线

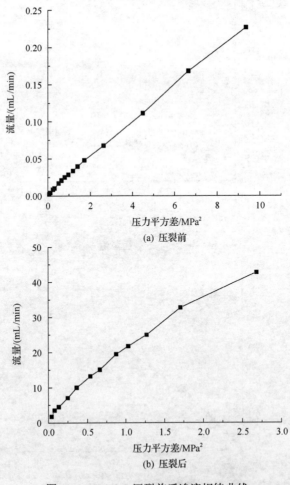

(a) 压裂前

(b) 压裂后

图 4.16   Ls2-3-2 压裂前后渗流规律曲线

4.2.2　岩心的气-水两相流动

页岩储层压裂后普遍存在着压裂液返排率低的问题，在水力压裂过程中，压裂液返排率通常为 35%～62%，大量压裂液滞留到缝网系统。压裂液的存在对于页岩缝网的导流能力及储层的物性都会有影响。在四川页岩气田一些区块出现压裂液返排较少，而产能较好的现象，因此研究水对页岩储层缝网的影响对于页岩气开发具有重要指导意义。另外，在岩储层中存在大量的支撑剂无法进入微裂缝，水在微裂缝中的流动特征也会影响到缝网的渗流能力。目前由于页岩易碎的特性，微裂缝的制备和描述存在诸多难题，国内外针对水的渗流特征对微裂缝渗流能力伤害的研究较少。本书利用下志留统龙马溪组页岩气藏的岩样，选用巴西劈裂的方法进行了人工造缝，利用扫描电镜、微米 CT 扫描等实验方法，对人工微裂缝的特征进行描述，进行了水对微裂缝渗流能力伤害的实验；同时结合渗流力学理论分析了水对单一裂缝及多条裂缝渗流能力伤害的机理，提出水对页岩微裂缝渗流能力伤害的评价方法，并结合实验分析了水伤害作用对页岩气产能的影响。

1. 实验材料

实验选用 3 块四川气田下志留统龙马溪组储层黑色页岩，运用覆压孔渗仪测量岩样的渗透率与孔隙度，并对岩样进行人工造缝，3 块岩样均为贯穿岩样的一条裂缝，岩样测试结果及岩样数据见表 4.5。

表 4.5　岩样基础数据

样品编号	长度/cm	直径/cm	孔隙度/%	渗透率/mD	裂缝条数/条
Ls1-5-m	5.15	2.53	2.08	7.3	1
Ls2-3-m	4.67	2.53	2.55	10.1	1
Ls1-7-m	4.98	2.52	2.19	50.2	1

采用气体和液体对微裂缝的渗流能力进行测试，实验使用气体为工业氮气，实验用水为与长宁地区返排液化学组成相似的离子水，见表 4.6。

表 4.6　实验测试液体离子成分

离子	返排液/(mg/L)	实验液体/(mg/L)
K^+	177～449	236
Na^+	3900～9980	8842
Ca^{2+}	71～438	339

续表

离子	返排液/(mg/L)	实验液体/(mg/L)
Mg^{2+}	22~310	221
Ba^{2+}	24~36	
Sr^{2+}	20~96	
Fe^{2+}	10~40	
Cl^-	6500~11600	11200
SO_4^{2-}	2~60	50

2. 实验方法及步骤

渗流实验装置选用美国的岩心公司生产的先进的 Auto-floodTM（AFS300TM）驱替评价系统，数据自动采集系统在对系统各部分压力自动采集的同时能自动实现恒流速和恒压驱替模式，并完成相应数据分析。泵流量为 0.01~50.00mL/min（压力不大于 70MPa），流速精度为±0.3%（最大密封泄漏为 0.25μL/min）。流速显示最小值为 0.01μL/min，恒压模式下能达到 1.0μL/min。围压系统使用高精度多级柱塞驱替泵（Teledyne isco100-DX）。回压控制系统采用美国岩心公司生产的 BP-100 空气弹簧回压阀，并采用高精度多级柱塞驱替泵控制。

实验采用 DXD 高精度数字压力传感器，在 30~100℃条件下，测试精度为±0.02%；在 0~50℃条件下，测试精度为±0.04%。实验流程如图 4.17 所示。

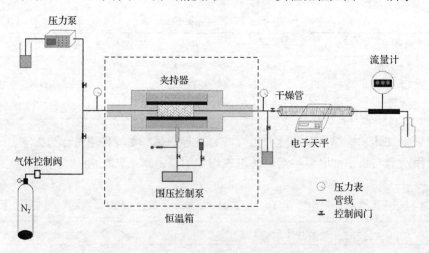

图 4.17　实验装置流程图

实验步骤如下。

(1)将岩心造缝处理后，在恒温箱 60℃下烘干 48h，测定其长度、直径及孔隙度、渗透率等基础数据。

(2)将岩心装填入岩心夹持器,接通流程,对仪器初始值调零,加围压 21MPa;为了避免岩石蠕变的影响,将岩样在夹持器中放置 24h。

(3)测量岩样初始气测渗透率,打开驱替泵,进行水单相渗流实验,每隔 8h 记录注入压力和流量值。

(4)水测渗透率稳定后,采用气体驱替,驱替压力为 5MPa,每隔 8h 记录渗透率数值,直至渗透率稳定不在变化。在整个实验过程记录下渗透率和围压的变化情况。

(5)变换不同的注入压力,重复上述实验步骤。

(6)在实验的气驱阶段,裂缝中自由水被排出,渗透率稳定后,记录干燥管中的吸水量,并计算岩样的含水饱和度。改变不同注入气体压力,并记录流量数据,实验结束。

3. 实验结果与分析

1)页岩微裂缝水单相渗流规律

图 4.18 为页岩微裂缝水单相渗流规律实验结果,可见 3 块岩样水单相渗流规律均表现为非线性特征。在低注入压力条件下,随着注入压力的增加,流速增加缓慢,渗透率为 50.2mD 岩样表现最为明显,其他两块岩样变化比较复杂。影响页岩微裂缝渗流规律的因素主要是页岩岩样中的黏土矿物和裂缝的开度特征,黏土矿物具有吸水膨胀的特性,黏土膨胀堵塞孔隙是低压力区间流量变化相对较小的主要原因。另一方面,由于裂缝两侧并非光滑平面,裂缝的开度大小不同,水在裂缝中的渗流特征存在差异,随着注入压力增大,裂缝中压力梯度增大,

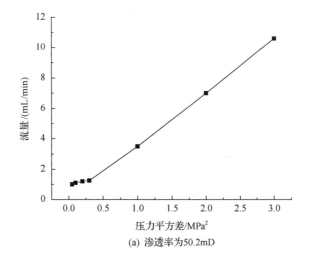

(a) 渗透率为50.2mD

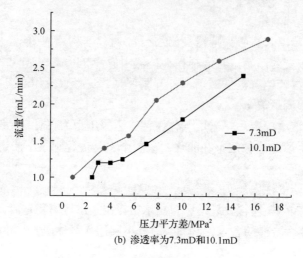

(b) 渗透率为7.3mD和10.1mD

图 4.18　页岩微裂缝水单相渗流规律

部分较小开度裂缝参与渗流，由此导致流量增大。渗透率为 50.2mD 的岩样由于开度较大，在实验压力条件下水流动阻力较小，压力梯度影响较小，黏土矿物膨胀的负面影响较大，因此渗流初期流量增速缓慢。其他两块岩样由于存在黏土矿物和裂缝开度特性两种因素的共同作用，所以曲线特征更为复杂。这两种因素作用的深入研究将在裂缝水赋存状态对渗流的影响中详细阐述。

2) 页岩微裂缝气-水两相渗流规律

图 4.19 为页岩微裂缝气-水两相渗流规律的实验结果。由图 4.21 可见，由于裂缝中滞留水的存在，3 块岩样的微裂缝渗流规律呈非线性特征，其中渗透率较

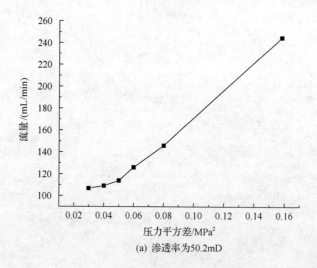

(a) 渗透率为50.2mD

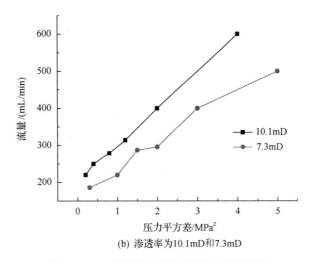

(b) 渗透率为10.1mD和7.3mD

图 4.19　含水微裂缝岩样气体渗流规律曲线

大岩样(50.2mD)非线性比较明显。由于岩样中微裂缝孔隙空间较小，裂缝中赋存的自由水量较少，干燥管中的质量变化较小，渗透率较大岩样中的可动水比较容易排出，随着注入压力的增大，在高注入压力区域渗流规律为线性渗流。渗透率相对较小岩样(7.3mD、10.1mD)由于裂缝相对开度较小，水在裂缝中的流动能力较弱，可动水不容易排出，非线性特征相对于渗流率较大岩样不明显。

4.3　多尺度岩心水渗吸

4.3.1　水在页岩中的赋存状态分布特征

1. 实验材料与实验设备

实验所用的岩心取自南方海相龙马溪组露头黑色页岩，所使用的设备是超景深显微镜。这是一种双目观察的连续变倍实体显微镜，其使用光学显微镜，物体直接通过目镜观察，物体的图像用 CCD 相机俘获并在 LCD 显示器上观察，超景深显微镜的放大倍率覆盖了从较低的 0 倍到较高的 5000 倍的范围，并且被扩展应用到实验室和各种行业的生产现场中。超景深显微镜观察物体时能产生正立的三维空间像，立体感强，成像清晰、宽阔，具有较长的工作距离，是适用范围非常广泛的常规显微镜，如图 4.20 所示。

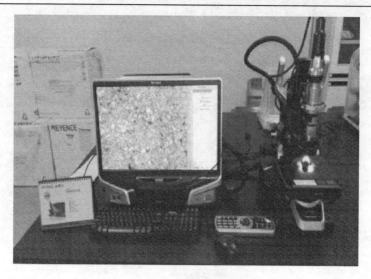

图 4.20　超景深显微镜

2. 实验结果及分析

在高分辨率的显微镜下观测页岩表面吸水前后的形貌变化，结果如图 4.21～图 4.28 所示，可见页岩中静态水吸附以山脉沟壑形、岛礁形和透明水膜形存在。

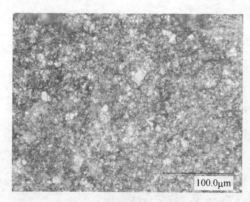

(a) 浸水前

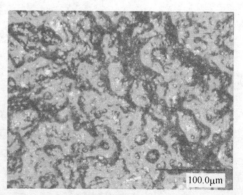

(b) 浸水后

图 4.21　Ls1-1 页岩浸水前后显微照片(形成连续的水膜，山脉沟壑形貌)

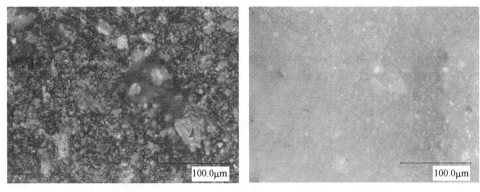

(a) 浸水前　　　　　　　　　　　　　　　(b) 浸水后

图 4.22　Qj1-3 页岩浸水前后显微照片(形成连续的水膜，平铺式)

(a) 浸水前　　　　　　　　　　　　　　　(b) 浸水后

图 4.23　Qj1-5 页岩浸水前后显微照片(形成连续的水膜，山脉沟壑形貌)

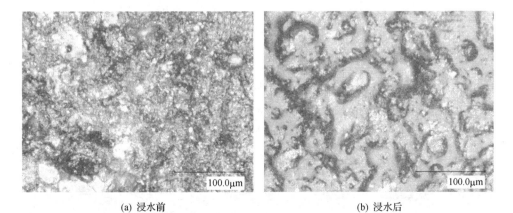

(a) 浸水前　　　　　　　　　　　　　　　(b) 浸水后

图 4.24　Qj1-6 页岩浸水前后显微照片(形成连续的水膜，岛礁形貌)

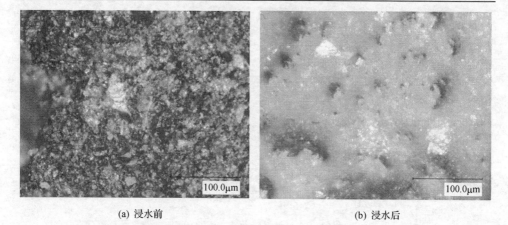

(a) 浸水前   (b) 浸水后

图 4.25　Qj1-7 页岩浸水前后显微照片(形成连续的水膜，岛礁形貌)

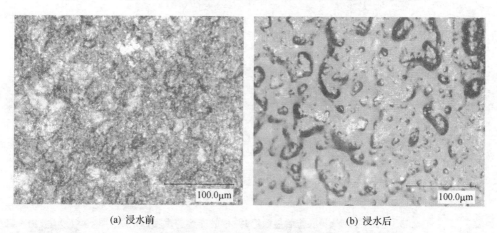

(a) 浸水前   (b) 浸水后

图 4.26　Qj2-2 页岩浸水前后显微照片(形成连续的水膜，岛礁形貌)

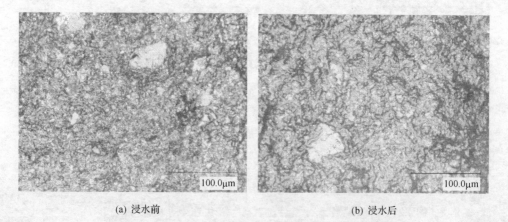

(a) 浸水前   (b) 浸水后

图 4.27　Qj2-3 页岩浸水前后显微照片(形成性透明水膜)

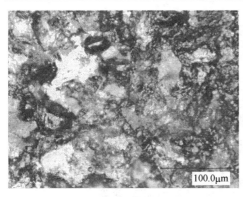 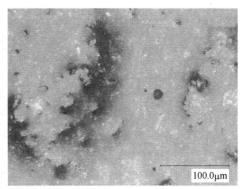

(a) 浸水前　　　　　　　　　　　　　　　(b) 浸水后

图 4.28　Qj2-3 页岩浸水前后显微照片(形成连续的水膜，岛礁形貌)

4.3.2　水在页岩中的微观渗吸实验

水在页岩中的微观渗吸目前只有宏观的实验研究，本次实验利用超景深显微镜观察到水在页岩薄片表面流动的微观视频，总结出水在页岩中的渗吸规律。

1. 实验设备

本实验采用超景深显微镜进行观察，获得的图像用 CCD 相机俘获并在 LCD 显示器上观察。

2. 实验步骤

将页岩薄片在 105℃下烘干 100h，在表面滴一滴墨水，将超景深显微镜的倍率调至 900 倍，观察水在页岩薄片表面的微观流动，并对页岩的孔径进行测量。

3. 实验结果及分析

页岩的孔径测量结果见图 4.29。根据孔径大小将其划分为裂缝和微裂缝，如图 4.30 所示。根据拍摄视频观察到页岩薄片表面的水会先向水滴周围的裂缝流动，其次会流向微裂缝。

1) 薄片含有明显裂缝

当墨水滴在含有明显裂缝的页岩薄片表面后，可以看到墨水会迅速向大裂缝扩散，待裂缝中的墨水填充到一定程度时，墨水会向周围的微裂缝渗吸。并且可以看到在墨水边缘和大裂缝的交界处，墨水不断流动。详见图 4.31～图 4.40。

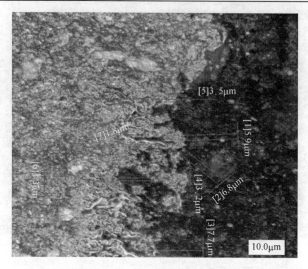

图 4.29　页岩表面的孔隙尺寸

图 4.30　滴水的页岩薄片表面图

(a)　　　　　　　　　　　　　　　　　　　　　　　　(b)

(c)

图 4.31　页岩薄片 1 渗吸视频截图

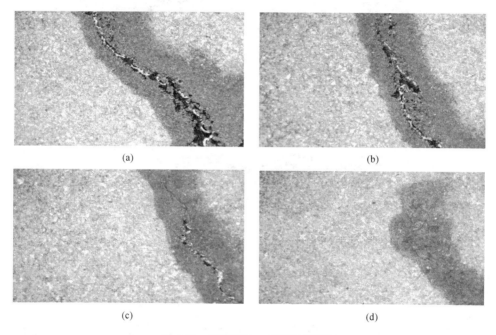

(a)　　　　　　　　　　　　　　　　　　(b)

(c)　　　　　　　　　　　　　　　　　　(d)

图 4.32　页岩薄片 8 渗吸视频截图

(a)　　　　　　　　　　　　　　　　　　(b)

图 4.33　页岩薄片 9 渗吸视频截图

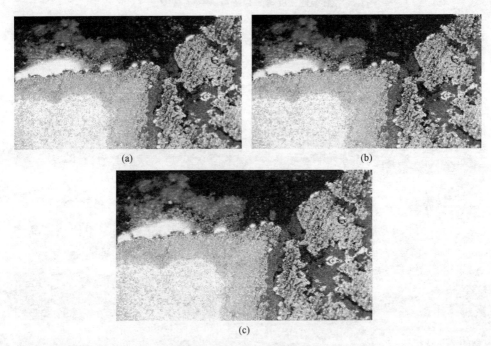

图 4.34　页岩薄片 11 渗吸视频截图

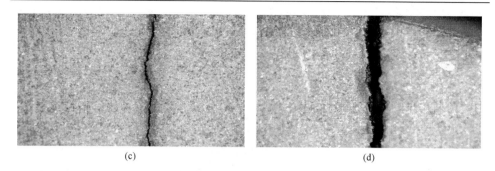

(c)　　　　　　　　　　　　　　　(d)

图 4.35　页岩薄片 13 渗吸视频截图

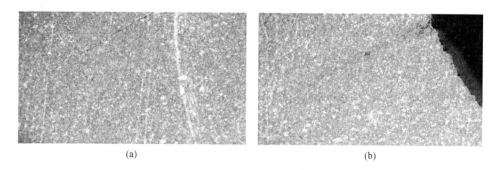

(a)　　　　　　　　　　　　　　　(b)

图 4.36　页岩薄片 14 渗吸视频截图

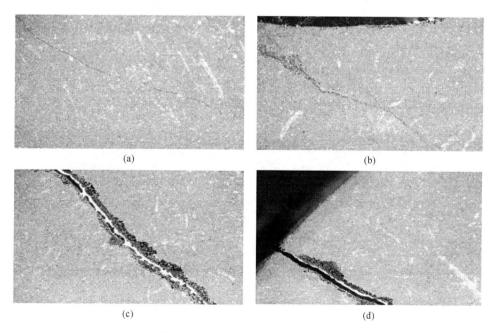

(a)　　　　　　　　　　　　　　　(b)

(c)　　　　　　　　　　　　　　　(d)

图 4.37　页岩薄片 15 渗吸视频截图

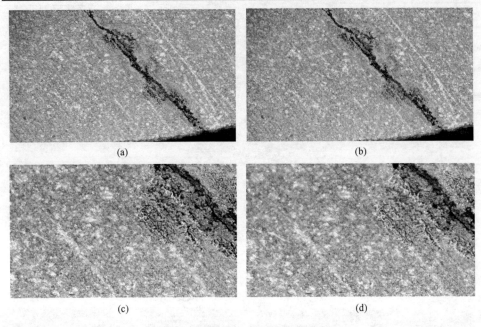

(a)　　　　　　　　　　　(b)

(c)　　　　　　　　　　　(d)

图 4.38　页岩薄片 16 渗吸视频截图

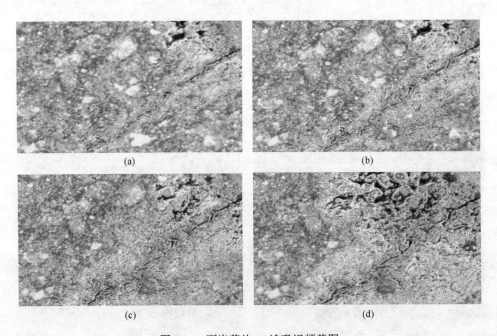

(a)　　　　　　　　　　　(b)

(c)　　　　　　　　　　　(d)

图 4.39　页岩薄片 17 渗吸视频截图

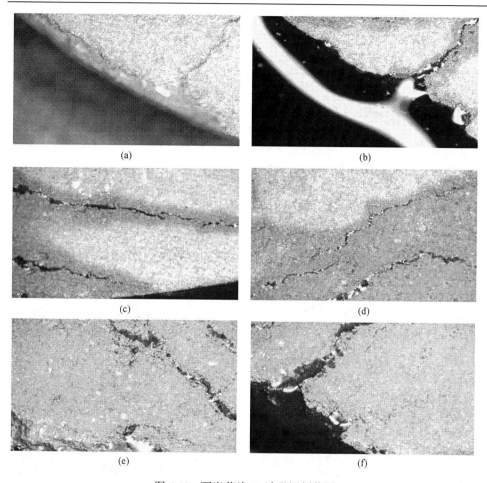

图 4.40　页岩薄片 19 渗吸视频截图

2) 薄片表面不含明显裂缝

图 4.41～图 4.49 为墨水在不含有明显裂缝的页岩薄片表面渗吸的视频截图。

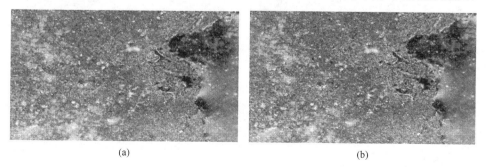

图 4.41　页岩薄片 2 渗吸视频截图

(a)　　　　　　　　　　　　　　　　　　　(b)

图 4.42　页岩薄片 3 渗吸视频截图

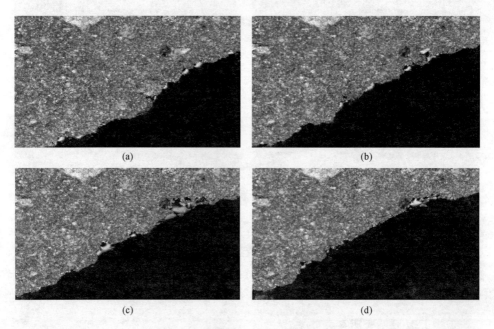

(a)　　　　　　　　　　　　　　　　　　　(b)

(c)　　　　　　　　　　　　　　　　　　　(d)

图 4.43　页岩薄片 4 渗吸视频截图

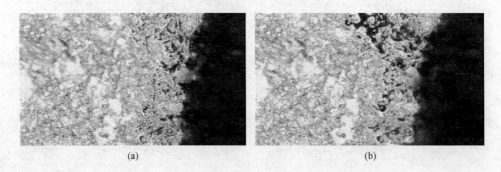

(a)　　　　　　　　　　　　　　　　　　　(b)

(c)

图 4.44　页岩薄片 5 渗吸视频截图

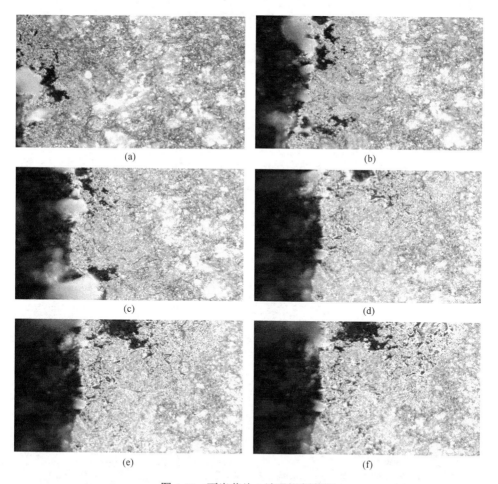

图 4.45　页岩薄片 6 渗吸视频截图

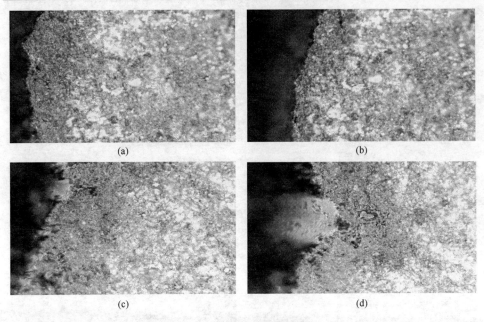

(a)　　　　　　　　　　　　　　　　(b)

(c)　　　　　　　　　　　　　　　　(d)

图 4.46　页岩薄片 7 渗吸视频截图

(a)　　　　　　　　　　　　　　　　(b)

图 4.47　页岩薄片 10 渗吸视频截图

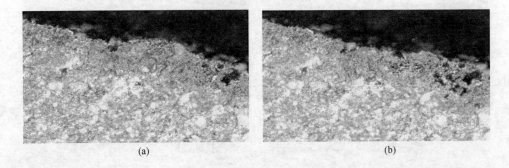

(a)　　　　　　　　　　　　　　　　(b)

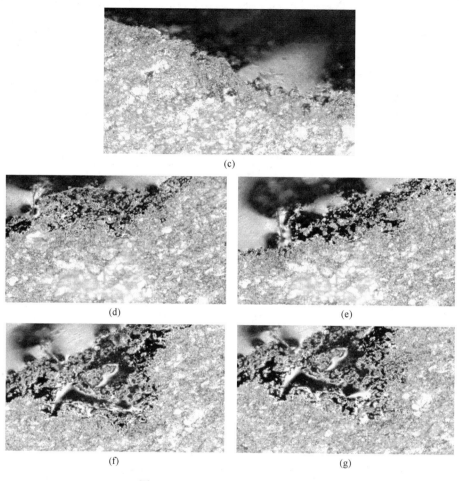

(c)

(d)

(e)

(f)

(g)

图 4.48 页岩薄片 12 渗吸视频截图

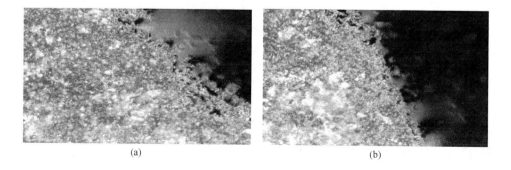

(a)

(b)

图 4.49 页岩薄片 18 渗吸视频截图

由图 4.43～图 4.51 可见，当墨水滴到不含明显裂缝的页岩薄片表面时，墨水会先在水滴边缘的小裂缝扩散，周围的裂缝润湿之后，水滴才会整体向前扩散。

4.3.3 页岩中水的宏观渗吸实验

本实验是将页岩薄片悬挂在天平底部，部分浸没在水中，不施加任何压力，观察页岩自吸水的能力。之后对实验数据进行分析，结合水在页岩薄片表面的微观流动总结出水在页岩中渗吸的一般规律。

1. 实验材料

将直径为 25mm 的页岩岩心用砂纸打磨成 20 个 1.5mm 厚的薄片，用游标卡尺测量，各参数见表 4.7。20 个岩心薄片在 105℃下烘干，每天测其质量，直到质量不再变化视为烘干，如图 4.50 所示。制备 500mL 的超纯水，以备实验使用。相关实验装置如图 4.51 所示。

表 4.7 岩心薄片参数表

薄片编号	厚度/mm	直径/mm	质量/g	体积/mm³
1	1.45	25.22	1.7875	723.98
2	1.54	25.17	1.9432	765.87
3	1.47	25.08	1.7967	725.84
4	1.56	25.20	1.8938	777.67
5	1.52	25.44	1.8215	772.22
6	1.42	25.22	1.7182	709.00
7	1.52	25.27	1.8097	761.95
8	1.54	24.97	1.7383	753.75
9	1.57	25.12	1.8428	777.70
10	1.52	25.32	1.9128	764.96
11	1.53	25.17	1.9128	755.93
12	1.53	25.10	1.9129	756.67
平均	1.515	25.19	1.8393	753.80

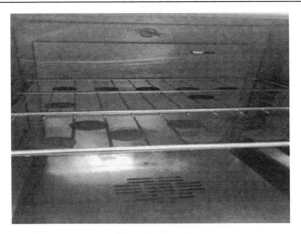

图 4.50　实验所用的岩心薄片

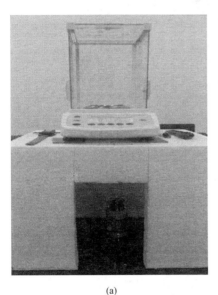

(a)

(b)

图 4.51　宏观渗吸实验装置图

2. 实验步骤

(1)将 3 根细绳的一端绑在天平底部的挂钩上，另一端绑在铁丝环上，保持铁丝环水平。

(2)将 4 个夹子分别挂在铁丝环上，保持夹子在同一水平面上。

(3)将 4 片岩心薄片夹在夹子上，保持岩心薄片的下端在同一水平面，待薄片停止晃动后，对天平进行清零。

(4)将岩心薄片悬挂在烧杯中(岩石薄片浸没在水中 3mm)，记录天平显示质量即岩心薄片的吸水量。

(5)实验记录周期(min)，具体根据实验结果确定，原则是前期实验数据记录间隔短，后面间隔长。

3. 实验结果及分析

本实验共分为 3 组，每组用 4 个岩心薄片，实验结果见图 4.52～图 4.54。第一组实验为期 14d，总的质量变化为 1.2781g；第二组实验为期 15d，总的质量变化为 1.4889g；第三组实验为期 16d，总的质量变化为 1.1862g。平均每个薄片的质量变化为 0.33g(浮力引起的质量变化没有计入)。根据实验数据绘制质量总变化曲线如图 4.55 所示，可将其分为 3 个阶段：首先，页岩薄片放入水中之后，质量变化迅速增大；其次，大约 1min 后质量变化率减小，总的质量变化仍在增大；大约在 5d 之后质量变化率更小，最后趋近于常数，质量不再变化。

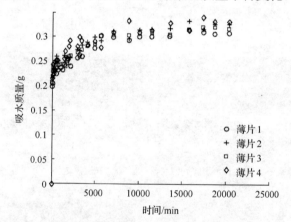

图 4.52　第一组薄片吸水质量随时间变化曲线

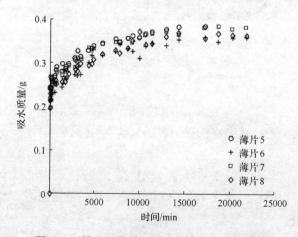

图 4.53　第二组薄片吸水质量随时间变化曲线

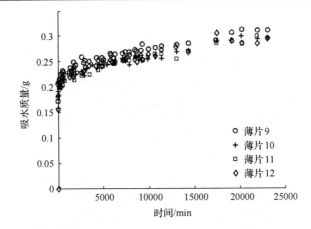

图 4.54　第三组薄片吸水质量随时间变化曲线

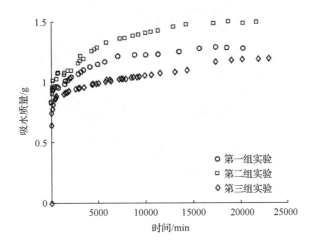

图 4.55　页岩薄片吸水质量随时间变化曲线

4.3.4　水对页岩破裂强度的影响

　　页岩气藏是典型的非常规天然气藏,具有超低渗透率、生产周期长和开采寿命长的特点,渗透率一般在毫微达西到微纳达西之间,因此页岩气勘探开发素有"单口井、千吨沙、万方水"的说法,要想获得工业气流,必须进行大规模的压裂改造[81]。页岩的所在储层大量纳微米孔隙发育使其有很大的毛管力。受黏土矿物类型、产状等的影响,在水力压裂的过程中,带入了大量的水、滑溜水和钻井液体系,并受到地层水的作用,严重影响页岩的抗压强度,从而导致井壁、地层的坍塌事故[82]。本实验研究了在水、浓度为 3%的 KCl 溶液的模拟地层水和浓度为 0.05%的滑溜水作用下页岩的力学性能,并与干岩心的抗压强度进行比较,分析了水对页岩破裂强度的影响。

1. 试验材料及设备

采用 YES-2000J 单轴压力试验机(图 4.56)和 DH3818 静态应变测试系统，将每组中的干岩心与饱和后的岩心分别进行抗压强度实验。

图 4.56   YES-2000J 数显式单轴压力试验机

2. 试验步骤

按照 SY/T5276-2000 标准的规定，压力试验机缓慢加载，每半分钟记录压力-应变数据，直到实验过程中压力试验机对试件施加不上力，应变测试系统测出的应变值降低，此时岩心被压裂，记录其最大载荷及主要破坏特征。

利用式(4.1)计算抗压强度，按照 SY/T5276-2000 标准的要求，将计算结果精确到 0.01MPa：

$$P_c = \frac{F_c}{A} \times 10^{-2} \tag{4.1}$$

式中，P_c 为抗压强度，MPa；F_c 为破坏时的瞬时载荷，N；A 为横截面积，cm^2。

3. 实验结果及分析

岩心在饱和前、饱和后、压裂后的表面情况及压裂曲线如表 4.8 所示。

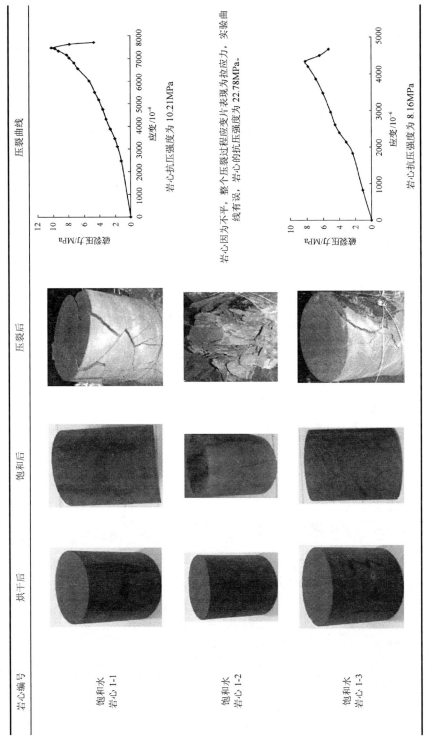

表 4.8　岩心在饱和前、饱和后、压裂后的表面情况及压裂曲线

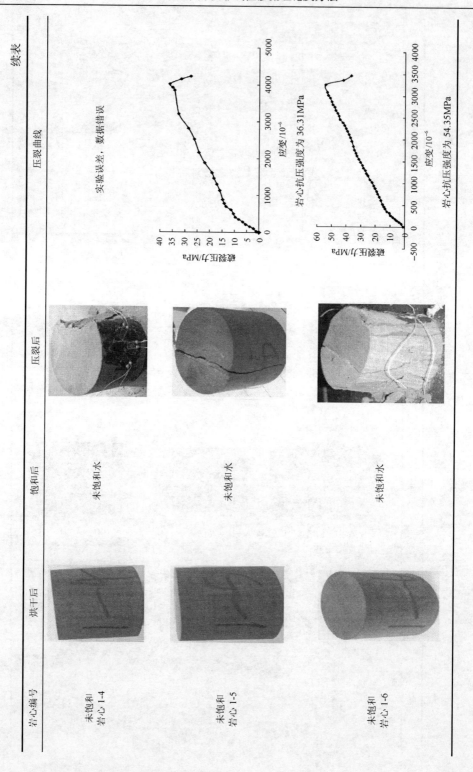

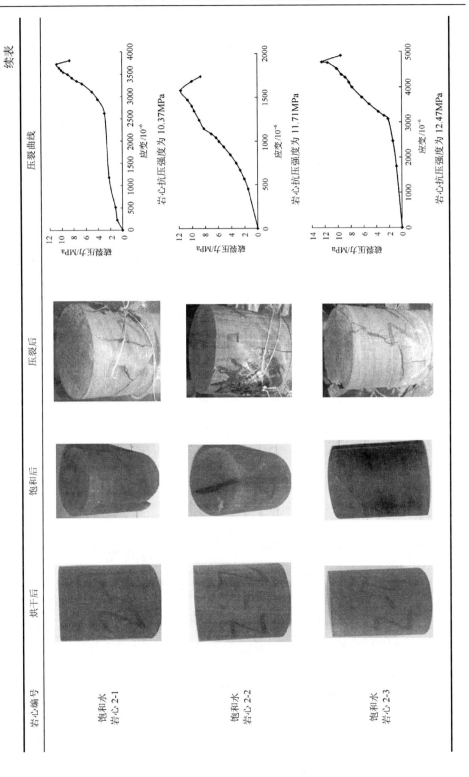

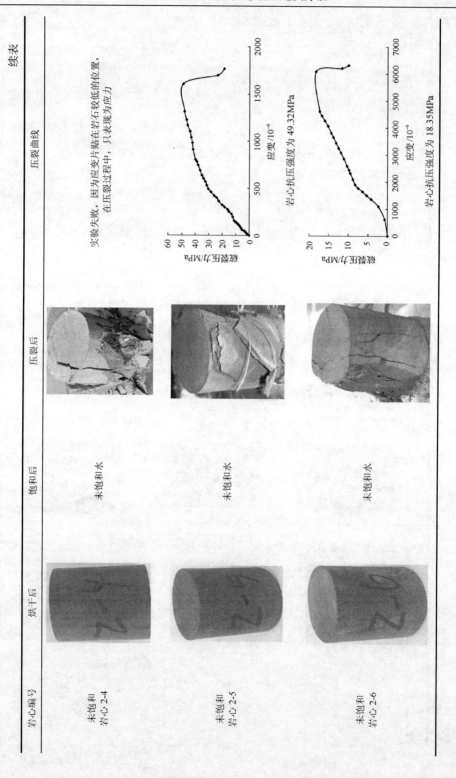

续表

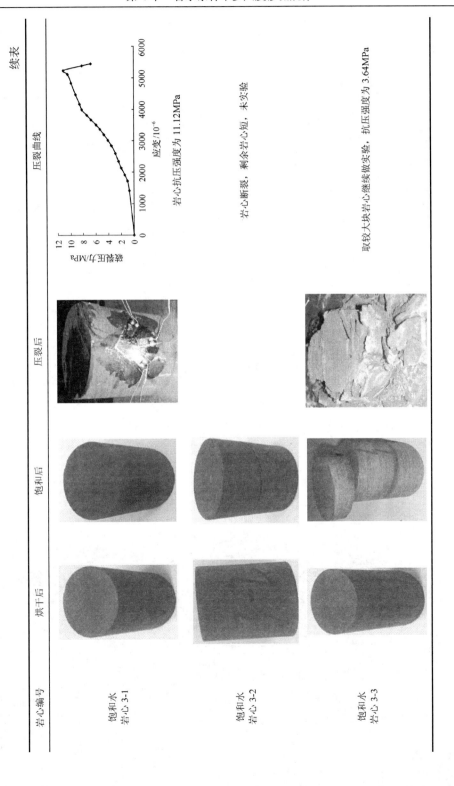

岩心编号	烘干后	饱和后	压裂后	压裂曲线
饱和水岩心 3-1				岩心抗压强度为 11.12MPa
饱和水岩心 3-2				岩心断裂，剩余岩心短，未实验
饱和水岩心 3-3				取较大块岩心继续做实验，抗压强度为 3.64MPa

续表

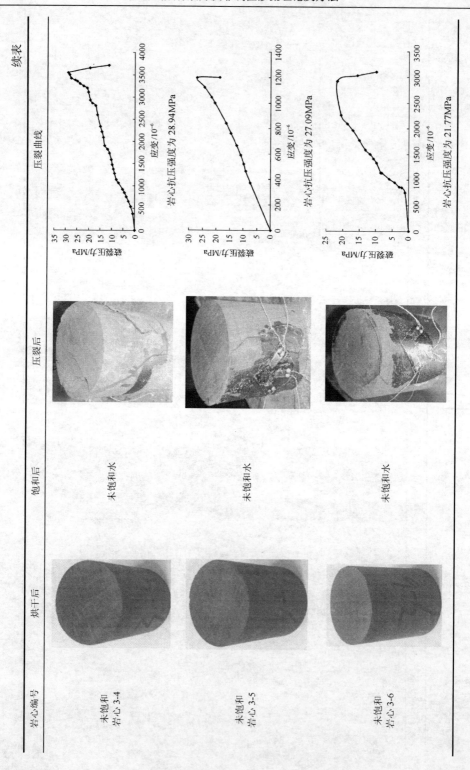

岩心编号	烘干后	饱和后	压裂后	压裂曲线
未饱和 岩心 3-4		未饱和水		岩心抗压强度为 28.94MPa
未饱和 岩心 3-5		未饱和水		岩心抗压强度为 27.09MPa
未饱和 岩心 3-6		未饱和水		岩心抗压强度为 21.77MPa

续表

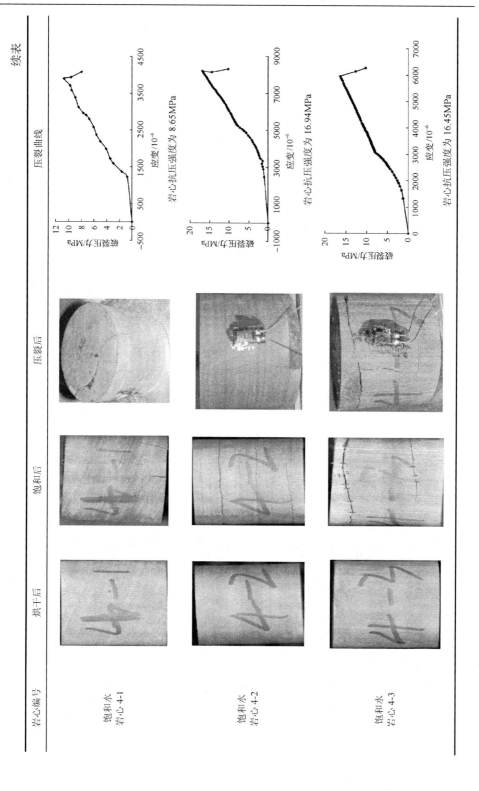

续表

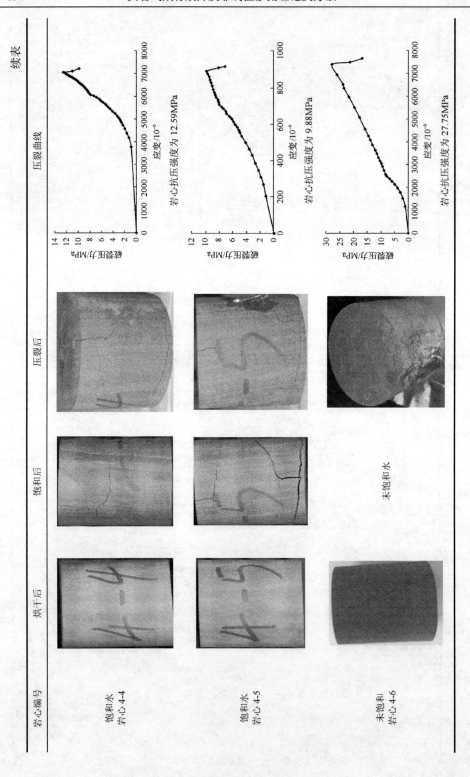

续表

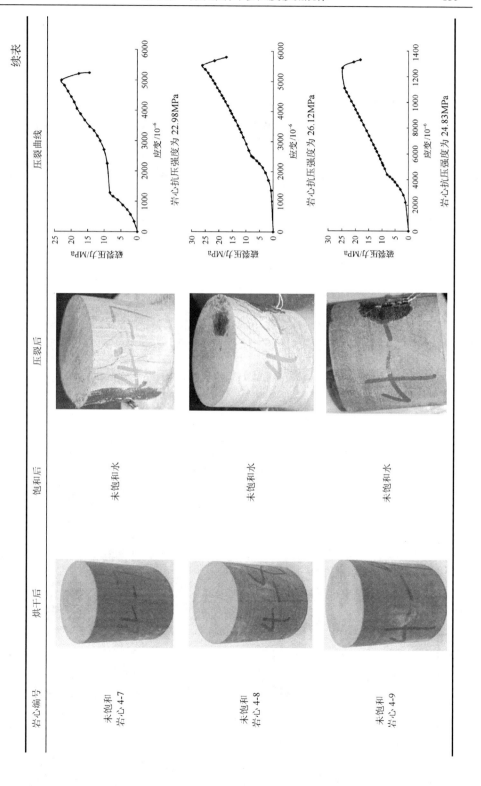

续表

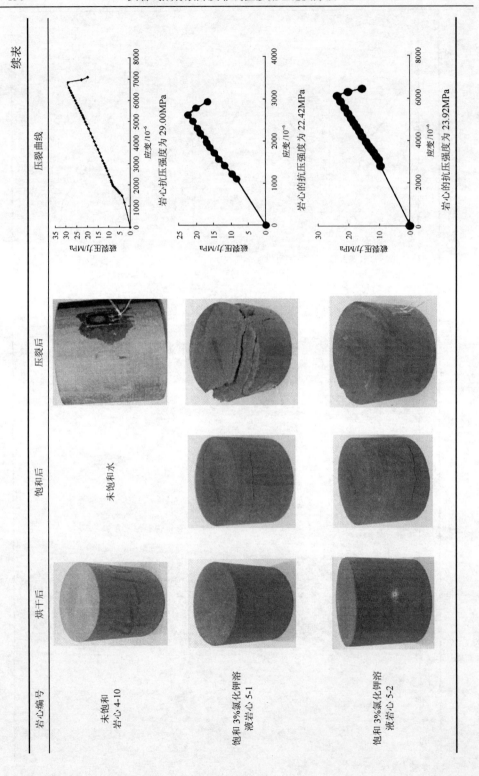

岩心编号	烘干后	饱和后	压裂后	压裂曲线
未饱和 岩心 4-10		未饱和水		岩心抗压强度为 29.00MPa
饱和 3%氯化钾溶 液岩心 5-1				岩心的抗压强度为 22.42MPa
饱和 3%氯化钾溶 液岩心 5-2				岩心的抗压强度为 23.92MPa

续表

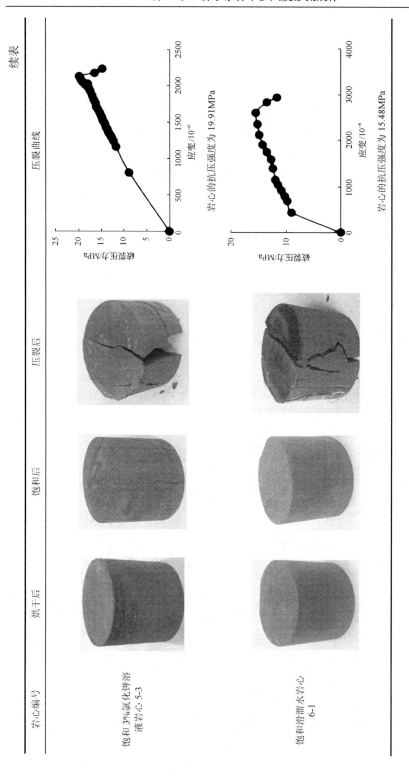

续表

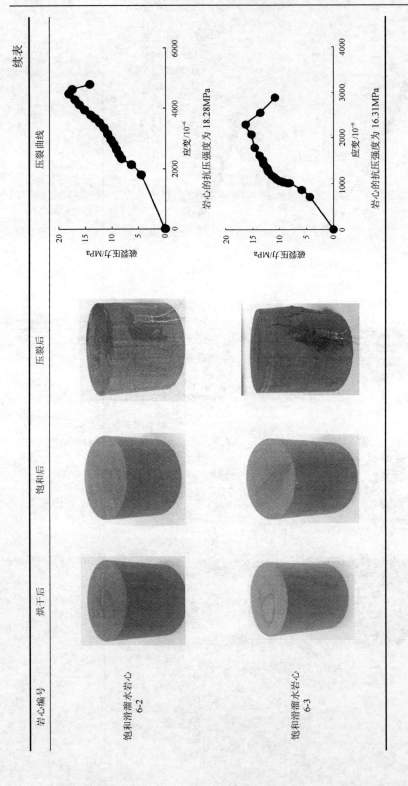

岩心编号	烘干后	饱和后	压裂后	压裂曲线

饱和滑溜水岩心 6-2 — 岩心的抗压强度为 18.28MPa

饱和滑溜水岩心 6-3 — 岩心的抗压强度为 16.31MPa

1)饱和前后岩心表面裂缝发育变化分析

利用数码显微系统 VHX-5000 超景深显微镜,观察表 4.8 中的岩心饱和前后裂缝发育情况,并进行对照分析。选取岩心 4-5 为例(图 4.57),定性判断水对页岩作用效果非常明显,加压饱和水可以使页岩中的胶结物充分溶解,形成较大的孔隙,促进页岩裂缝的形成。

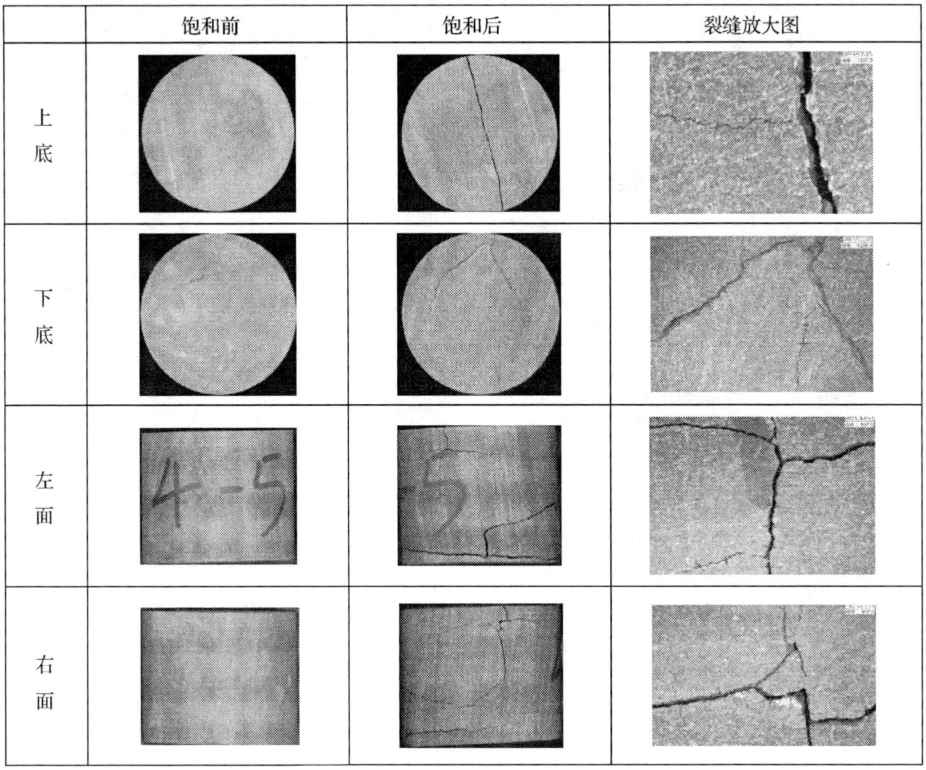

	饱和前	饱和后	裂缝放大图
上底			
下底			
左面			
右面			

图 4.57　吸水后页岩表面裂缝形貌

2)页岩破坏形式分析

饱和水的岩心、饱和地层水的岩心和饱和滑溜水的岩心与干岩心单轴压缩的破坏形式多为顺层理面的劈裂破坏,如图 4.58 所示,说明页岩内部的层理面和微裂缝影响压裂的方式,引起强度及变形的各向异性变化。从压裂后岩心的破碎程度看,加压饱和后的岩心更容易产生裂缝,且破裂程度更高。

3)页岩裂缝形成机理分析

(1)与水作用产生裂缝。

黏土矿物颗粒具有非常高的强度,置于 100MPa 的压力下,黏土矿物晶体依然可以保持完好无损，所以页岩力学的性质不是由页岩基本结构单元的强度决定的，而主要是由微观聚合体和矿物颗粒之间的联结力决定的。在水化的作用下，页岩内部产生大量的裂纹，水进入页岩内部，与黏土矿物和有机质作用程度增加，导致抗压强度大幅降低。

(a) 干岩心　　　　　　　　　　　　(b) 饱和岩心

图 4.58　干岩心与饱和岩心劈裂破坏

(2) 压裂产生裂缝。

页岩岩心属于脆性材料，在压裂的过程中应力-应变曲线如图 4.59 所示。

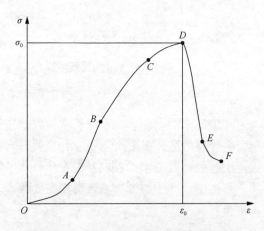

图 4.59　岩心压裂过程应力-应变示意图

在压裂过程中，经历了 6 个阶段。

(1)压密闭合阶段(OA 段)：应力逐渐增大，岩石应力-应变曲线呈上凹，这是在外载荷的作用下，岩样的原生裂纹和孔洞被压实造成的。

(2)弹性阶段(AB 段)：变形以弹性变形为主，此阶段卸载，应变完全消失，应力-应变关系可近似认为服从胡克定律。

(3)裂纹开裂稳定扩展阶段(BC 段)：出现塑性变形，随着载荷的增加，岩样内部也产生较多微细观裂隙。在这些微细观裂隙两端会产生应力集中，并由此产生新的微细观裂隙或裂隙进一步扩展。

(4)裂纹开裂非稳定扩展阶段(CD 段)：裂纹数量增多，呈非稳定扩展趋势。裂纹非稳定扩展阶段持续的时间很短，达到岩石的抗压强度峰值。

(5)应变软化阶段(DE 段)：岩石内部的微裂纹逐渐贯通，形成宏观裂纹，使岩石的强度逐渐降低。随着变形的继续增大，岩石的承载能力降低。

(6)残余强度阶段(EF 段)：岩石内部形成完全贯通的破裂面，岩体强度迅速减弱，岩石承载骨架基本上被破坏。

4)抗压强度与应变关系分析

页岩岩心属于脆性材料，在压裂过程中，随着应力的不断增加，页岩岩心会达到抗压强度极值点，超过屈服极限值，使岩心进入破坏阶段，表面产生大量的裂纹。

将饱和地层水的页岩岩心与饱和滑溜水岩心的抗压强度及干岩心的抗压强度进行对比实验，结果如下。

(1)饱和水岩心的抗压强度。

比较饱和水后的岩心和干岩心的压力-应变值，绘制成如图 4.60 所示的压力-应变变化关系曲线。从图 4.62 可以明显看到，饱和水后的岩心抗压强度明显比干岩心的抗压强度低，且降低幅度较大。

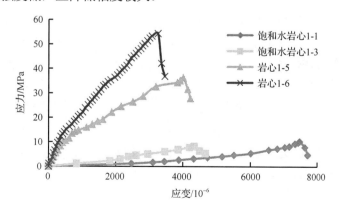

图 4.60　饱和水后岩心与干岩心的应力-应变变化关系

(2)饱和滑溜水岩心的抗压强度。

滑溜水压裂液是目前美国页岩气开发作业中应用最多的压裂液技术，满足页岩气储层压裂施工对压裂液压裂规模大，成本低，配制简便；施工排量大(8～15m³/min)，摩阻高，有流变性能良好，减阻效果好；黏度低，有利于液体滤失，波及更多储层微裂缝和基质的要求，以达到体积改造的目的。

其中聚丙烯酰胺类降阻剂具有降阻性能高、使用浓度低、经济等优点，目前国内外页岩体积压裂中降阻剂主要使用乳液聚丙烯酰胺。本实验使用浓度为0.05%、黏度为 9.68mPa·s(NDJ-79A 旋转黏度计)的聚丙烯酰胺作为滑溜水溶液，比较饱和滑溜水页岩与干岩心的抗压强度的变化(图 4.61)。可以看到饱和滑溜水页岩与干岩心相比，抗压强度降低幅度较大。

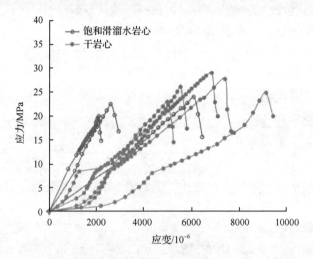

图 4.61　饱和滑溜水岩心和干岩心的应力-应变变化关系

(3)饱和地层水岩心的抗压强度。

为了更真实地模拟地层下页岩的环境，比较水、地层水和滑溜水对页岩抗压强度的影响，本次实验利用 3%的 KCl 溶液模拟地层水，测试饱和地层水页岩的抗压强度的变化(图 4.62)。由图 4.62 可以看到，饱和地层水岩心的抗压强度比干岩心的抗压强度小，但降幅小于饱和水和滑溜水岩心，因为地层水中无机盐离子可以抑制黏土矿物的膨胀，降低水化，有效缓解抗压强度快速降低的趋势。

5)抗压强度变化分析

对比干岩心、饱和水岩心、饱和 KCl 岩心和饱和滑溜水岩心的抗压强度值，并根据实验数据绘制出如溶液所示的柱状图(图 4.63)。

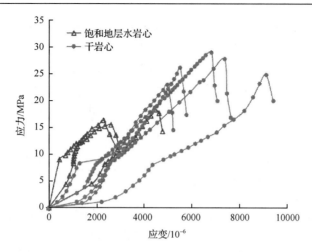

图 4.62　饱和地层水岩心和干岩心的应力-应变变化关系

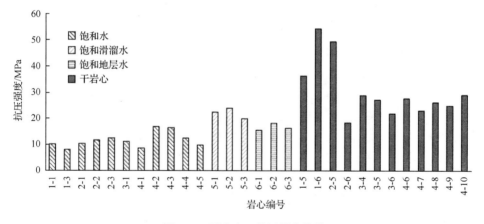

图 4.63　页岩岩心抗压强度比较

根据实验所得抗压强度值对比发现如下结论。

（1）干岩心抗压强度在 18.35～54.35MPa，平均抗压强度为 30.57MPa。

（2）饱和水岩心的抗压强度在 8.16～16.94MPa，平均抗压强度为 11.69MPa，比干岩心的平均抗压强度低 61.8%。川东南地区下志留统龙马溪组页岩储层黏土矿物含量较高，导致该储层水敏损害强。当矿化度低于地层水的流体进入孔隙空间时，储层中的膨胀性较强的黏土矿物（如伊利石、伊蒙间层）吸水后发生晶格膨胀，堵塞孔喉，或者黏土矿物在膨胀过程中产生微裂缝，页岩中的胶结物充分溶解，促进页岩裂缝的形成，导致抗压强度快速降低，页岩易碎，承压能力降低。

（3）饱和 3% KCl 溶液的岩心的抗压强度在 19.91～23.92MPa，平均抗压强度为 22.08MPa，比干岩心的平均抗压强度低 27.8%。其值比饱和水页岩的抗压强度值高，说明地层水中无机盐离子可以抑制黏土矿物的膨胀，降低水化对页岩的影响，有效缓解压强度快速降低的趋势；比干岩心的抗压强度值低，说明地层水的存在也会对页岩的力学性能产生影响。

(4)饱和0.05%滑溜水溶液岩心的抗压强度在15.48～18.28MPa，平均抗压强度为16.69MPa，比干岩心的平均抗压强度低45.4%。因为滑溜水的黏度比水高，随着黏度的增加，流体在孔隙间的流动变得困难，进入页岩孔隙中的水较少，减少了水对页岩的作用，页岩的抗压强度比饱和水页岩的抗压强度有所提高。

4.4　压裂液伤害对渗流的影响

根据目前国内外学者对页岩储层水的赋存状态研究，水对油气储层的伤害作用主要与黏土矿物膨胀、黏土矿物分布和颗粒的运移有关。页岩中富含黏土矿物，黏土矿物中包含高岭石、绿泥石、伊利石、蒙脱石及伊蒙混层[83]。黏土膨胀是对孔隙度和渗透率造成伤害的主要原因，黏土矿物中的蒙脱石及伊蒙混层矿物具有较强的膨胀作用，其中蒙脱石的膨胀作用高达100%[84,85]。蒙脱石和高岭石含量较高时，水化作用更容易发生；黏土矿物有序排列时，水化作用较无序排列时更明显[86]。黏土矿物中的伊利石-蒙脱石混层和高岭石-蒙脱石混层也具有一定的膨胀作用，黏土矿物的膨胀作用会导致储层孔隙度和渗透率下降。颗粒的运移也是造成储层水伤害的重要原因，在黏土矿物与水的作用下，颗粒运移并嵌入到喉道，进而形成伤害[87]。针对页岩储层中含有支撑剂的裂缝，根据Zhang等[88]的研究成果，水的伤害作用主要与矿物成分、颗粒的运移、支撑剂的嵌入及岩石的蠕变等因素相关。黏土矿物含量较高的岩样渗流能力损失较大，裂缝表面在水的作用下软化而导致支撑剂嵌入也是影响渗流能力下降的重要因素。长时间的压力作用会导致页岩岩石的蠕变，岩石蠕变的伤害作用占总伤害的20%。目前认为页岩储层中黏土矿物吸水后形成的晶格内的束缚水是主要的赋存状态，缝网系统中的自由水会随着气体产出，而黏土矿物形成的束缚水很难随着气体排出。

4.4.1　实验材料

实验选用3块四川气田下志留统龙马溪组储层黑色页岩，运用覆压孔渗仪测量岩样的渗透率与孔隙度，基础测试结果及岩样数据见表4.9。

表4.9　岩样基础数据

样品编号	长度/cm	直径/cm	孔隙度/%	渗透率/mD
M1	4.75	2.53	1.07	2.3
M2	4.57	2.53	1.65	10.5
M3	4.16	2.52	0.16	31.3

通过全岩 X 射线衍射分析,发现龙马溪组页岩岩样矿物成分以石英和黏土矿物为主,其中石英含量为 37%～51%,平均为 43%;黏土矿物含量为 32%～51%,平均为 36%;其他矿物含量较少,如斜长石含量约 10%;偶见少量钾长石、方解石和黄铁矿。黏土矿物以绿泥石、伊利石、伊利石-蒙脱石间层为主,其中绿泥石的相对含量为 6%～33%,平均为 7%;伊利石的相对含量为 33%～80%,平均为 58%。伊蒙间层的相对含量为 6%～53%,平均为 33.6%,最大间层比为 10%,见表 4.10。

表 4.10　黏土矿物及全岩矿物相对含量　　　　　　　（单位：%）

样号	绿泥石	伊利石	伊/蒙间层	间层比	黏土总量	石英	钾长石	斜长石	方解石	黄铁矿
M1	25	34	41	10	51	37	3	9		
M2	6	79	15	5	32	51		11		6
M3	33	61	6	5	40	45		10	3	2

4.4.2　实验方法

选择测试流体同微裂缝气-水两相渗流规律,实验仪器同微裂缝气-水两相渗流规律。实验设计步骤如下。

(1)将岩心造缝处理后,在恒温箱 60℃下烘干 48h,测定长度、直径及孔隙度、渗透率等基础数据。

(2)将岩心装填入岩心夹持器,接通流程,对仪器初始值调零,加围压 21MPa,为了避免岩石蠕变的影响,将岩样在夹持器中放置 24h。

(3)测量岩样初始气测渗透率,打开驱替泵,进行水单相渗流实验。实验采用恒压注入,注入压力为 3MPa,每隔 8h 记录下渗透率,直至渗透率稳定不再变化。

(4)水测渗透率稳定后,采用气体驱替,驱替压力为 5MPa,每隔 8h 记录渗透率数值,直至渗透率稳定不再变化,在整个实验过程记录下渗透率和围压的变化情况。

(5)在实验的气驱阶段,裂缝中自由水被排出,渗透率稳定后,可以认为岩样中的水的体积为束缚水,将实验前后岩样进行称重,得到岩样中的束缚水质量。

(6)变换不同的注入压力,重复上述实验步骤,实验结束。

4.4.3　实验结果及分析

1. 水对微裂缝渗流能力的伤害

先用氮气测定岩样的初始气测渗透率,然后用水注入直至岩样渗透率稳定不再变化,最后用氮气驱替岩样中的水,并测得渗透率变化情况,通过比较初始渗透率与水作用后岩样气测渗透率的变化来判断微裂缝岩样的渗流能力的损伤情况。图 4.64 为不同注入压力条件下，3 块岩样在水的作用下裂缝渗流能力的变化情况。

由图 4.66 可见，M1 岩样的初始渗透率为 2.33mD，在 3MPa 注入压力条件下，出口端并未有水流出，表明在实验压力作用时间内，水并未通过岩样。在注气阶段，渗透率稳定为 1.68mD。随着注入压力的提高，水的伤害作用加深，裂缝的渗流能力进一步下降；当注入压力为 9MPa 时，岩样中的黏土矿物与水充分作用，水的伤害作用达到最大值；提高注入压力至 12MPa，裂缝渗流能力不在变化[图 4.64(a)]。M1 岩样裂缝渗流能力下降幅度分别为 28%、70%、95%。M2 岩样的初始渗透率为 10.28mD，渗流能力的变化规律与 M1 岩样相似[图 4.64(b)]，渗流能力降幅分别为 51%、70%、82%。M3 岩样初始气测渗透率为 35.31mD，与 M2、M1 岩样相比，M3 岩样在注水阶段渗透率下降更快，渗透率达到稳定需要的时间较短；当注入压力为 3MPa 时，水的伤害作用已经达到最大，水伤害后气测渗透率为 1.25mD；注入压力升至 12MPa 时，裂缝渗流能力不再改变，渗流能力损失为 90%[图 4.64(c)]。

在实验过程中，岩样的围压存在小幅度变化。这主要是由于岩样中富含黏土矿物，黏土矿物遇水发生膨胀导致岩样变软。页岩的杨氏模量和抗压强度与含水饱和度有密切联系，含水饱和度越高，岩样的杨氏模量和抗压强度越小。因此，本次实验在水作用阶段，围压值逐渐降低。裂缝中的水对裂缝存在支撑作用，在停止注水的时间点，水对裂缝的支撑作用消失，围压存在突变点；在提高注入压力时，水的支撑作用明显。

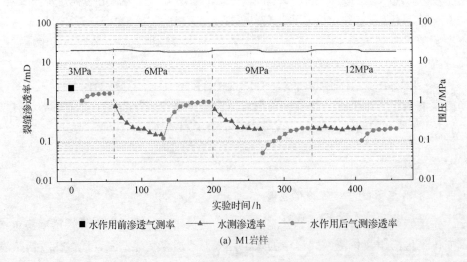

(a) M1 岩样

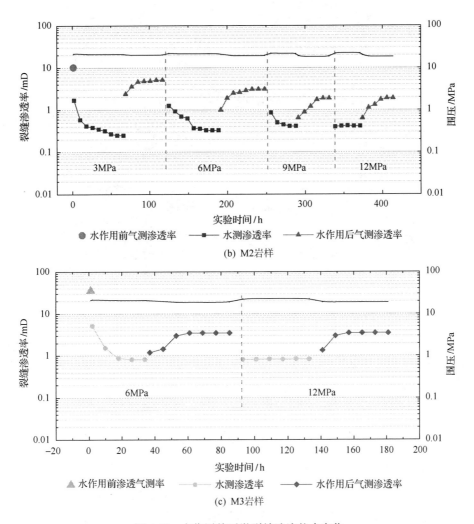

(b) M2岩样

● 水作用前气测渗透率　　—■— 水测渗透率　　—▲— 水作用后气测渗透率

(c) M3岩样

▲ 水作用前渗透气测率　　—□— 水测渗透率　　—◆— 水作用后气测渗透率

图 4.64　水作用前后微裂缝渗流能力变化

2. 黏土矿物的影响

岩石的矿物成分对水的伤害作用存在较大的影响。富含黏土的页岩中，黏土与水的作用会对裂缝的渗流能力造成严重伤害[88]。本次实验所选 3 块龙马溪组地层岩样的黏土矿物含量较高，分别为 51%、32%、40%。通过电镜扫描可以看出裂缝两侧黏土矿物发育，片状黏土矿物存在于石英和长石矿物表面，见图 4.65。

图 4.65　裂缝两侧的黏土矿物

　　注入压力为 9MPa 时，岩样完全饱和水后，黏土矿物含量与裂缝渗流能力损失程度正相关(图 4.66)。黏土矿物的含量控制着水伤害的最大程度。在低注入压力条件下，黏土矿物含量与渗透率下降幅度相关性较差，主要是由于岩样的黏土矿物含量差别较小，黏土矿物含量对渗流能力的下降幅度影响较小。

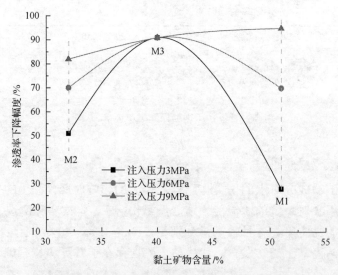

图 4.66　黏土矿物含量与渗流能力下降的关系

　　黏土矿物在裂缝表面的分布也会影响水对裂缝渗流能力的伤害作用，当黏土矿物分布与渗流方向垂直时伤害作用较大，平行于渗流方向则相反(图 4.67)。在室内实验中样品的尺度较小，因此忽略黏土矿物的分布特征影响。本次实验发现水在裂缝中的流动能力是影响水伤害程度的主导因素。

流动方向

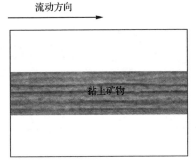 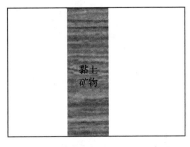

(a)黏土矿物平行流动方向分布　　　(b)黏土矿物垂直流动方向分布

图 4.67　裂缝两侧黏土矿物分布示意图

3. 水在微裂缝中的渗流特征

水在裂缝中的流动主要受压力梯度和裂缝的开度共同作用，图 4.68 为 3 块岩样在不同压力梯度条件下的裂缝渗流能力的下降情况，其中 M1、M2 岩样的渗流能力的下降幅度随着压力梯度的升高而增大，最后保持不变。M1 岩样的渗流能力变化幅度为 28%～95%，M2 的变化幅度为 51%～82%，M3 岩样则保持不变，始终在 90%。3 个岩样在低压力梯度区间渗流能力的下降幅度差别较大，随着压力梯度的增加，渗流能力下降幅度差别变小。

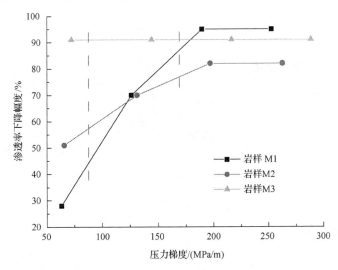

图 4.68　渗流能力下降幅度与压力梯度的关系

在相同的压力梯度条件下，裂缝的开度是影响流动能力的关键参数。以 3MPa 注入压力为例，分析开度对水在裂缝中流动能力的影响。由表 4.11 可以看出，岩样渗透率下降幅度与裂缝宽度正相关明显，与束缚水饱和度没有明显的关系，尽管 M2 岩样束缚水含量较高，但渗流能力下降小于 M3。

表 4.11　水驱过程岩样物性参数

样品编号	束缚水饱和度/%	裂缝宽度/μm	渗流能力下降幅度/%
M1	1.4	7.1	8
M2	9.6	8.2	61
M3	5.8	15.5	70

3 块岩样中 M1 岩样的开度最小。如图 4.69 所示，M1 岩样在注水过程中，出口端始终未见水，表明由于裂缝开度较小，水在裂缝中流动缓慢，在相同压力条件下的作用下，水与裂缝两侧的黏土矿物并没有充分接触，因此 M1 岩样的束缚水饱和度较低，渗流能力下降幅度较小。M2 与 M3 相比，发育有 3 条裂缝，尽管岩样的整体进水量较多，但是由于 M2 的裂缝开度与 M3 相比较小，在 M2 的缝网结构中一些开度较小的微裂缝，在实验压力条件下无法与水充分作用，导致 M2 岩样的缝网的整体渗流能力下降幅度小于 M3 岩样。M3 岩样由于裂缝开度较大，水在裂缝中易于流动，水与裂缝两侧的黏土矿物接触充分，实验到达稳定需要的时间也相对较短。综上所述，水在缝网系统中的渗流特征决定了缝网渗流能力的下降程度，在相同的压力条件下，微裂缝的开度控制着水在裂缝系统中的作用范围，岩样中水与裂缝的作用范围的不同是导致 3 块岩样渗流能力下降幅度在低压力梯度区间差别较大的主要原因。

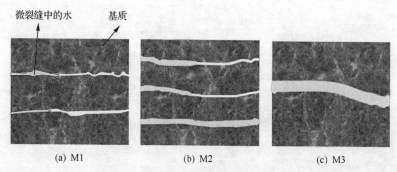

(a) M1　　　　　　　(b) M2　　　　　　　(c) M3

图 4.69　水在页岩微裂缝中的赋存状态

4. 水伤害的作用分析与评价方法

裂缝中的滞留水会堵塞流动通道，进而导致裂缝的渗流能力下降[89]。水对缝网系统的伤害作用与滞留水的量正相关，与缝网的发育程度呈负相关。页岩中黏土矿物是导致储层中滞留水存在的主要原因[90]。缝网中滞留水的质量不仅与黏土矿物的含量有关，水在缝网中的流动能力也会影响缝网中滞留水的质量。水在缝网中的流动能力主要受压力梯度和裂缝的开度影响(图 4.70)。

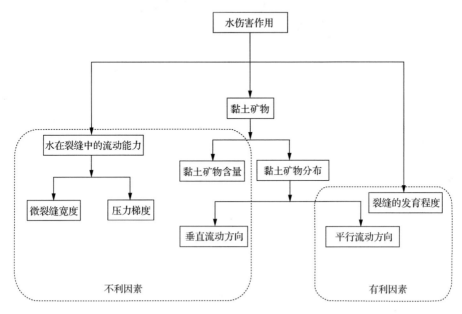

图 4.70　水伤害的影响因素分析

常规的岩石通常采用含水饱和度的方法对岩样的水伤害情况进行描述。由于页岩具有低孔隙度、低渗透率的特征，裂缝与基质的渗流能力相差较大，该方法不适合对页岩缝网渗流能力进行描述。黏土矿物与水作用对缝网渗流能力的伤害，受黏土矿物含量、水在裂缝中的流动能力和裂缝的发育程度等多因素共同作用，对其进行定量评价存在诸多困难。因此引入水的面积密度概念，对水在缝网中的伤害作用进行描述，该方法既考虑了裂缝中的滞留水质量，又考虑了裂缝的发育程度。当黏土矿物在裂缝两侧均匀分布时，滞留水面积密度与渗流能力的下降幅度正相关，并且在实验中比较容易获得对应的计算参数[式(4.2)]：

$$W_{\mathrm{AD}} = \frac{M_{\mathrm{R}}}{S_{\mathrm{f}}} \tag{4.2}$$

式中，W_{AD} 为滞留水的面积密度，g/cm²；M_{R} 为滞留水的质量，g，主要与黏土矿物的含量、裂缝的宽度、压力梯度有关；S_{f} 为裂缝的表面积，cm²，主要与裂缝的发育程度有关。

图 4.71 为实验中不同压力梯度条件下岩样中的滞留水面积密度与裂缝渗流能力

的下降幅度的关系。滞留水的面积密度分布为 $0.006\sim0.067\text{cm}^2$，岩样的束缚水的面积密度与岩样的渗透率下降幅度正相关，呈幂函数关系，拟合函数如下[式(4.3)]。

$$C_f = 360.61W_{AD}^{0.5099} \tag{4.3}$$

式中，C_f 为渗流能力下降幅度，%。

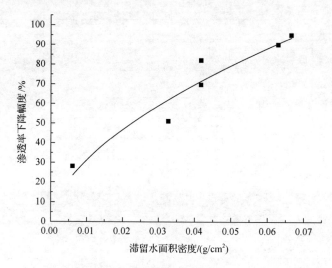

图 4.71　缝网渗流能力下降幅度与滞留水面积密度的关系

第5章 页岩气开采压力传播动边界渗流问题

致密页岩气储层具有纳微米孔隙，部分孔隙具有不连续性，孔隙结构复杂，气流阻力大，存在多尺度流动，不同尺度下流动速度差几个数量级。流动具有低速、强非线性渗流特征，渗流速度比常规储层差几个数量级。由于时间尺度原因存在类似启动压力的现象，压力扰动随时间逐渐向外传播，其边界条件等同于一个动边界问题。20世纪末，国内外学者在研究低渗透油藏不稳定渗流过程中认为：低渗透油藏渗流具有非线性特征，有启动压力梯度，压力扰动的传播并非瞬时到达无穷远，而是随着时间的推进逐渐向外传播，其渗流规律就是一个动边界问题，这个动边界是压力扰动传播影响的外边缘[91-94]。最新研究表明，由于页岩气储层纳微米孔隙界面层微观力作用明显，压力扰动的传播不能瞬时到达无穷远，具有与低渗油藏类似的动边界压力传播特性，且页岩气流动具有更强的非线性渗流特性。页岩气在页岩中的流动不仅有渗流过程，还存在扩散、滑移、解吸流动，气体流动总体表现为非线性流动，气流阻力比常规天然气大。而且滑脱效应附加了一种滑脱动力，但在当驱动力小于气固间吸附作用所产生的阻力后，气体同样不能流动，即压力传播具有一定的动用范围。因此，页岩气在不稳定渗流过程中的压力扰动随时间逐渐向外传播，其边界条件也是一个动边界问题。为此，有必要考虑这一特性研究页岩气储层的压力传播规律，分析压力变化特征，建立不稳定渗流模型，揭示其多尺度流动规律。

本章基于压力传播的稳定状态依次替换法对页岩气储层动边界问题进行研究，进而建立考虑解吸、扩散、滑移及动边界影响的页岩气储层不稳定渗流数学模型，并进行推导和求解。并结合我国南方海相某页岩气藏储层参数，分析页岩气储层压力传播不稳定渗流特征及其影响因素。

5.1 直井压力传播动边界渗流数学模型

在解决不稳定渗流压力动态问题时，可以把不稳定渗流过程的每一瞬间状态看作是稳定的，这种方法称为稳定状态依次替换法[95,96]。

当页岩气储层被打开后，形成的压力降将逐渐向外传播，设某时刻 t 压力降的传播距离 R 为时间 t 的函数，即 $R=R(t)$，则在 $R(t)$ 范围内形成压降漏斗。$R=R(t)$ 是随时间逐渐增大的，压力降波及的边缘称为条件影响边缘，在该边缘上压力等于原始地层压力。

对于纳微米孔隙页岩气储层，气体在其中流动时，由于储层渗透率极低，流动已偏离达西定律，扩散、滑移作用对储层内气体流动影响增加。考虑扩散及滑移作用，渗流速度如下[97,98]：

$$v = -\frac{K_0}{\mu}\left(1 + \frac{3\pi a}{16K_0}\frac{\mu D_{\mathrm{K}}}{P}\right)\frac{\mathrm{d}P}{\mathrm{d}x} \tag{5.1}$$

式中，K_0 为多孔介质渗透率，$10^{-3}\mu m^2$；μ 为气体黏度，MPa·s；x 为两个渗流截面间的距离，m；α 为稀疏因子，f；D_{K} 为扩散系数，cm^2/s；P 为储集层压力，MPa。

则对于任一瞬间，地层压力的分布按稳定渗流公式应写为

$$\left(P + \frac{3\pi a\mu D_{\mathrm{K}}}{16K_0}\right)^2 = \left(P_{\mathrm{e}} + \frac{3\pi a\mu D_{\mathrm{K}}}{16K_0}\right)^2$$
$$-\frac{\left(P_{\mathrm{e}} + \frac{3\pi a\mu D_{\mathrm{K}}}{16K_0}\right)^2 - \left(P_{\mathrm{w}} + \frac{3\pi a\mu D_{\mathrm{K}}}{16K_0}\right)^2}{\ln\frac{R_{\mathrm{e}}(t)}{r_{\mathrm{w}}}}\ln\frac{R_{\mathrm{e}}(t)}{r} \tag{5.2}$$

式中，r_{w} 为井筒半径，m；r 为距井筒距离，m；P_{e} 为外边界压力，MPa；P_{w} 为内边界压力，MPa；$R_{\mathrm{e}}(t)$ 为动边界，m。

图 5.1 为页岩气在储层中的平面径向渗流示意图。根据图 5.1，在自地层中，

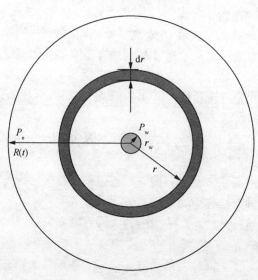

图 5.1 平面径向渗流示意图

在半径为 r 处取出厚度为 h、宽度为 $\mathrm{d}r$ 的微小圆环体，其体积为 $2\pi rh\mathrm{d}r$。此单元体中气体的原始质量为 $2\pi rh(\phi\rho)_\mathrm{e}\mathrm{d}r$，到给定时刻该单元体中残留的气体质量为 $2\pi rh\phi\rho\mathrm{d}r$。因此，从单元体中采出的游离态气体质量 $Q_\text{游离}$ 为

$$Q_\text{游离}=2\pi rh\left[(\phi\rho)_\mathrm{e}-\phi\rho\right]\mathrm{d}r \tag{5.3}$$

考虑吸附态气体的解吸，从地层中采出的总气体量 Q 为

$$Q=\int_{r_\mathrm{w}}^{R_\mathrm{e}(t)}2\pi rh\left\{\left[(\phi\rho)_\mathrm{e}-\phi\rho\right]+q_\mathrm{d}t\right\}\mathrm{d}r \tag{5.4}$$

式中，ρ 为气体密度，$\mathrm{kg/m^3}$；ϕ 为储层孔隙度，f；下角标 e 表示动边界处；q_d 为单位体积页岩单位时间的解吸量，$\mathrm{m^3/s}$。

气体状态方程：

$$\rho=\frac{T_\mathrm{sc}Z_\mathrm{sc}\rho_\mathrm{gsc}}{P_\mathrm{sc}}\frac{P}{TZ}\approx\frac{T_\mathrm{sc}Z_\mathrm{sc}\rho_\mathrm{gsc}}{P_\mathrm{sc}TZ}c(P)\left(P+\frac{3\pi a\mu D_\mathrm{K}}{16K_0}\right)^2 \tag{5.5}$$

式中，$c(P)$ 为气体压缩系数，$\mathrm{MPa^{-1}}$；ρ_gsc 为标准状态态下气体密度，$\mathrm{kg/m^3}$；T 为地层温度，K；T_sc 为标准状态下温度，K；Z 为气体压缩因子，无量纲；Z_sc 为标准状态下气体压缩因子，无量纲；P_sc 为标准压强，MPa。

由式 (5.5) 可以得

$$\frac{(\phi\rho)_\mathrm{e}-\phi\rho}{(\phi\rho)_\mathrm{e}-(\phi\rho)_\mathrm{w}}=\frac{\left(P_\mathrm{e}+\dfrac{3\pi a\mu D_\mathrm{K}}{16K_0}\right)^2-\left(P+\dfrac{3\pi a\mu D_\mathrm{K}}{16K_0}\right)^2}{\left(P_\mathrm{e}+\dfrac{3\pi a\mu D_\mathrm{K}}{16K_0}\right)^2-\left(P_\mathrm{w}+\dfrac{3\pi a\mu D_\mathrm{K}}{16K_0}\right)^2} \tag{5.6}$$

式中，下角标 w 表示井。

将式 (5.6) 代入式 (5.2) 得

$$(\phi\rho)_\mathrm{e}-\phi\rho=\frac{(\phi\rho)_\mathrm{e}-(\phi\rho)_\mathrm{w}}{\ln\dfrac{R_\mathrm{e}(t)}{r_\mathrm{w}}}\ln\frac{R_\mathrm{e}(t)}{r} \tag{5.7}$$

式 (5.7) 代入式 (5.4)：

$$Q = \int_{r_w}^{R(t)} 2\pi r h \left(\frac{(\phi\rho)_e - (\phi\rho)_w}{\ln \frac{R(t)}{r_w}} \ln \frac{R_e(t)}{r} + q_d t \right) dr$$

$$= 2\pi h \int_{r_w}^{R(t)} \left[\frac{(\phi\rho)_e - (\phi\rho)_w}{\ln \frac{R(t)}{r_w}} \ln \frac{R_e(t)}{r} + q_d t \right] r dr$$

$$= \pi h \left[(\phi\rho)_e - (\phi\rho)_w \right] \left[\frac{R_e^2(t) - r_w^2}{2\ln \frac{R_e(t)}{r_w}} - r_w^2 \right] + \pi h q_d t \left[R_e^2(t) - r_w^2 \right] \tag{5.8}$$

总气体量应包括地层和井筒两部分气体量：

$$Q = \pi h \left[(\phi\rho)_e - (\phi\rho)_w \right] \left[\frac{R_e^2(t) - r_w^2}{2\ln \frac{R(t)}{r_w}} - r_w^2 \right] + \pi h q_d t \left[R_e^2(t) - r_w^2 \right]$$

$$+ \pi r_w^2 h \left[(\phi\rho)_e - (\phi\rho)_w \right]$$

$$= \pi h \left[(\phi\rho)_e - (\phi\rho)_w \right] \frac{R_e^2(t) - r_w^2}{2\ln \frac{R_e(t)}{r_w}} + \pi h q_d t \left[R_e^2(t) - r_w^2 \right] \tag{5.9}$$

式中，

$$(\phi\rho)_e - (\phi\rho)_w = \frac{\phi c T_{sc} Z_{sc} \rho_{gsc}}{P_{sc} T Z} \left(P_e + \frac{3\pi a \mu D_K}{16K_0} \right)^2 - \frac{\phi c T_{sc} Z_{sc} \rho_{gsc}}{P_{sc} T Z} \left(P_w + \frac{3\pi a \mu D_K}{16K_0} \right)^2 \tag{5.10}$$

将式 (5.10) 代入式 (5.9)

$$Q = \pi h \frac{\phi c T_{sc} Z_{sc} \rho_{gsc}}{P_{sc} T Z} \left[\left(P_e + \frac{3\pi a \mu D_K}{16K_0} \right)^2 - \left(P_w + \frac{3\pi a \mu D_K}{16K_0} \right)^2 \right] \frac{R_e^2(t) - r_w^2}{2\ln \frac{R(t)}{r_w}} \tag{5.11}$$

$$+ \pi h q_d t \left[R_e^2(t) - r_w^2 \right]$$

由于井产量表达式按稳定渗流公式可写为

$$q = \frac{\pi K_0 h Z_{sc} T_{sc} \rho_{gsc}}{P_{sc} T \mu Z \ln \dfrac{R_e(t)}{r_w}} \left[\left(P_e + \frac{3\pi a \mu D_K}{16 K_0} \right)^2 - \left(P_w + \frac{3\pi a \mu D_K}{16 K_0} \right)^2 \right] \tag{5.12}$$

则联立式 (5.11) 和式 (5.12)，得

$$Q = \frac{\phi \mu c q_{sc}}{2 K_0} \left[R_e^2(t) - r_w^2 \right] + \pi h q_d t \left[R_e^2(t) - r_w^2 \right] \tag{5.13}$$

若 q_{sc}=常数，则 $Q = q_{sc} t$ ，

$$q_{sc} t = \frac{\phi \mu c q_{sc}}{2 K_0} \left[R_e^2(t) - r_w^2 \right] + \pi h q_d t \left[R_e^2(t) - r_w^2 \right] \tag{5.14}$$

$$t \approx \left(\frac{\phi \mu c}{2 K_0} + \pi h \frac{q_d t}{q_{sc}} \right) R_e^2(t) \tag{5.15}$$

由此得出页岩气储层压力扰动传播影响动边界随时间变化的关系为

$$R_e(t) = \sqrt{\frac{t}{\dfrac{\phi \mu c}{2 K_0} + \pi h \dfrac{q_d t}{q_{sc}}}} \tag{5.16}$$

式中，t 为生产时间，d；q_{sc} 为标准条件下气井流量，m^3/s。

5.2　压裂井压力传播动边界渗流数学模型

页岩气藏基质的动边界具有非瞬态效应，会随着压力波的传播而不断扩张。将页岩气渗流区域分成压力传播动用区和未动用区两个区。随着时间的增加，动用区即基质的动用边界不断扩大。

5.2.1　单一裂缝直井动边界传播模型

对页岩气井压裂后，在周围地层形成一个对称高度为 h、开度为 $2x_f$ 的垂直裂缝面，裂缝周围的渗流区域形状近似椭圆，裂缝方向为主流线方向，即裂缝半长为椭圆的焦距；椭圆短轴的距离等于页岩储层未压裂基质所能驱动的半径距离 $[R_{me}(t)]$，椭圆长轴即为单一裂缝所扩展的动边界 $[R_{fe}(t)]$，如图 5.2 所示。

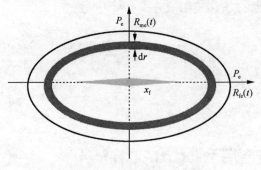

图 5.2　单一裂缝井示意图

页岩压裂单一裂缝及压裂范围满足：

$$R_{\mathrm{fe}}^2(t) = x_{\mathrm{f}}^2 + R_{\mathrm{me}}^2(t) \tag{5.17}$$

依据稳态依次替换法，得基质区压力传播动边界扩展由式(5.16)可得

$$R_{\mathrm{me}}(t) = \sqrt{\dfrac{t}{\dfrac{\phi \mu c}{2K_0} + \pi h \dfrac{q_{\mathrm{d}} t}{q_{\mathrm{sc}}}}} \tag{5.18}$$

$$R_{\mathrm{fe}}(t) = \sqrt{x_{\mathrm{f}}^2 + \dfrac{t}{\dfrac{\phi \mu c}{2K_0} + \pi h \dfrac{q_{\mathrm{d}} t}{q_{\mathrm{sc}}}}} \tag{5.19}$$

式中，x_{f} 为压裂裂缝半长，m；$R_{\mathrm{me}}(t)$ 为单一裂缝直井短半轴动边界，m；$R_{\mathrm{fe}}(t)$ 为单一裂缝直井长半轴动边界，m。

5.2.2　复杂裂缝直井动边界传播模型

1. 复杂裂缝井(多区模型)

对于多级压裂水平井形成的复杂缝网渗流区域，其形状近似为椭圆，缝网周围动用区域同样为椭圆渗流，如图 5.3 所示。基于页岩气储层压力传播规律，定义复杂压裂水平井压力传播动边界扩展模型。

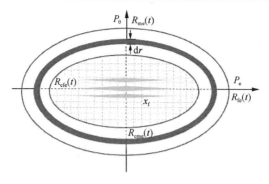

图 5.3 复杂裂缝井示意图

假设缝网区渗透率高，压力传播速度快，因此忽略缝网区压力传播时间，并定义缝网椭圆渗流区域长半轴为短半轴长度的 2 倍，则有

$$R_{cfe}(t) = 2R_{cme}(t) \tag{5.20}$$

式中，$R_{cme}(t)$ 为压裂缝动边界扩展短半轴，m；$R_{cfe}(t)$ 为压裂缝扩展长半轴，m。又

$$R_{cfe}^2(t) - R_{cme}^2(t) = x_f^2 \tag{5.21}$$

则 $R_{cfe} = \dfrac{2\sqrt{3}}{3}x_f$，$R_{cme} = \dfrac{\sqrt{3}}{3}x_f$，则复杂缝网条件下压力传播动边界满足：

$$R_{fe}(t) = \sqrt{\frac{4}{3}x_f^2 + \frac{t}{\dfrac{\phi\mu c}{2K_0} + \pi h \dfrac{q_d t}{q_{sc}}}} \tag{5.22}$$

式中，为 $R_{fe}(t)$ 为复杂裂缝直井长半轴动边界，m。

2. 复杂裂缝井(统一模型)

页岩气藏中心处有一口圆形体积压裂井，如图 5.4 所示。根据页岩气藏流动特点，其储层与压裂井中的流体流动可以分为两部分：第一部分为基质内流体流入裂缝控制范围的低速非达西渗流；第二部分为裂缝控制范围内的达西渗流。

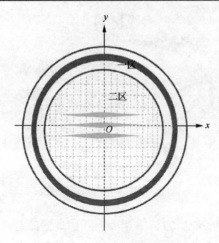

图 5.4　体积压裂井示意图

因此定义一区为外部基质区，二区为压裂缝网区，且储层的多尺度特性用分形因数表示，渗透率(K)为

$$K = K_0 \left(\frac{r}{r_{\mathrm{m}}} \right)^{\alpha} \tag{5.23}$$

式中，α 为分形因数；r 为二区内任意一点到井筒的距离，$r \leqslant r_{\mathrm{m}}$。

引入分形因数表征体积压裂改造区域裂缝网络改造程度的高低。从图 5.5 可以看出，$\alpha < 0$，表示储层得到了改善。当 $\alpha \leqslant -1.0$、$r \leqslant 10\mathrm{m}$ 时，近井筒区域渗透率较大；随着动用半径增大，渗透率逐渐减小，且渗透率比值趋近于 1。因此，该模型验证合理，并适用于多区统一渗流。

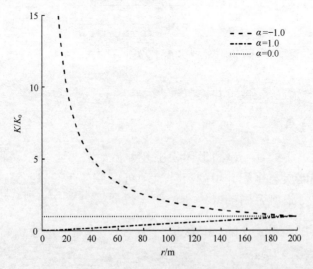

图 5.5　不同分形因数 α 对压裂缝网区渗透率分布的影响($r_{\mathrm{m}}=200\mathrm{m}$)

考虑滑移扩散作用，基于天然气渗流连续性方程、多尺度运动方程和状态方程，建立页岩气稳定渗流控制方程：

$$\frac{1}{r}\nabla\left[\frac{r^{\alpha+1}}{r_m^{\alpha}}\frac{K_0}{\mu}\left(1+\frac{3\pi a}{16\bar{K}}\frac{\mu D_K}{P}\right)\rho_g\nabla P\right]=0 \tag{5.24}$$

式中，K_0 为基质渗透率；$\bar{K}$ 为平均渗透率。

由此定义拟压力函数：

$$\psi=2\int_{P_a}^{P}\left(1+\frac{3\pi a}{16\bar{K}}\frac{\mu D_K}{P}\right)\frac{P}{\mu Z}\mathrm{d}P \tag{5.25}$$

整理得拟压力表示的控制方程：

$$\frac{\partial^2\psi}{\partial r^2}+\frac{(\alpha+1)}{r}\frac{\partial\psi}{\partial r}=0 \tag{5.26}$$

边界条件：$r=r_w$，$P=P_w$，$\psi=\psi_w$；$r=R(t)$，$P=P_e$，$\psi=\psi_e$。代入边界条件求解的任一瞬间，地层拟压力分布稳定渗流函数表达式为

$$\psi(r)=\psi_e-\frac{R_e^{-\alpha}(t)-r^{-\alpha}}{R_e^{-\alpha}(t)-r_w^{-\alpha}}(\psi_e-\psi_w) \tag{5.27}$$

代入拟压力函数，地层压力分布为

$$\left(P+\frac{3\pi a\mu D_K}{16\bar{K}}\right)^2=\left(P_e+\frac{3\pi a\mu D_K}{16\bar{K}}\right)^2$$
$$-\frac{R_e^{-\alpha}(t)-r^{-\alpha}}{R_e^{-\alpha}(t)-r_w^{-\alpha}}\left[\left(P_e+\frac{3\pi a\mu D_K}{16\bar{K}}\right)^2-\left(P_w+\frac{3\pi a\mu D_K}{16\bar{K}}\right)^2\right] \tag{5.28}$$

不考虑吸附态气体的解吸，从地层中采出的总气体量：

$$Q=\int_{r_w}^{R(t)}2\pi rh\left\{\left[(\phi\rho)_e-\phi\rho\right]\right\}\mathrm{d}r \tag{5.29}$$

气体状态方程：

$$\rho=\frac{T_{sc}Z_{sc}\rho_{gsc}}{P_{sc}}\frac{P}{TZ}\approx\frac{T_{sc}Z_{sc}\rho_{gsc}}{P_{sc}TZ}c(P)\left(P+\frac{3\pi a\mu D_K}{16\bar{K}}\right)^2 \tag{5.30}$$

则

$$(\phi\rho)_{\mathrm{e}} - \phi\rho = \left[(\phi\rho)_{\mathrm{e}} - (\phi\rho)_{\mathrm{w}}\right]\frac{R_{\mathrm{e}}^{-\alpha}(t) - r^{-\alpha}}{R_{\mathrm{e}}^{-\alpha}(t) - r_{\mathrm{w}}^{-\alpha}} \tag{5.31}$$

式(5.31)代入式(5.29)，可得

$$
\begin{aligned}
Q &= \int_{r_{\mathrm{w}}}^{R_{\mathrm{e}}(t)} 2\pi rh\left\{\left[(\phi\rho)_{\mathrm{e}} - (\phi\rho)_{\mathrm{w}}\right]\frac{R_{\mathrm{e}}^{-\alpha}(t) - r^{-\alpha}}{R_{\mathrm{e}}^{-\alpha}(t) - r_{\mathrm{w}}^{-\alpha}}\right\}\mathrm{d}r \\
&= 2\pi h\int_{r_{\mathrm{w}}}^{R_{\mathrm{e}}(t)}\left\{\left[(\phi\rho)_{\mathrm{e}} - (\phi\rho)_{\mathrm{w}}\right]\frac{R_{\mathrm{e}}^{-\alpha}(t) - r^{-\alpha}}{R_{\mathrm{e}}^{-\alpha}(t) - r_{\mathrm{w}}^{-\alpha}}\right\}r\mathrm{d}r \\
&= \pi h\left[(\phi\rho)_{\mathrm{e}} - (\phi\rho)_{\mathrm{w}}\right]\left\{\frac{R_{\mathrm{e}}^{-\alpha-2}(t) - R_{\mathrm{e}}^{-\alpha}(t)r_{\mathrm{w}}^{-2}}{2\left[R_{\mathrm{e}}^{-\alpha}(t) - r_{\mathrm{w}}^{-\alpha}\right]} - \frac{R_{\mathrm{e}}^{-\alpha+2}(t) - r_{\mathrm{w}}^{-\alpha+2}}{(-\alpha+2)\left[R_{\mathrm{e}}^{-\alpha}(t) - r_{\mathrm{w}}^{-\alpha}\right]}\right\} \tag{5.32}
\end{aligned}
$$

式中，

$$
\begin{aligned}
(\phi\rho)_{\mathrm{e}} - (\phi\rho)_{\mathrm{w}} &= \frac{\phi c T_{\mathrm{sc}} Z_{\mathrm{sc}} \rho_{\mathrm{gsc}}}{P_{\mathrm{sc}} TZ}\left(P_{\mathrm{e}} + \frac{3\pi a\mu D_{\mathrm{K}}}{16\bar{K}}\right)^2 \\
&\quad - \frac{\phi c T_{\mathrm{sc}} Z_{\mathrm{sc}} \rho_{\mathrm{gsc}}}{P_{\mathrm{sc}} TZ}\left(P_{\mathrm{w}} + \frac{3\pi a\mu D_{\mathrm{K}}}{16\bar{K}}\right)^2 \tag{5.33}
\end{aligned}
$$

则

$$
\begin{aligned}
Q &= \pi h\frac{\phi c T_{\mathrm{sc}} Z_{\mathrm{sc}} \rho_{\mathrm{gsc}}}{P_{\mathrm{sc}} TZ}\left[\left(P_{\mathrm{e}} + \frac{3\pi a\mu D_{\mathrm{K}}}{16\bar{K}}\right)^2 - \left(P_{\mathrm{w}} + \frac{3\pi a\mu D_{\mathrm{K}}}{16\bar{K}}\right)^2\right] \\
&\quad \left\{\frac{R_{\mathrm{e}}^{-\alpha-2}(t) - R_{\mathrm{e}}^{-\alpha}(t)r_{\mathrm{w}}^{-2}}{2\left[R_{\mathrm{e}}^{-\alpha}(t) - r_{\mathrm{w}}^{-\alpha}\right]} - \frac{R_{\mathrm{e}}^{-\alpha+2}(t) - r_{\mathrm{w}}^{-\alpha+2}}{(-\alpha+2)\left[R_{\mathrm{e}}^{-\alpha}(t) - r_{\mathrm{w}}^{-\alpha}\right]}\right\} \tag{5.34}
\end{aligned}
$$

由于页岩气压裂井产量表达式按稳定渗流公式可写为

$$q_{\mathrm{sc}} = \frac{\pi\alpha K_0 h Z_{\mathrm{sc}} T_{\mathrm{sc}} \rho_{\mathrm{gsc}}}{P_{\mathrm{sc}} T\mu Z r_{\mathrm{m}}^{\alpha}\left[r_{\mathrm{w}}^{\alpha} - R_{\mathrm{e}}^{\alpha}(t)\right]}\left[\left(P_{\mathrm{e}} + \frac{3\pi a\mu D_{\mathrm{K}}}{16\bar{K}}\right)^2 - \left(P_{\mathrm{w}} + \frac{3\pi a\mu D_{\mathrm{K}}}{16\bar{K}}\right)^2\right] \tag{5.35}$$

联立式(5.34)和式(5.35)，得

$$Q = \frac{\phi\mu c q_{\mathrm{sc}} r_{\mathrm{m}}^{\alpha}}{2\alpha K_0}\left\{\frac{R_{\mathrm{e}}^{-\alpha}(t)r_{\mathrm{w}}^{-2} - R_{\mathrm{e}}^{-\alpha-2}(t)}{2\alpha} - \frac{r_{\mathrm{w}}^{-\alpha+2} - R_{\mathrm{e}}^{-\alpha+2}(t)}{\alpha(-\alpha+2)}\right\} \tag{5.36}$$

若 q_{sc}=常数，则 $Q=q_{sc}t$，且 $r_w \to 0$，则

$$t = \frac{\phi\mu c r_m^\alpha}{2\alpha K_0}\left[\frac{R_e^{-\alpha+2}(t)}{\alpha(-\alpha+2)} - \frac{R_e^{-\alpha-2}(t)}{2\alpha}\right] \tag{5.37}$$

当 $\alpha=-1$、$r_m=200$ 时，页岩气压裂储层压力扰动传播影响动边界随时间变化的关系为

$$t = \frac{\phi\mu c}{400 K_0}\left[\frac{R_e^3(t)}{3} - \frac{1}{2R_e(t)}\right] \tag{5.38}$$

对于压裂水平井椭圆渗流区域，压裂水平井沿主裂缝渗流方向动边界随时间变化关系为

$$R_{fe}(t) = \sqrt{R_e^2(t) + x_f^2} \tag{5.39}$$

5.2.3　多级压裂水平井动边界传播模型

图 5.6 为压裂水平井动边界扩展示意图，对于第 j 段压裂，压裂椭圆范围动边界传播长半轴表达式为式(5.39)，短半轴表达式为式(5.38)，则多段压裂形成泄流区域沿井筒 l 方向动边界传播范围为

$$R_{le}(t) = \sum_{j=1}^{n} R_{ej}(t) \tag{5.40}$$

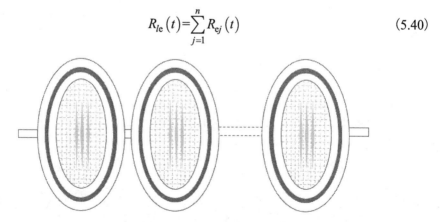

图 5.6　压裂水平井动边界扩展示意图

5.3　页岩气渗流压力传播规律

在考虑滑移扩散作用的页岩气储层非线性流动方程基础上，基于天然气渗流

的连续性方程、运动方程和状态方程，考虑不稳定渗流过程中压力扰动传播动边界的影响，引入动边界的模型，建立页岩气储层不稳定渗流控制方程。

5.3.1　页岩气储层直井渗流压力传播规律

假设页岩气藏中的气体流量为 q_{sc}，拟压力为 $\psi(P)$，代入式 (5.16)，则压力传播动边界为

$$R_e(t) = \sqrt{\dfrac{t}{\sqrt{\dfrac{\phi\mu c}{2K_0}} + \pi h \dfrac{q_d t}{q_{sc}}}} \tag{5.41}$$

页岩气储层直井非稳态椭圆渗流拟压力分布为

$$\psi(P_e) - \psi(P_1) = \frac{P_{sc} T \overline{\mu Z} \ln R_e(t)/r_w}{\pi K_0 h Z_{sc} T_{sc} \rho_{gsc}} q_{sc} \tag{5.42}$$

式中，$\overline{\mu Z}$ 为平均黏度和平均压缩因子的乘积。

5.3.2　页岩气储层压裂水平井渗流压力传播规律

在人工压裂裂缝的改造作用下，页岩气渗流形成的控制区域形状为二维椭圆状，即以重改造区的两端端点为椭圆焦点的椭圆，其直角坐标和椭圆坐标的关系为

$$\begin{cases} x = a\cos\eta \\ y = b\sin\eta \end{cases} ; \quad \begin{cases} a = x_f \cosh\xi \\ b = x_f \sinh\xi \end{cases}$$

式中，x、y 为直角坐标，m；a、b 为椭圆长轴和短轴，m；ξ、η 为椭圆坐标，m。

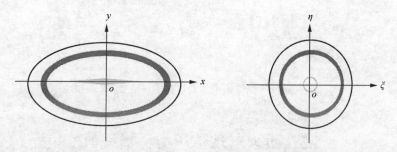

图 5.7　保角变换

引入保角变换函数，把长半轴为 a、短半轴为 b 的椭圆渗流区域变换为半径为 $(a+b)/x_f$ 的圆形区域，而裂缝渗流区域映射为单位圆（图 5.7）。经过变换后在 ξ 平面内的流动是半径为 $(a+b)/x_f$ 的圆形区域向一口半径为 1 的井的流动，即将水平井在 Z 平面内的椭圆流动转换成垂直井在 ξ 平面内的径向流动。则压裂水平井拟压力分布模型为

$$\psi(P_e)-\psi(P)=\frac{P_{sc}T\overline{\mu Z}\ln R_e(t)/r_w}{\pi K_0 h Z_{sc}T_{sc}\rho_{gsc}}q_{sc} \tag{5.43}$$

式中，$r_w=1$，代入式（5.19）。假设页岩气藏中的气体流量为 q_{sc1}，裂缝尖端压力为 P_1，拟压力为 $\psi(P_1)$，压力传播动边界为

$$R_e(t)=\frac{R_{fe}(t)+R_{me}(t)}{x_f} \tag{5.44}$$

页岩气藏单一裂缝非稳态椭圆渗流拟压力分布：

$$\psi(P_e)-\psi(P_1)=\frac{P_{sc}T\overline{\mu Z}\ln R_e(t)}{\pi K_0 h Z_{sc}T_{sc}\rho_{gsc}}q_{sc1} \tag{5.45}$$

对于压裂缝网页岩储层（多区模型），假页岩气藏中气体流量为 q_{sc2}，缝网区边界压力为 P_2，拟压力为 $\psi(P_2)$，代入式（5.22），压力传播动边界为

$$R_e(t)=\frac{x_f\left(R_{fe}(t)+R_{me}(t)\right)}{R_{ce}(t)+R_{me}(t)} \tag{5.46}$$

压裂水平井非稳态椭圆渗流拟压力分布：

$$\psi(P_e)-\psi(P_2)=\frac{P_{sc}T\overline{\mu Z}\ln R_e(t)}{\pi K_0 h Z_{sc}T_{sc}\rho_{gsc}}q_{sc2} \tag{5.47}$$

对于压裂缝网页岩储层（统一模型），代入式（5.38），压力传播动边界为

$$t=\frac{\phi\mu c}{400 K_0}\left[\frac{R_e^3(t)}{3}-\frac{1}{2R_e(t)}\right] \tag{5.48}$$

压裂水平井非稳态椭圆渗流拟压力分布：

$$\psi\left(P_{\mathrm{e}}\right)-\psi\left(P_{\mathrm{w}}\right)=\frac{P_{\mathrm{sc}}T\overline{\mu Z}r_{\mathrm{m}}^{\alpha}\left[r_{\mathrm{w}}^{\alpha}-R_{\mathrm{e}}^{\alpha}\left(t\right)\right]}{\pi\alpha K_{0}hZ_{\mathrm{sc}}T_{\mathrm{sc}}\rho_{\mathrm{gsc}}}q_{\mathrm{sc3}} \tag{5.49}$$

5.4　压力传播动边界影响因素分析

　　根据前面推导出的考虑解吸、扩散及滑移作用的页岩气储层压力传播渗流模型，结合我国南方海相某页岩气藏储层参数，应用 MATLAB 编程计算，对页岩气储层压力传播特征及影响因素进行分析。

　　已知国内某页岩气藏单井的基本参数：孔隙度为 0.07，标准状态温度为 293K，渗透率为 0.0005mD，地层温度为 366.15K，压缩因子为 0.89，黏度为 0.027mPa·s，泄压半径为 400m，边界压力为 24MPa，井筒半径为 0.1m，井底流压为 6MPa，气藏厚度为 30m，岩石密度为 2.9g/cm³，扩散系数为 8.4067×10⁻⁷cm²/s。

　　图 5.8 为不同渗透率条件下未压裂井动边界随时间变化曲线，可见，压力扰动传播影响动边界随时间增加向外扩展。在同一时刻渗透率越大，压力扰动传播影响动边界越远。

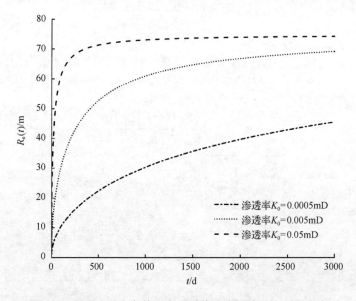

图 5.8　不同渗透率条件下未压裂井动边界随时间变化曲线

　　图 5.9～图 5.11 为不同渗透率条件下不同压裂井动边界随时间变化曲线，表征了压力向外传播的情况可见生产初期，地层渗透率很低，基质向裂缝渗流阻力

大，气体供给速度较慢，压力波向外传播速度快；生产中后期基质的泄气范围逐渐增大，压力波向外传播速度逐渐减小并趋于稳定。

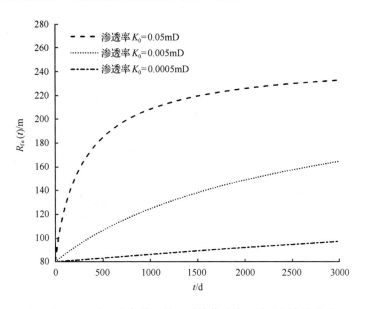

图 5.9　不同渗透率条件下单一裂缝井动边界随时间变化曲线

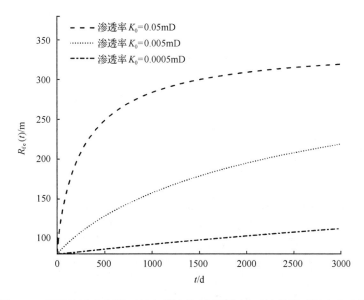

图 5.10　不同渗透率条件下复杂裂缝井(多区模型)动边界随时间变化曲线

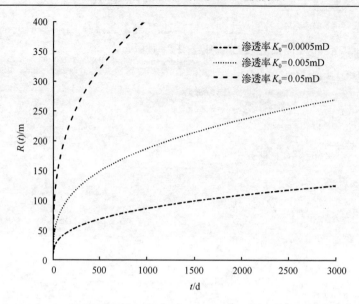

图 5.11　不同渗透率条件下复杂裂缝井(统一模型)动边界随时间变化曲线

　　图 5.12 和图 5.13 为不同分形因数与渗透率变化范围条件下压裂井动边界随时间变化曲线,表征了渗透率变化程度对动边界传播范围的影响。由图可见分形因数均小于 0,且随着分形因数的减小,动边界传播速度越快;随着渗透率变化范围的增大,动边界传播范围逐渐增大,且增幅逐渐减小。

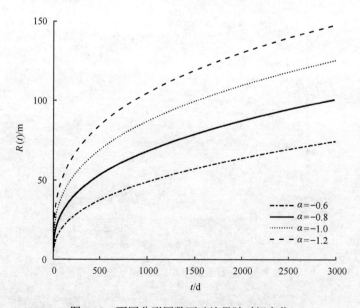

图 5.12　不同分形因数下动边界随时间变化

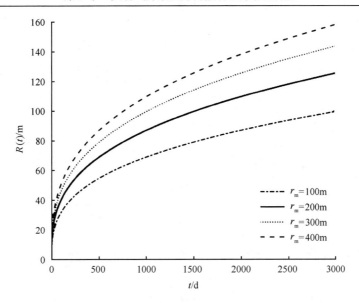

图 5.13　不同渗透率变化范围下压裂井动边界随时间变化

图 5.14 为不同地层压力下压裂井动边界随时间变化曲线，可见，随着地层压力的增大，生产压差逐渐增大，动边界传播越快。

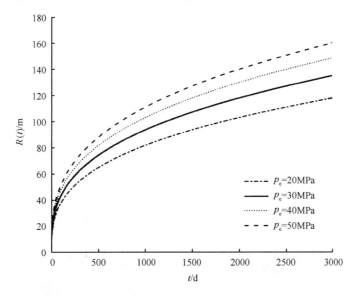

图 5.14　不同地层压力下压裂井动边界随时间变化曲线

图 5.15 为压裂井椭圆渗流区域的长轴与短轴动边界随时间的变化曲线。由图可见，长轴动边界较短轴动边界扩展速度快，当生产时间为 3000d 时，两者扩展范围相差 20.78m。

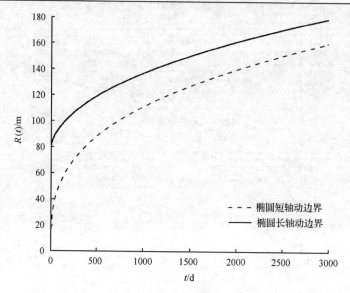

图 5.15 压裂井椭圆渗流区域压裂井动边界随时间变化曲线

图 5.16 为不同程度压裂井动边界随时间变化曲线。由图可见，压力扰动传播影响动边界均随时间增加向外扩展，且传播速度逐渐减慢。在同一时刻，压裂程度越复杂，压力扰动传播影响越大。

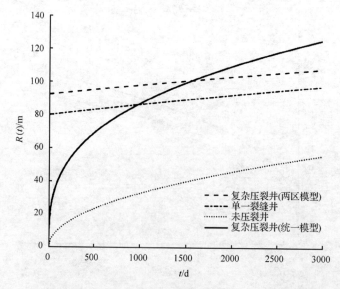

图 5.16 不同程度压裂井动边界随时间变化曲线

图 5.17 为不同生产时间下动边界传播范围。由图可见，压力传播 3000d 时，动边界压力传播扩展到 126m；压力传播 6000d 时，动边界压力传播扩展到 159m。结合页岩气井的开采时间，为防止压力传播产生井间干扰，应控制井间距不小于 320m。

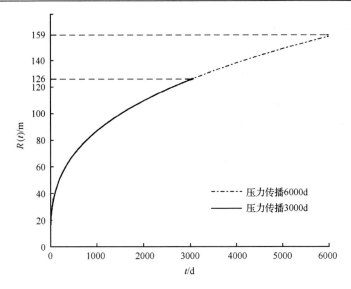

图 5.17　不同生产时间下动边界传播范围

　　图 5.18 为解吸量对动边界的影响，可见在页岩气开采过程中，吸附态天然气解吸，解吸量的加入使得压力扰动传播速度减慢，且随着生产时间的增加，解吸量影响增大。

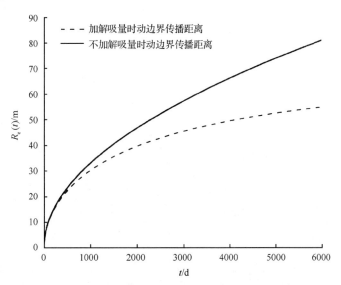

图 5.18　解吸量对动边界传播的影响

　　图 5.19 为不同时间地层压力分布，可见随着生产时间的增加，地层压力向外传播影响动边界增大。在动边界影响范围内，页岩气储层及气体释放弹性能，形成一个压降漏斗。动边界影响范围以外的地区，由于没有压力扰动，气体并不流

动。且动边界的传播速度逐渐减慢。对于超致密的纳微米孔隙页岩气储层，压力扰动是随时间逐渐向外传播的，且速度较慢。因此，考虑动边界影响的压力分布更为贴近实际，更能准确地指导页岩气的生产开发。

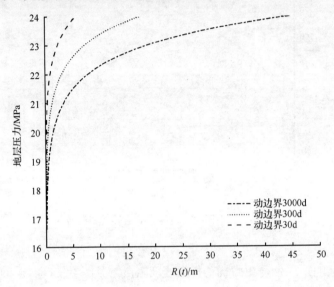

图 5.19　不同时间地层压力分布

图 5.20 为解吸量对地层压力分布的影响，可见由于开采过程中吸附态气体解吸，在定产条件下，解吸出来的气体参与流动，使压力传播速度减慢，地层压力下降减慢。

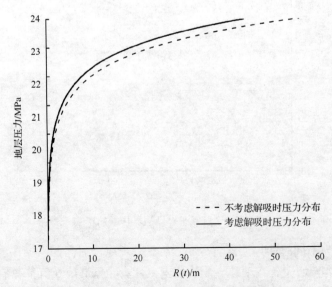

图 5.20　解吸量对地层压力分布的影响

第6章　页岩气开采直井渗流数学模型

页岩气储层属于超低孔隙度、低渗透率类型，总孔隙度一般小于10%，而含气的有效孔隙度一般只有1%~5%；页岩储集层纳米级孔喉直径为5~200nm；渗透率随裂缝发育程度的不同而有较大变化，为$1 \times 10^{-9} \sim 1 \times 10^{-3} \mu m^2$。在页岩储层中，天然气主要以3种形式存在：吸附态、游离态和溶解态，其中吸附态和游离态占主体，吸附态天然气的含量为20%~85%。这些特征使页岩储层中气体的流动不同于常规储层，这就亟需针对页岩气储层形成一种新的理论。根据目前的研究可知页岩气的流动主要有渗流、扩散与解吸几种流动机理，考虑第3章页岩气藏多重介质多尺度渗流统一方程，建立考虑页岩气复杂流动机理的基质-压裂缝耦合直井压裂渗流模型。

本章充分考虑了渗流、解吸、扩散的影响，建立了页岩气直井稳态、非稳态条件下的控制方程；考虑开采过程中基质-压裂缝耦合作用，建立了压裂直井及缝网压裂条件下稳定、不稳定渗流理论，并进行了压力特征分布及产能预测影响的因素分析[99-101]。

6.1　直井开采稳态产能模型

6.1.1　考虑解吸的直井稳态压力分布

压力是表示地层能量大小的物理量，压力分布的准确性对开发指标预测、试井解释有重要作用。本章基于考虑解吸、扩散和滑移作用的非线性流动方程、连续性方程及状态方程建立了页岩气非线性流动控制方程，求解得到内外边界定压条件下的压力分布公式。

连续性方程：

$$-\frac{\partial(\rho_g v_x)}{\partial x} + q_m = \frac{\partial(\phi \rho_g)}{\partial t} \tag{6.1}$$

运动方程：

$$v = -\frac{K_0}{\mu}\left(1 + \frac{3\pi}{16K_0}\frac{\mu D_K}{P}\right)\frac{dP}{dx} \tag{6.2}$$

状态方程：

$$\rho_{\text{g}} = \frac{T_{\text{sc}} Z_{\text{sc}} \rho_{\text{gsc}}}{P_{\text{sc}}} \frac{P}{TZ} \tag{6.3}$$

解吸量质量流量：

$$q_{\text{m}} = \frac{P_{\text{sc}} T \mu Z}{T_{\text{sc}} Z_{\text{sc}} \rho_{\text{gsc}} K_0} q_{\text{d}} \tag{6.4}$$

联立式(6.1)~式(6.4)，最终得到页岩气非线性流动控制方程：

$$\frac{\partial^2 \psi}{\partial r^2} + \frac{1}{r} \frac{\partial \psi}{\partial r} + q_{\text{m}} = \frac{\phi \mu}{K_0} \frac{\partial P}{\partial t} \tag{6.5}$$

式中，

$$\psi = \int_{P_a}^{P} \left(P + \frac{3\pi \mu D_{\text{K}}}{16 K_0} \right) \mathrm{d}P$$

对于平面径向稳定渗流：

$$\frac{\partial^2 \psi}{\partial r^2} + \frac{1}{r} \frac{\partial \psi}{\partial r} + q_{\text{m}} = 0 \tag{6.6}$$

内外边界定压条件：

$$r = r_{\text{w}}, P = P_{\text{w}}, \psi = \psi_{\text{w}}; \ r = r_{\text{e}}, P = P_{\text{e}}, \psi = \psi_{\text{e}}$$

所以，

$$\psi(r) = \psi_{\text{e}} + \frac{1}{4} q_{\text{m}} (r_{\text{e}}^2 - r^2) - \frac{\psi_{\text{e}} - \psi_{\text{w}} + \frac{1}{4} q_{\text{m}} (r_{\text{e}}^2 - r_{\text{w}}^2)}{\ln \frac{r_{\text{e}}}{r_{\text{w}}}} \ln \frac{r_{\text{e}}}{r} \tag{6.7}$$

由此可得

$$\psi_{\text{e}} - \psi_{\text{w}} = \frac{P_{\text{e}}^2 - P_{\text{w}}^2}{2} + \frac{3\pi \mu D_{\text{K}}}{16 K_0} (P_{\text{e}} - P_{\text{w}}) \tag{6.8}$$

$$\psi_{\text{e}} - \psi = \frac{P_{\text{e}}^2 - P^2}{2} + \frac{3\pi \mu D_{\text{K}}}{16 K_0} (P_{\text{e}} - P) \tag{6.9}$$

$$\psi - \psi_{\text{w}} = \frac{P^2 - P_{\text{w}}^2}{2} + \frac{3\pi \mu D_{\text{K}}}{16 K_0} (P - P_{\text{w}}) \tag{6.10}$$

联立式 (6.7)～(6.10)，最终可得页岩气储层考虑解吸量条件下压力分布为

$$P = \sqrt{\left(\frac{3\pi\mu D_\mathrm{K}}{16K_0}\right)^2 - 2\left[A\ln\frac{r_\mathrm{e}}{r} - \frac{1}{4}q_\mathrm{m}\left(r_\mathrm{e}^2 - r^2\right) - \left(\frac{P_\mathrm{e}^2}{2} + \frac{3\pi\mu D_\mathrm{K}}{16K_0}P_\mathrm{e}\right)\right]} - \frac{3\pi\mu D_\mathrm{K}}{16K_0} \quad (6.11)$$

$$A = \frac{\dfrac{P_\mathrm{e}^2 - P_\mathrm{w}^2}{2} + \dfrac{3\pi\mu D_\mathrm{K}}{16K_0}\left(P_\mathrm{e} - P_\mathrm{w}\right) + \dfrac{1}{4}q_\mathrm{m}(r_\mathrm{e}^2 - r_\mathrm{w}^2)}{\ln\dfrac{r_\mathrm{e}}{r_\mathrm{w}}} \quad (6.12)$$

对比不加解吸量压力分布：

$$P = \sqrt{\left(\frac{3\pi\mu D_\mathrm{K}}{16K_0}\right)^2 - 2\left(A\ln\frac{r_\mathrm{e}}{r} - \frac{P_\mathrm{e}^2}{2} - \frac{3\pi\mu D_\mathrm{K}}{16K_0}P_\mathrm{e}\right)} - \frac{3\pi\mu D_\mathrm{K}}{16K_0} \quad (6.13)$$

6.1.2　页岩气压裂直井开采稳态产能模型

页岩气压裂直井开采稳态产能模型的基本假设为：①垂直裂缝，且对称分布于气井的两边；②裂缝剖面为矩形，高度等于页岩气储层有效厚度；③裂缝内导流能力为无限导流；④页岩气储层及裂缝内流动为单相流，且符合达西线性定律；⑤稳态渗流，不考虑储层的垂向流动。

裂缝如图 6.1 所示，裂缝高度为 h，宽度为 w_f，裂缝半长为 x_f，井筒半径为 r_w，井筒压力为 P_w，无限大地层半径为 r_e，压力为 P_e。

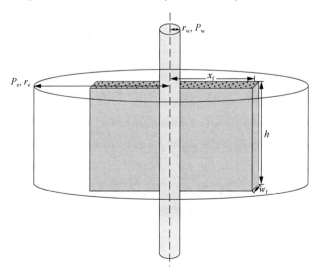

图 6.1　直井压裂纵向缝示意图

根据压裂井的气体流动特征，将气体流向直井的流动分为内、外两个流场，两个流场交界处压力为 P_m。

1. 内部流场

内部流场的渗流阻力可由下式表示：

$$R_1 = \frac{1}{K_f w_f h \xi} \frac{e^{\pi \xi} + 1}{e^{\pi \xi} - 1} \tag{6.14}$$

式中，

$$\xi = \sqrt{2000 K_0 \left(K_f w_f \ln \frac{2 r_e}{x_f} \right)^{-1}} \tag{6.15}$$

内部的流量公式可由式(6.16)表示：

$$q_1 = \frac{P_m^2 - P_w^2}{R_1} \tag{6.16}$$

式(6.14)~式(6.16)中，K_f 为裂缝半径内地层中水平方向的有效渗透率，mD；q_1 为内部流场流量，m^3；R_1 为内部流场渗流阻力，MPa^2/m^3。

2. 外部流场

体积流量公式为

$$q = vA \tag{6.17}$$

将渗流模型式(6.2)代入式(6.17)，可得到稳定渗流条件下气体的质量流量为

$$q_m = -\frac{K_0}{\mu} \left(1 + \frac{3\pi\phi}{16 K_0} \frac{\mu D_K}{P} \right) \frac{dP}{dr} 2\pi r h \rho_g \tag{6.18}$$

定义拟压力函数：

$$\psi = 2 \int_{P_m}^{P_e} \left(1 + \frac{3\pi\phi}{16 K_0} \frac{\mu D_K}{P} \right) \frac{P}{\mu(P) Z(P)} dP \tag{6.19}$$

分离变量积分，得出质量流量：

$$q_m = \frac{\pi K_0 h Z_{sc} T_{sc} \rho_{gsc} (\psi_e - \psi_m)}{P_{sc} T \ln \dfrac{r_e}{x_f}} \tag{6.20}$$

经过整理得到外部流场游离气的体积流量为

$$q_2 = \frac{\dfrac{P_e^2 - P_m^2}{2} + \dfrac{3\pi\phi\mu D_K}{16K_0}(P_e - P_m)}{R_2} \tag{6.21}$$

式中，

$$R_2 = \frac{P_{sc} T \overline{\mu Z}}{Z_{sc} T_{sc}} \frac{\ln \dfrac{r_e}{x_f}}{2\pi K_0 h} \tag{6.22}$$

其中，R_2 为外部流场渗流阻力，$\mathrm{MPa^2/m^3}$。外部流场页岩储层的解吸流量为

$$q_d = \pi(r_e^2 - x_f^2) h \rho_c \left(V_m \frac{P_e}{P_L + P_e} - V_m \frac{\overline{P}}{P_L + \overline{P}} \right) - \pi(r_e^2 - x_f^2) h \phi_m \tag{6.23}$$

根据等值渗流阻力法可知，$q = q_1 = q_2 + q_d$，因此联立方程得

$$\begin{cases} q = q_1 = \dfrac{P_m^2 - P_w^2}{R_1} \\[4mm] q = q_2 + q_d = \dfrac{\dfrac{P_e^2 - P_m^2}{2} + \dfrac{3\pi\phi\mu D_K}{16K_0}(P_e - P_m)}{R_2} + q_d \end{cases} \tag{6.24}$$

求出最终的压裂直井的稳定渗流流量为

$$q = \frac{P_e^2 - P_w^2}{R_1 + CR_2} \tag{6.25}$$

式中，

$$C = \frac{P_e^2 - P_m^2}{\dfrac{P_e^2 - P_m^2}{2} + \dfrac{3\pi\phi\mu D_K}{16K_0}(P_e - P_m) + R_2 q_d}$$

6.1.3　页岩气直井开采压力及产能影响因素分析

　　根据上述推导出的公式，结合实例对扩散系数、裂缝半长和裂缝导流能力对气井产能的影响进行分析，并得出游离气、解吸气及总产量随生产压差的变化规律。

　　选取四川盆地某页岩气储层的 1 口压裂井，具体参数如下：基质渗透率为0.0005mD；气藏厚度为30m；孔隙度为 0.07；压缩因子为 0.89；地层温度为366.15K；黏度为 0.027mPa·s；气体压缩因子为 0.89；泄压半径为 400m；边界压力为26.13MPa；井筒半径为 0.1m；井底流压为6MPa；扩散系数为 8.4067×10^{-7} cm^2/s；裂缝宽度为 3mm；裂缝半长为 80m。

1. 页岩气直井开采稳态产能影响因素分析

　　根据推导出的考虑解吸、扩散和滑移作用的非线性流动模型，利用国内某致密页岩气藏参数，进行计算模拟，对产气量及压力分布影响因素进行分析。

　　图 6.2 为解吸量对稳态压力分布的影响，可见加解吸量使地层压力分布下降减慢，在井筒附近地层压力下降幅度较大。

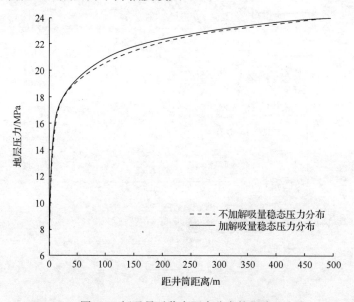

图 6.2　解吸量对稳态压力分布的影响

　　图 6.3 为纳微米孔隙气体流动公式与达西公式对比图。由于纳微米孔隙气体流动模型考虑了扩散和滑移作用，计算所得压力分布相对于达西公式计算结果下降幅度较大，压力传播较快。

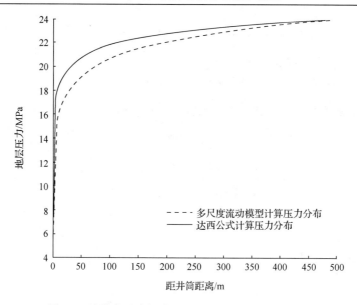

图 6.3　纳微米孔隙气体流动公式与达西公式对比图

图 6.4 为解吸气、游离气及总产气量对比图。由图 6.4 可以看出，随压力的增大，游离气和解吸气含量都呈增大趋势，但压力增大到一定程度以后，含气量增加缓慢。因为孔隙和矿物(有机质)表面是一定的，前者控制游离态气体含量，后者控制吸附态气体含量。压力较小的情况下，解吸气对产量贡献较大；随着压力的增大，游离气对产量的贡献增大。

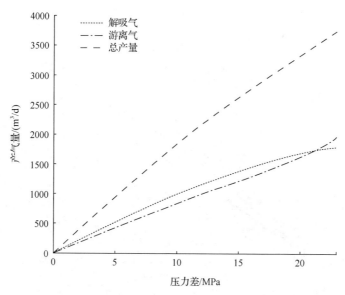

图 6.4　解吸气、游离气及总产气量对比图

2. 页岩气压裂直井开采稳态产能影响因素分析

图 6.5～图 6.7 分别是扩散系数、裂缝半长、裂缝导流能力对产能的影响关系对比曲线。扩散系数表示气体扩散程度的物理量，是指当浓度为一个单位时，单位时间内通过单位面积的气体量。通过图 6.5 可知，储层性质不同，扩散系数不

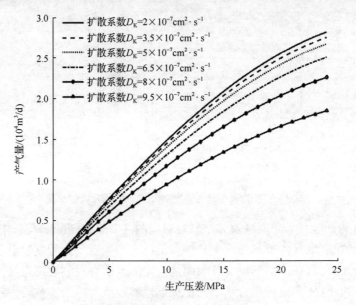

图 6.5　扩散系数对产气量的影响

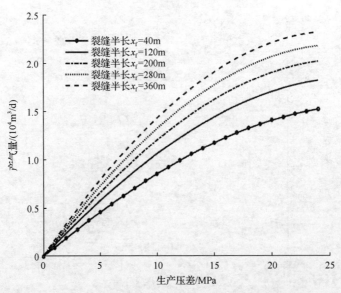

图 6.6　不同裂缝半长条件下日产气量随生产压差的变化曲线

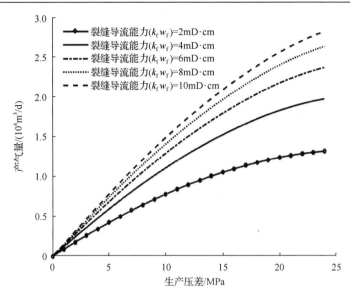

图 6.7　裂缝导流能力对产气量的影响

同，对产气量影响很大，产气量随着扩散系数的增加而增加，当扩散系数增加到一定程度时，产气量增加幅度减小。随着生产压差增大，产气量增加，并且曲线趋于平缓。

通过图 6.6 可见，产气量随裂缝半长的增加而增加，裂缝半长增长使储层的渗流能力增加，储层的产气量增加。裂缝导流能力简称导流能力，又称裂缝导流率或裂缝流动能力，它表示裂缝在闭合压力作用下让流体通过的能力，其值为裂缝渗透率与裂缝宽度的乘积。由图 6.7 可见，产气量随着裂缝导流能力的增加而增加，当裂缝导流能力达到 $0.12\mu m^2\cdot cm$ 后，产气量增幅减小，由此对导流能力进行优化，指导生产。

图 6.8 为不同裂缝穿透比条件下日产气量随裂缝导流能力的变化。由图可知，随着裂缝导流能力的增加，产气量也逐渐增加，当导流能力增加到 $2\mu m^2\cdot cm$ 时，产气量基本不变；随着裂缝穿透比的增加，产气量也逐渐增大。

图 6.9 为压裂直井解吸气、游离气及总气体体积对比，可以看出随生产压差的增大，游离气和解吸气含量都呈增大趋势，但压差增大到一定程度以后，产气量增加缓慢。由图可知，达西公式已远远不能满足页岩气藏的产能预测。由计算结果可以得到，生产压差越大，解吸气对总产气量的贡献越大。游离气产量占总产气量的 85%~90%，解吸气产量占总产气量的 10%~15%，可见游离气对总产气量贡献较大。

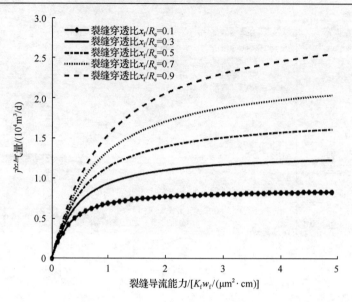

图 6.8　不同裂缝穿透比条件下日产气量随裂缝导流能力的变化

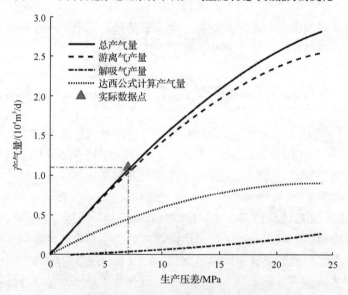

图 6.9　压裂直井解吸气、游离气及总气体体积对比

　　孔隙大小影响游离态气体含量，含有机质矿物表面积大小影响吸附态气体含量。对于压裂直井，游离气体的产量贡献很大。压差较小的情况下，游离气对产量贡献较大；随着压差的增大，解吸气对产量的贡献量逐渐增大。由该区块某页岩气压裂直井数据知，生产压差为 7MPa、裂缝半长为 200m 时，产气量为 $1.2 \times 10^4 m^3$，所以页岩气多尺度流动模型计算得出的产量与实际产量比较一致。

6.2 直井开采非稳态产能模型

天然气非线性不稳定渗流是油气藏渗流力学研究的一个重点及难点，对气藏产能评价及地层压力变化规律的研究具有实际意义。本节基于数学、物理方法，根据页岩气储层中气体的成藏机制及流动机理，考虑解吸-吸附作用和生产时间对压力的影响，建立了考虑解吸、扩散、滑移综合作用下的页岩气储层非稳态渗流数学模型，为页岩气的生产和后续研究提供重要的指导。

6.2.1 考虑解吸的直井开采非稳态压力分布

在生产过程中，由于地应力、孔隙裂缝及储层压力等的变化，使气体平衡状态被打破，在一定条件下吸附气发生解吸，并连同游离气一起参与渗流。在前面考虑扩散和滑移作用的非线性流动方程的基础上，基于气体渗流的连续性方程、运动方程和状态方程建立页岩气储层非稳态渗流控制方程，并求解内边界定压产，外边界定压条件下的储层压力分布公式。

平面径向流的基本微分方程：

$$\frac{1}{r}\frac{\partial}{\partial r}\left[r\frac{1}{\mu Z}\left(P+\frac{3\pi a\mu D_{\mathrm{K}}}{16K_0}\right)\frac{\partial P}{\partial r}\right]+\frac{P_{\mathrm{sc}}T}{T_{\mathrm{sc}}Z_{\mathrm{sc}}\rho_{\mathrm{gsc}}K_0}q_{\mathrm{d}}=\frac{\phi\mu c}{K_0}\frac{P}{\mu Z}\frac{\partial P}{\partial t} \tag{6.26}$$

式中，

$$q_{\mathrm{d}}=\rho_{\mathrm{gsc}}\frac{\partial V_{\mathrm{d}}}{\partial t}=\rho_{\mathrm{gsc}}\frac{\partial V_{\mathrm{d}}}{\partial P}\frac{\partial P}{\partial t}$$

$$\frac{\partial V_{\mathrm{d}}}{\partial P}=-\frac{P_{\mathrm{L}}V_{\mathrm{L}}}{\left(P+P_{\mathrm{L}}\right)^2}$$

令 $m=P+\dfrac{3\pi a\mu D_{\mathrm{K}}}{16K_0}$ ，式 (6.26) 可化为

$$\frac{1}{r}\frac{\partial}{\partial r}\left[r\frac{m}{\mu Z}\frac{\partial m}{\partial r}\right]-\frac{P_{\mathrm{sc}}T}{T_{\mathrm{sc}}Z_{\mathrm{sc}}K_0}\frac{P_{\mathrm{L}}V_{\mathrm{L}}}{\left(P+P_{\mathrm{L}}\right)^2}\frac{1}{m}\frac{\partial m}{\partial t}=\frac{\phi\mu c}{K_0}\frac{P}{m}\frac{m}{\mu Z}\frac{\partial m}{\partial t} \tag{6.27}$$

引入拟压力函数，并定义如下：

$$\Psi(m)=2\int_{m_{\mathrm{a}}}^{m}\frac{m}{\mu Z}\mathrm{d}m \tag{6.28}$$

将式(6.28)代入式(6.27)可得用拟压力表示的页岩气渗流的基本微分方程:

$$\frac{1}{r}\frac{\partial}{\partial r}\left(r\frac{\partial \Psi}{\partial r}\right) - \frac{P_{sc}T\mu Z}{T_{sc}Z_{sc}K_0}\frac{P_LV_L}{(P+P_L)^2}\frac{1}{m}\frac{\partial \Psi}{\partial t} = \frac{\phi\mu c}{K_0}\frac{P}{m}\frac{\partial \Psi}{\partial t} \tag{6.29}$$

将式(6.29)表示为

$$\frac{1}{r}\frac{\partial}{\partial r}\left(r\frac{\partial \Psi}{\partial r}\right) = \frac{\phi\mu}{K_0}(c_g + c_d)\frac{\partial \Psi}{\partial t} \tag{6.30}$$

式中,

$$c_g = c\frac{P}{m}$$

$$c_d = \frac{P_{sc}TZ}{T_{sc}Z_{sc}\phi}\frac{P_LV_L}{(P+P_L)^2}\frac{1}{m}$$

其中,c_g 为扩散压缩系数,MPa^{-1};c_d 为解吸压缩系数,MPa^{-1}。

总压缩系数:

$$c_t^* = c_g + c_d \tag{6.31}$$

式(6.30)可化为

$$\frac{1}{r}\frac{\partial}{\partial r}\left(r\frac{\partial \Psi}{\partial r}\right) = \frac{\phi\mu c_t^*}{K_0}\frac{\partial \Psi}{\partial t} \tag{6.32}$$

由于 $(\mu c_t^*)_{r,t}$ 是压力的函数,式(6.32)为非线性方程,为将其线性化,定义拟时间:

$$t_a^*(P) = \mu_i c_{ti}^* \int_0^t \frac{dt}{(\mu c_t^*)_p} \tag{6.33}$$

则

$$\mu(P)c_t^*(P)\frac{\partial \Psi}{\partial t} = \mu_i c_{ti}^*\frac{\partial \Psi}{\partial t_a} \tag{6.34}$$

式(6.32)可化为

$$\frac{\partial^2 \Psi}{\partial r^2} + \frac{1}{r}\frac{\partial \Psi}{\partial r} = \frac{\phi \mu_i c_{ti}^*}{K_0}\frac{\partial \Psi}{\partial t_a^*} \tag{6.35}$$

式中，μ_i 为初始条件下黏度；c_{ti}^* 为总压缩系数乘积；Ψ 为拟压力函数；t_a^* 为拟时间，d。

1. 定压外边界

当气井以某一恒定产量生产时，对定压外边界，其定解条件如下：

$$\Psi\big|_{t=0} = \Psi_i \ (P = P_i)$$

$$r\frac{\partial \Psi}{\partial r}\bigg|_{r=r_w} = \frac{q_{sc}P_{sc}T}{\pi K_0 h Z_{sc}T_{sc}}$$

$$\Psi\big|_{r=r_e} = \Psi_i \ (P = P_i)$$

经过拉普拉斯变换及其逆变换，求得地层任意一点压力变化规律为

$$\Psi(r,t_a^*) = \Psi_i - \frac{q_{sc}P_{sc}T}{\pi K_0 h Z_{sc}T_{sc}}$$

$$\left\{ \ln\frac{r_e}{r} - \pi\sum_{n=1}^{\infty} \frac{e^{-\beta_n^2\frac{\eta t_a^*}{r_w^2}}J_0^2(r_{eD}\beta_n)\left[Y_1(\beta_n)J_0(r_D\beta_n) - J_1(\beta_n)Y_0(r_D\beta_n)\right]}{\beta_n\left[J_0^2(r_{eD}\beta_n) - J_1^2(\beta_n)\right]} \right\} \tag{6.36}$$

式中，β_n 为下式(6.37)之根。

$$J_1(\beta_n)Y_0(\beta_n r_{eD}) - Y_1(\beta_n)J_0(\beta_n r_{eD}) = 0 \tag{6.37}$$

其中，J_0 为零阶第一类贝塞尔函数；J_1 为一阶第一类贝塞尔函数；Y_0 为零阶第二类贝塞尔函数；Y_1 为一阶第二类贝塞尔函数；r_D 为无因次半径；r_{eD} 为无因次气井半径。

2. 无限大地层边界

对无限大地层，定解条件如下：

$$\Psi\big|_{t=0} = \Psi_{\text{i}} \ (P = P_{\text{i}})$$

$$r\frac{\partial \Psi}{\partial r}\bigg|_{r=r_{\text{w}}} = \frac{q_{\text{sc}}P_{\text{sc}}T}{\pi K_0 h Z_{\text{sc}}T_{\text{sc}}}$$

$$\Psi\big|_{r\to\infty} = \Psi_{\text{i}} \ (P = P_{\text{i}})$$

在上述定解条件下，对式(6.35)应用 Boltzmann 变换 $y = \dfrac{r^2}{4\eta t}$，其中 $\eta = \dfrac{K_0}{\phi\mu c_{\text{t}}^*}$，得 t 时刻地层内任一点 r 处的压力表达式，即式(6.35)的解为

$$\Psi = \Psi_{\text{i}} - \frac{q_{\text{sc}}P_{\text{sc}}T}{\pi K_0 h Z_{\text{sc}}T_{\text{sc}}}\left[-\text{Ei}\left(-\frac{r^2}{4\eta t}\right)\right] \tag{6.38}$$

$r = r_{\text{w}}$ 时，井底压力随时间的变化关系：

$$\Psi_{\text{wf}} = \Psi_{\text{i}} - \frac{q_{\text{sc}}P_{\text{sc}}T}{\pi K_0 h Z_{\text{sc}}T_{\text{sc}}}\left[-\text{Ei}\left(-\frac{r_w{}^2}{4\eta t}\right)\right] \tag{6.39}$$

式中，Ei 为幂积分函数。

6.2.2　页岩气压裂直井开采非稳态产能模型

由于压裂改造缝网区和未改造基质区渗透率等性质差别较大，引入复合区模型，一区为未改造区，二区为改造区，建立模型并进行求解，最终得到两区压力分布及产量随时间的变化模型(图 6.10)。

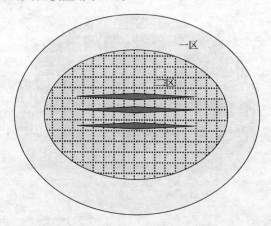

图 6.10　缝网复合区模型示意图

1. 一区未改造区不稳定渗流模型

令

$$m_1 = P_1 + \frac{3\pi a \mu D_K}{16K_{01}}$$

引入拟压力函数：

$$\Psi_1(m) = 2\int_{m_a}^{m_1} \frac{m_1}{\mu Z}\mathrm{d}m_1 \tag{6.40}$$

$$\frac{1}{r}\frac{\partial}{\partial r}\left(r\frac{\partial \Psi_1}{\partial r}\right) - \frac{P_{sc}T\mu Z}{T_{sc}Z_{sc}K_{01}}\frac{P_L V_L}{(P_1 + P_L)^2}\frac{1}{P + \dfrac{3\pi a\mu D_K}{16K_{01}}}\frac{\partial \Psi_1}{\partial t} = \frac{\phi\mu c}{K_0}\frac{P}{P_1 + \dfrac{3\pi a\mu D_K}{16K_{01}}}\frac{\partial \Psi_1}{\partial t} \tag{6.41}$$

式 (6.41) 可化为

$$\frac{1}{r}\frac{\partial}{\partial r}\left(r\frac{\partial \Psi_1}{\partial r}\right) = \frac{\phi\mu}{K_{01}}(c_{g1} + c_{d1})\frac{\partial \Psi_1}{\partial t} \tag{6.42}$$

式中，气体压缩系数和解吸压缩系数分别为

$$c_{g1} = c\frac{P_1}{P_1 + \dfrac{3\pi a\mu D_K}{16K_{01}}}$$

$$c_{d1} = \frac{P_{sc}TZ}{T_{sc}Z_{sc}\phi}\frac{P_L V_L}{(P_1 + P_L)^2}\frac{1}{P_1 + \dfrac{3\pi a\mu D_K}{16K_{01}}}$$

总压缩系数：

$$c_{t1}^* = c_{g1} + c_{d1} \tag{6.43}$$

则方程可化为

$$\frac{1}{r}\frac{\partial}{\partial r}\left(r\frac{\partial \Psi_1}{\partial r}\right) = \frac{\phi\mu c_{t1t}^*}{K_{01}}\frac{\partial \Psi_1}{\partial t} \tag{6.44}$$

即

$$\frac{\partial^2 \Psi_1}{\partial r^2} + \frac{1}{r}\frac{\partial \Psi_1}{\partial r} = \frac{\phi \mu_i c_{ti}^*}{K_{01}}\frac{\partial \Psi_1}{\partial t_a^*} \tag{6.45}$$

2. 二区改造区不稳定渗流模型

令

$$m_2 = P_2 + \frac{3\pi a \mu D_K}{16 K_{02}}$$

引入拟压力函数:

$$\Psi_2(m) = 2\int_{m_a}^{m_2}\frac{m_2}{\mu Z}\mathrm{d}m_2 \tag{6.46}$$

$$\frac{1}{r}\frac{\partial}{\partial r}\left(r\frac{\partial \Psi_2}{\partial r}\right) - \frac{P_{sc}T\mu Z}{T_{sc}Z_{sc}K_{02}}\frac{P_L V_L}{(P_2 + P_L)^2}\frac{1}{P + \frac{3\pi a \mu D_K}{16 K_{02}}}\frac{\partial \Psi_2}{\partial t} = \frac{\phi \mu c}{K_0}\frac{P}{P_2 + \frac{3\pi a \mu D_K}{16 K_{02}}}\frac{\partial \Psi_2}{\partial t} \tag{6.47}$$

式 (6.47) 可化为

$$\frac{1}{r}\frac{\partial}{\partial r}\left[r\frac{\partial \Psi_2}{\partial r}\right] = \frac{\phi \mu}{K_{02}}(c_{g2} + c_{d2})\frac{\partial \Psi_2}{\partial t} \tag{6.48}$$

式中, 压缩系数:

$$c_{g2} = c\frac{P_2}{P_2 + \frac{3\pi a \mu D_K}{16 K_{02}}}$$

$$c_{d2} = \frac{P_{sc}TZ}{T_{sc}Z_{sc}\phi}\frac{P_L V_L}{(P_2 + P_L)^2}\frac{1}{P_2 + \frac{3\pi a \mu D_K}{16 K_{02}}}$$

总压缩系数:

$$c_{t2}^* = c_{g2} + c_{d2} \tag{6.49}$$

则方程可化为

$$\frac{1}{r}\frac{\partial}{\partial r}\left(r\frac{\partial \Psi_2}{\partial r}\right)=\frac{\phi\mu c_{t2t}^{*}}{K_{02}}\frac{\partial \Psi_2}{\partial t} \tag{6.50}$$

即

$$\frac{\partial^2 \Psi_2}{\partial r^2}+\frac{1}{r}\frac{\partial \Psi_2}{\partial r}=\frac{\phi\mu_i c_{ti}^{*}}{K_{02}}\frac{\partial \Psi_2}{\partial t_a^{*}} \tag{6.51}$$

3. 复合区不稳定渗流模型

边界条件：无限大地层，内边界定产。

一区控制方程及边界条件：

$$\frac{1}{r}\frac{\partial}{\partial r}\left(\frac{1}{r}\frac{\partial \Psi_1}{\partial r}\right)=\frac{1}{\eta_1}\frac{\partial \Psi_1}{\partial t} \qquad (0<r<r_c, \quad t>0)$$

$$r\frac{\partial \Psi_1}{\partial r}\Bigg|_{r=r_w}=\frac{Q\mu_1}{2\pi K_{01}h}=\frac{Q}{2\pi\lambda_1 h} \qquad (r\to 0, \quad t>0)$$

$$\Psi_1(r,t)=\Psi_i \qquad (0<r<r_c, \quad t=0)$$

二区控制方程及边界条件：

$$\frac{1}{r}\frac{\partial}{\partial r}\left(\frac{1}{r}\frac{\partial \Psi_2}{\partial r}\right)=\frac{1}{\eta_2}\frac{\partial \Psi_2}{\partial t} \qquad (r_c<r<\infty, \quad t>0)$$

$$\Psi_2(r,t)=\Psi_i \qquad (r\to\infty, \quad t>0)$$

$$\Psi_2(r,t)=\Psi_i \qquad (r_c<r<\infty, \quad t=0)$$

界面连接条件：

$$\Psi_1(r_c,t)=\Psi_2(r_c,t)$$

$$\frac{\partial \Psi_1}{\partial r}=\frac{\partial \Psi_2}{\partial r}\Bigg|_{r=r_c}$$

令

$$\Psi_j = \Psi_i - \Psi_j (j = 1, 2)$$

其中， $\chi_j = \dfrac{K_j}{\phi \mu_j c_j}$ ，求解得井底流压随时间的变化关系：

$$m_1{}^2(r_w, t) = m_i{}^2 + \frac{Q\mu Z}{4\pi\lambda_1 h}\left[\mathrm{Ei}\left(-\frac{r_w{}^2}{4\chi_1 t} \right) - \mathrm{Ei}\left(-\frac{r_c{}^2}{4\chi_1 t} \right) \right] + \frac{Q\mu Z}{4\pi\lambda_1 h} e^{-\frac{r_c{}^2}{4\chi_1 t}(1-N)} \mathrm{Ei}\left(-\frac{Nr_c{}^2}{4\chi_1 t} \right)$$

(6.52)

产量随井底流压的变化关系：

$$Q = \frac{\dfrac{4\pi\lambda_1 h}{\mu Z}\left(m_{r_w}{}^2 - m_i{}^2 \right)}{\left[\mathrm{Ei}\left(-\dfrac{r_w{}^2}{4\chi_1 t} \right) - \mathrm{Ei}\left(-\dfrac{r_c{}^2}{4\chi_1 t} \right) + e^{-\frac{r_c{}^2}{4\chi_1 t}(1-N)} \mathrm{Ei}\left(-\dfrac{Nr_c{}^2}{4\chi_1 t} \right) \right]}$$

(6.53)

式中， $N = \dfrac{\eta_1}{\eta_2}$ ； $\dfrac{1}{\eta_i} = \dfrac{\phi\mu_i c_{ti}{}^*}{K_{0i}}$ ； $\lambda_1 = \dfrac{K_{01}}{\mu_1}$ 。

6.2.3 页岩气直井开采非稳态压力及产能影响因素分析

根据以上推导出的页岩气储层压裂水平井不稳定渗流缝网产能模型，运用 MATLAB 进行编程计算，对产能影响因素进行分析。

已知国内某致密页岩气藏单井基本参数为：孔隙度为 0.07，标准状态温度为 293K，渗透率为 0.0005mD，地层温度为 366.15K，压缩因子为 0.89，黏度为 0.027mPa·s，泄压半径为 400m，边界压力为 26.13MPa，井筒半径为 0.1m，井底流压为 6MPa，气藏厚度为 30m，岩石密度为 2.9g/cm³，裂缝宽度为 3mm，质量扩散系数为 8.4067×10⁻⁷cm²/s。影响因素分析计算结果如下。

1. 页岩气直井开采非稳态产能影响因素分析

当外边界定压时，不稳定渗流规律如图 6.11 和图 6.12 所示。图 6.11 为渗透率对地层压力分布的影响，可见内边界定产条件下，渗透率越大，地层压力下降越慢。图 6.12 为扩散系数对地层压力分布的影响，可见内边界定产条件下，扩散系数越大，地层压力下降越慢。

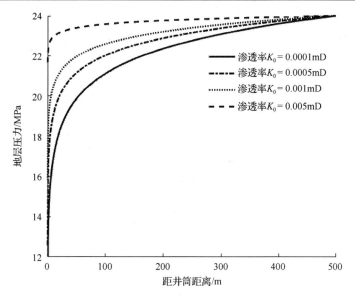

图 6.11　渗透率对地层压力分布的影响

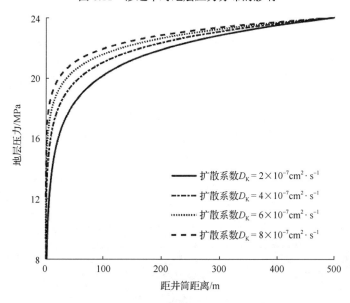

图 6.12　扩散系数对地层压力分布的影响

当在无限大地层中进行不稳定渗流时，渗流规律的影响如图 6.13 和图 6.14 所示。图 6.13 为不同生产压差下产气量递减曲线，可见井底流压越小，生产压差越大，产量越大。图 6.14 为渗透率对产气量的影响，可见渗透率越大，产量越高，产量递减速度越快。

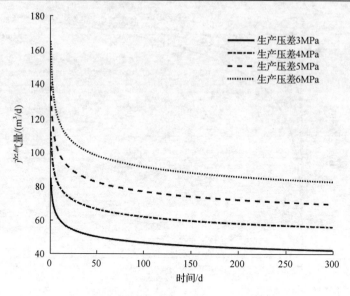

图 6.13　不同生产压差下产气量递减曲线

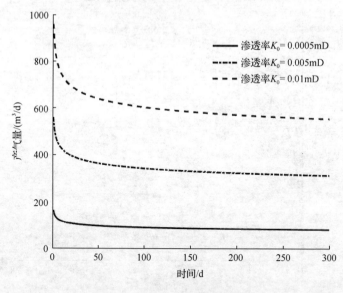

图 6.14　渗透率对产气量的影响

2. 页岩气压裂直井开采非稳态产能影响因素分析

图 6.15 为 300d 不同产气量下地层压力分布，可见随着产气量的增加，地层压力下降越快；当产气量增加 10 倍，二区的压力波传播到一区缝网区外 150m。图 6.16 为不同缝网区域大小对地层压力分布的影响，可见缝网区域越大，近井地带地层压力下降越慢。

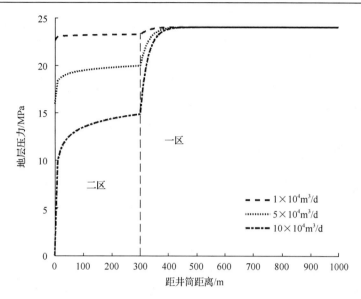

图 6.15　300d 不同产气量下地层压力分布

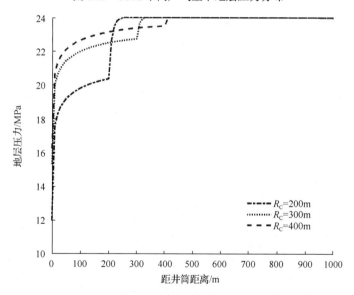

图 6.16　不同缝网区域大小对地层压力分布的影响

图 6.17 为不同生产时间地层压力分布，可见随着时间的增加，地层压力逐渐下降。图 6.18 为井底流压对产气量的影响，可见当井底流压一定时，产气量在 200d 以内下降较快；生产时间超过 300d 时产气量下降幅度较慢，产量逐渐稳定；产气量随着生产压差的增加而增大。

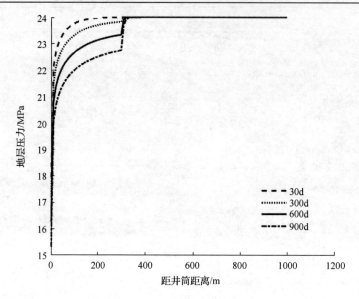

图 6.17　不同生产时间地层压力分布

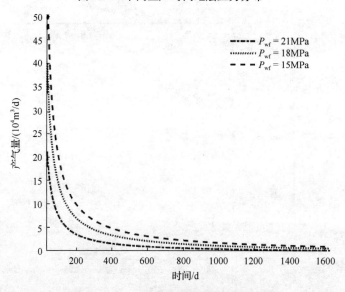

图 6.18　井底流压对产气量的影响

　　图 6.19 为缝网区裂缝渗透率不同对地层压力分布的影响，可见产量一定时，随着缝网区裂缝渗透率的增加，一区地层压力下降减慢，二区地层压力基本不变。图 6.20 为缝网复杂程度对产量的影响，可见缝网复杂程度越大，产气量越高。图 6.21 为压裂缝与水平井井筒角度对产气量的影响，可见压裂缝与水平井井筒角度越大，产气量越大。

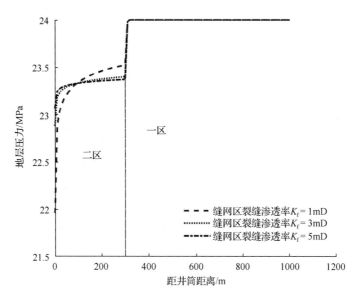

图 6.19　缝网区裂缝渗透率不同对地层压力分布的影响

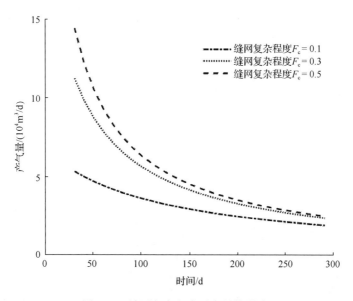

图 6.20　缝网复杂程度对产量的影响

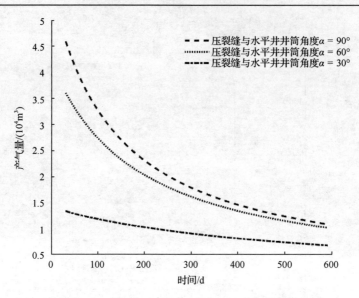

图 6.21　压裂缝与水平井井筒角度对产气量的影响

第7章 多级压裂水平井多区耦合渗流数学模型

页岩气开发过程复杂,能否高效开发取决于我们对页岩气储层、气体运移及流动规律的认识及开发措施是否有效。目前页岩气成功开发的实践表明,压裂改造是实现页岩储层有效开发的主体技术,水平井与分段压裂技术相结合的方式,可以最大限度地增大复杂裂缝网络与基质的接触面积,实现增产效果。因此,页岩气最主要的储存和运移通道来自一系列的天然裂缝网络,使开发过程中需要进行大规模水力压裂,裂缝网络是获得工业性气流的关键。

本章基于数学物理方法,根据页岩气储层中气体的成藏机制及流动机理,考虑解吸-吸附作用和生产时间对压力的影响,建立了考虑解吸、扩散、滑移综合作用下的页岩多级压裂水平井稳态/非稳态渗流数学模型,并进行压裂缝网及裂缝干扰影响因素分析,最终确定页岩储层压裂最优参数;并根据现场实际生产数据,与产能模型模拟计算的结果对比拟合,为页岩气的有效勘探开发提供坚实的理论基础和生产指导意义[100,102,103]。

7.1 多级压裂水平井多区耦合物理模型

美国页岩气藏开采的成功经验表明,压裂改造特别是分段体积压裂是实现页岩储层有效动用的有效手段。体积压裂是指在水力压裂的过程中,使天然裂缝不断扩张,脆性岩石产生剪切滑移,形成天然裂缝与人工裂缝相互交错的裂缝网络,从而增加改造体积,提高初始产量和最终采收率。页岩气储层渗透率超低,厚度大,岩石较脆并具有层理结构,发育有天然裂缝,气体主要以吸附态附着在有机质表面,或以游离态分布在无机质孔隙中,常规改造形成的单一裂缝很难获得很好的增产效果。目前美国约有 85%的页岩气井是采用水平井与分段压裂改造技术相结合的方式进行,这样可以促使储层产生复杂的裂缝网络,最大限度地增加裂缝网络区域,提高基质区域与裂缝区域的接触面积,达到增产效果。我国页岩气储量丰富,要得到有效的开发利用,利用水平井进行分段体积压裂增产改造技术尤为关键。

利用水平井对页岩气储层进行分段体积压裂,造成储层区域内出现缝网结构。与常规油气的径向流不同,缝网结构将影响渗流区域内压力分布。由于近井地带分布裂缝,造成储层非均质,压降漏斗不再是圆形而是椭圆形,椭圆长轴为压裂缝网分布方向,如图 7.1 所示。图 7.1 为一口水平井进行分段压裂,形成了 4 簇压裂缝，压裂缝网使近井地带的局部地区压降变大，导致压降漏斗变为椭圆形，而不是常规均质油气藏的圆形。其流线图如图 7.2 所示，流线与压力分布图的等值线垂直，形成 4 簇压裂缝周围的天然气向 4 处射孔位置流动的分布，且距离射孔位置越近，渗流速度越快。综合图 7.1 和图 7.2 可以看到，在距离井筒位置足够远的区域，即压裂改造区域的边界部分，其压力分布等值线已近似规则圆形，形成一个大区域，流线也近似均指向共同中心。页岩气在压差作用下从基质区流入压裂改造区，根据与每簇压裂缝网的相对位置远近，而流入其中一簇，最终汇入井筒。

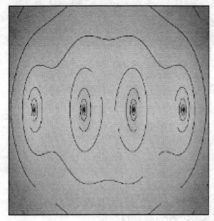

图 7.1　压力分布图　　　　　　图 7.2　流线分布示意图

　　根据上述分析，可将页岩气的流动分为三大区域：Ⅰ改造区（主改造区、次改造区）、Ⅱ未改造区（未改造动用区、未改造未动用区）、Ⅲ水平井筒区，如图 7.3 所示。在这种分区结构中，页岩气由未改造区流入改造区，再由改造区流入水平井筒区，形成页岩气储层完整的流动体系。

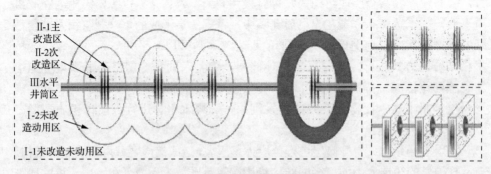

图 7.3　页岩气流动分区示意图

7.1.1　Ⅰ未改造区

未改造区为页岩气储层固有孔隙空间，纳微米孔隙结构复杂，具有低孔隙度、特低渗透率致密物性特征。在页岩储层中，页岩气主要以吸附态、游离态和溶解态 3 种形式存在。其中吸附态和游离态占主体，吸附态页岩气的含量变化为 20%～85%。随着页岩储层的开发，储层压力降低，有机质储层上的吸附甲烷发生解吸，成为游离气，与其他游离气一起参与流动，见图 7.4。现有实验研究表明，甲烷气在页岩储层中的吸附为单分子层吸附，其吸附-解吸过程可用Langmuir 等温吸附方程加以描述。当分子解吸变为游离气后，在未改造区的纳微米级通道中流动，表现为不同于常规储层的低速非线性渗流特征，原有的线性渗流理论不再适用。

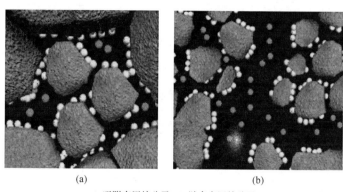

(a)　　　　　　　　　　　(b)

◎ 吸附态甲烷分子　◉ 游离态甲烷分子

图 7.4　纳微米孔隙-微裂缝渗流示意图

页岩气储层由于致密，具有纳微米级孔隙，随着孔隙尺度的减少，连续流动假设已不完全适合，需要采用连续介质力学与分子运动学相结合的方法进行描述。如第 3 章所述，把页岩储层中气体流动分为 3 个区域：连续区、滑移区和过渡区。

综上所述，在未改造区主要考虑分子解吸、克努森扩散和滑脱效应的三重作用。

7.1.2　Ⅱ改造区

体积压裂技术通过对储层实施改造，在形成一条或者多条主裂缝的同时，使天然裂缝不断扩张和脆性岩石产生剪切滑移，实现对天然裂缝、层理的沟通，形成天然裂缝与人工裂缝相互交错的裂缝网络。气体从基质区流入人工压裂改造区时，气体渗流通道变大，流动空间特征长度远超过甲烷分子的平均分子自由程，气体分子与裂缝表面的碰撞和扩散效应减弱，已达不到需要考虑克努森扩散和滑脱效应的尺度。此时气体的流动表现为传统的黏性流，通过达西定律可以表述该区域的渗流特征。

因此，在改造区主要考虑黏性流(达西流)的作用，对不同形态复杂缝网参数进行表征，计算得到改造区的渗透率，进而得到改造区的渗流模型，更好地描述页岩压裂改造形成体积压裂范围内的复杂渗流。

7.1.3　水平井筒区

气体从缝网区进入水平井筒区，由于页岩气藏开发过程中裂缝的存在，井筒附近裂缝的导流能力很强，近井地带气体生产压差大，流速高，发生气体紊流，形成高速非达西流动。气体在水平井筒流动时，若储层渗透率很大，则地层中压降较小，井筒内压降较大；若地层中压强较大，井筒内压强则小得多此时井筒内压降可忽略。

综上所述，在水平井筒区主要是考虑高速非达西流作用。因此，在考虑页岩气储层多区域流动时，对页岩储层中气体的多尺度流动状态进行分析，考虑气体解吸、克努森扩散和滑脱效应等多重非线性效应，建立了页岩储层多尺度多孔介质内气体非线性流动模型。

7.2　多级压裂水平井多区耦合渗流模型

体积压裂技术通过对储层实施改造，在形成一条或者多条主裂缝的同时，使天然裂缝不断扩张和脆性岩石产生剪切滑移，实现对天然裂缝、岩石层理的沟通，以及在主裂缝的侧向强制形成次生裂缝，并在次生裂缝上继续分支形成二级次生裂缝。以此类推，形成天然裂缝与人工裂缝相互交错的裂缝网络。从而将渗流的有效储层打碎，实现长、宽、高三维方向的全面改造，增大渗流面积及导流能力，提高初始产量和最终采收率。

由于一些页岩储层的脆性特征及天然裂缝发育等影响，体积压裂所形成的裂缝起裂和扩展并不像常规压裂裂缝一样由简单的张性破坏所引起[图 7.5(a)]。体积压裂裂缝存在剪切、错断和滑移等复杂的力学行为，在张性主裂缝存在的同时还存在大量的次生裂缝，并与天然裂缝形成了错综复杂的网络系统[图 7.5(b)]，增大改造体积，沟通流场，从而使体积压裂达到经济效果。

国内外致密气藏体积压裂试验研究分析认为，储层岩石的脆性特征、天然微裂缝发育及分布情况，以及三向应力储层矿物成分和储层敏感性是实现"体积压裂"的基础条件。

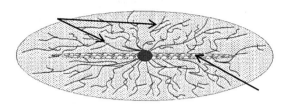

(a) 常规压裂示意图

(b) 体积压裂示意图

图 7.5　常规压裂与体积压裂效果对比图

(1) 天然裂缝发育。

天然裂缝状况及能否产生复杂缝网，是实现体积改造的前提条件。在体积改造中，天然裂缝系统会更容易先于基岩开启，原生和次生裂缝的存在能够增加复杂裂缝的可能性，从而极大地增大改造体积。对于体积压裂，天然微裂缝可以降低分支裂缝的形成所需要的净压力。天然微裂缝性储层是天然微裂缝张开形成的力学条件，在施工过程中，裂缝内的净压力在数值上至少大于两个水平主应力的差值与岩石的抗张强度之和。

(2) 岩石硅质含量高，脆性系数高。

储层岩性具有明显的脆性特征，是实现体积改造的物质基础。岩石的脆性由岩石中所含的钙质、硅质及黏土之间的相对含量来决定。大量研究及现场试验表明，富含石英或者碳酸盐岩等脆性矿物的储层有利于产生复杂缝网，黏土矿物含量高的塑性地层不易形成复杂缝网。岩石硅质含量高(大于 35%)，脆性系数高，易产生剪切、滑移、错断等复杂的力学行为。压裂施工后不是形成单一裂缝，而是形成复杂的网状缝，从而大幅度提高了裂缝体积，如图 7.6 所示。

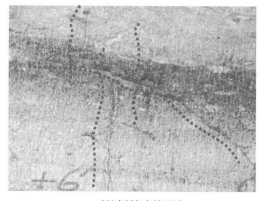

(a) 矿场实际复杂缝网图

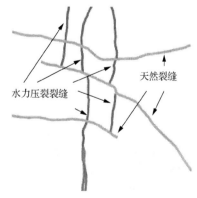

(b) 复杂缝网示意图

图 7.6　体积压裂复杂裂缝延展形态

7.2.1　不同缝网形态等效渗透率模型

本节从树状缝和网状缝两种不同的缝网形态进行分析，建立不同的渗透率模型。

1. 树状缝分形渗透率模型

Lorente 和 Bejan[104]的研究表明，具有多重尺度并且分布不均匀的各向异性多孔介质与树状分叉网络十分类似，而且通过构造理论可以在各向异性多孔介质中得到树状分叉网络。在本节中运用树状分叉网络嵌入到各向同性多孔介质中形成的双重介质模型来计算各向异性多孔介质的有效渗透率。详见图 7.7。

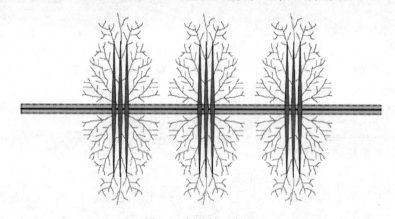

图 7.7　树状缝示意图

树状分叉网络通常由一系列分叉结构组成，如图 7.8 所示。

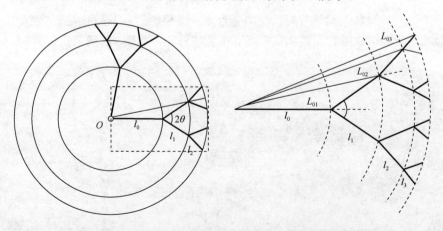

(a) "点到圆"型树状分叉网络示意图　　　　　　(b) 单分叉结构迂曲度分析

图 7.8　裂缝分叉网络

l_0、l_1、l_2 为第 0 级、第 1 级和第 2 级的分叉直线长度；L_{01}、L_{02}、L_{03} 为第 0 级、第 1 级和第 2 级的分叉直线距离

考虑树状分叉结构的不均匀性，假设初级裂缝的直径为 d_1，裂缝管道满足分形标度率，即初级裂缝圆管中直径 $d \geqslant d_1$ 的裂缝累计数 N 为

$$N(d \geqslant d_1) = \left(\frac{d_{\max}}{d_1} \right)^D \tag{7.1}$$

式中，D 为裂缝分形维数；d 为测量裂缝尺度，m；d_1 为初级裂缝直径，其取值范围为 $d_{\min} \leqslant d_1 \leqslant d_{\max}$，m；$d_{\min}$ 和 $d_{\max}$ 分别表示初级最小和最大直径，m。

因此，初级裂缝总数为

$$N_c = N(d \geqslant d_{\min}) = \left(\frac{d_{\max}}{d_{\min}} \right)^D \tag{7.2}$$

裂缝网络的等效长度为各级分叉长度累加和，根据分形标度率，裂缝网络的实际长度为

$$L_t = \sum_{k=1}^{m} L_k = \sum_{k=1}^{m} l_k^{D_\tau} d_k^{1-D_\tau} \tag{7.3}$$

式中，$l_k = l_1 \alpha^k$；其中，L_t 为裂缝网络的实际长度，m；L_k 为第 k 级裂缝的实际长度，m；l_k 为第 k 级裂缝的直线长度，m；d_k 为第 k 级裂缝的半径，m；D_τ 为迂曲度分形维数；l_1 为初级裂缝长度，m；α 为长度比；m 为分叉级数。

裂缝分叉网络的直线距离可以通过迭代公式从井筒迭代到最大分叉级数 m 求得

$$L_{0k}^2 = L_{0(k-1)}^2 + l_k^2 + 2L_{0(k-1)} l_k \cos\theta, \quad (k = 1, 2, \cdots, m) \tag{7.4}$$

则裂缝改造区的直线长度为 $L_e = L_{0m}$；式中，L_{0k} 为从井筒到第 k 级裂缝的直线距离，m；L_e 为裂缝改造区的直线长度，m；θ 为裂缝分叉角度，(°)。

根据徐鹏等[105]的研究成果分形渗透率，分叉网络区域的有效渗透率为

$$K_f = \frac{D d_{\max}^{3+D_\tau} \ln\left(\dfrac{r_c}{r_w} \right)}{256 h (3 + D_\tau - D) l_0^{D_\tau}} \frac{1-\gamma}{1-\gamma^{m+1}} \tag{7.5}$$

式中，$\gamma = \dfrac{\alpha^{D_r}}{n\beta^{3+D_r}}$，$\beta$ 为相邻两级分叉裂缝直径之比，n 为裂缝分叉个数；D 为裂缝分形维数；h 为储层厚度，m；r_c 为压裂范围半径，m；r_w 为井筒半径，m。

基质-树状裂缝系统为双重介质，则基质-裂缝体积压裂改造区渗透率为

$$K_{fn} = f_m K_m + f_f K_f \tag{7.6}$$

式中，$f_f = \dfrac{V_f}{V}$；$f_m = 1 - f_f$；

$$V_f = \frac{\pi D l_0^{D_r} d_0^{3-D_r}}{4(3 - D_r - D)} \frac{1 - \left(n\alpha^{D_r}\beta^{3-D_r}\right)^{m+1}}{1 - n\alpha^{D_r}\beta^{3-D_r}} \left[1 - \left(\frac{d_{\min}}{d_{\max}}\right)^{3-D_r-D} \right]。$$

其中，K_{fn} 为体积压裂改造区有效渗透率，mD；K_m 为基质渗透率，mD；V 为体积压裂改造区体积，m^3。

2. 网状裂缝网络渗透率模型

基于 CT 扫描网状裂缝形态，结合页岩体积压裂对储层进行改造，在形成一条或多条主裂缝的同时，次生裂缝与天然裂缝形成了错综复杂的网络系统，如图7.9 所示。由于各种条件的限制，很难将裂缝岩石系统的细节完整定量描述出来。一个实用的方法就是通过调查一些简单的概念模型的特征去研究裂缝性油气藏。图 7.10 和图 7.11 所示的模型是一个概念模型，包含一个系列的裂缝，它们有同一个方向、孔径和间距，流体流经这样的裂缝被视为单相二维层流。

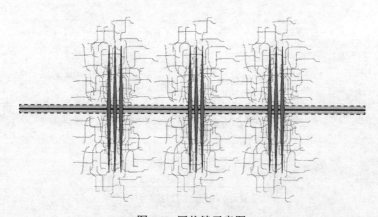

图 7.9　网状缝示意图

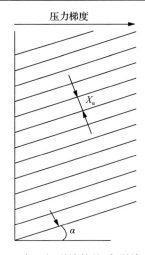

图 7.10 含 1 组裂缝的基质-裂缝系统

X_α 为裂缝 α 的缝间距

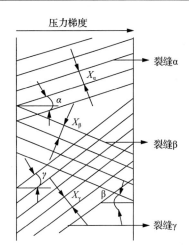

图 7.11 含 3 组裂缝的基质-裂缝系统

X_α 为裂缝 α 的缝间距；X_β 和 X_γ 分别

为裂缝 β 和 γ 的缝间距

将流体在单条裂缝中的流动简化为两个光滑平行板之间的流动(图 7.12)，对渗透率随开度变化规律进行了分析。平行板间的流动遵循 N-S 方程和质量守恒方程，对于不可压缩流体，单根裂缝渗透率为

$$K_{fs} = \frac{W^2 \cos^2 \gamma}{12} \tag{7.7}$$

又因

$$K_f = K_{fs} \frac{W}{X}$$

故一组平行裂缝的渗透率为

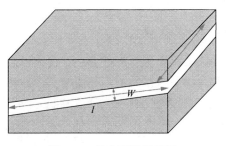

图 7.12 单条裂缝示意图

$$K_f = \frac{W^3 \cos\alpha}{12X} \tag{7.8}$$

基质-网状裂缝系统同样是双重介质，所以 K_{fn} 可以表示为

$$K_{fn} = \left[f_m K_m^\omega + f_f K_f^\omega \right]^{1/\omega} \tag{7.9}$$

式中，$f_f = \dfrac{V_f}{V} = \dfrac{lW\alpha}{l(W+X)\alpha} = \dfrac{W}{W+X}$；$f_m = 1 - f_f = \dfrac{X}{W+X}$。

前面计算的平行裂缝渗透率已折算为 xy 平面上的渗透率，因此可以认为裂缝中的流动是平行于基质孔隙中的流动，此时 $\omega = 1$，K_{fn} 表示为

$$K_{fn} = \frac{W^4 \cos^2 \gamma_i}{12X(W+X)} + \frac{X}{W+X} K_m \tag{7.10}$$

当其他组裂缝也加进基质系统里，则该规律性的裂缝系统渗透率和基质-裂缝系统整体渗透率分别表示为（假设裂缝交点处流动影响较小）

$$K_{fn} = \sum_{i=1}^{n} \frac{W_i^4 \cos^2 \gamma_i}{12X(W_i+X)} + \sum_{i=1}^{n} \frac{X_i}{W_i+X_i} K_m \tag{7.11}$$

式中，K_{fs} 为单根裂缝渗透率，mD；K_f 为一组裂缝渗透率，mD；K_{fn} 为缝网渗透率，mD；K_m 为基质渗透率，mD；f_f 为缝网复杂程度；W_i 为裂缝的开度，m；X_i 为各系列裂缝的平均间距，m；α_i 为压力梯度方向和各自裂缝方向所成的角度，(°)。

7.2.2　不同缝网形态对产气量影响因素分析

基于渗流缝网产能模型，对其进行改进，进而计算得到不同缝网形态对产能的影响。

1. 树状缝网产气量影响因素分析

图 7.13 为初始裂缝长度对裂缝长度的影响。由图可知，初始裂缝长度越长，裂缝长度越长；裂缝长度随着分叉级数的增加而增加，但是增加幅度逐渐减小。图 7.14 为基质渗透率对缝网渗透率的影响，可知缝网渗透率随着迂曲度分形维数的增加而增加，随着基质渗透率的增加而增加，基质渗透率对缝网渗透率的影响很大。

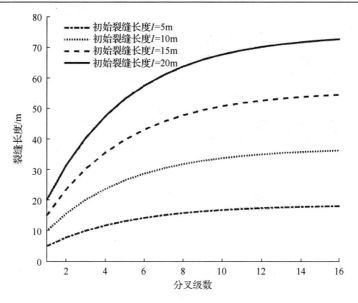

图 7.13　初始裂缝长度对裂缝长度的影响

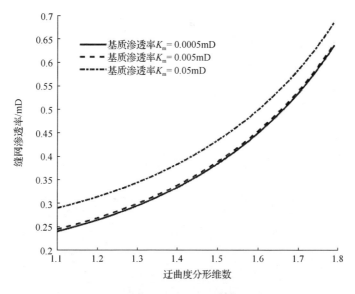

图 7.14　基质渗透率对缝网渗透率的影响

　　图 7.15 为基质渗透率对产气量的影响,可见产气量随着分形维数的增加而增大;随着基质渗透率的增加,产气量增加幅度逐渐增大。图 7.16 为分叉结构对产气量的影响,可见产气量随着分形维数的增加而增大,随着分叉结构簇数的增加而增大,但是增加幅度减小,由此可对分叉结构进行优化。

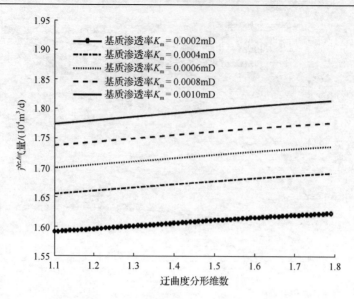

图 7.15　基质渗透率对产气量的影响

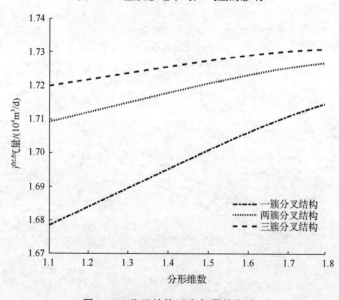

图 7.16　分叉结构对产气量的影响

2. 网状缝产能影响因素分析

图 7.17 为产气量随裂缝宽度的变化曲线，可见随着裂缝宽度的增加，产气量逐渐增大，当裂缝宽度大于 3mm，产气量增加幅度减缓，由此可对裂缝宽度进行优化，最优缝宽为 3mm。

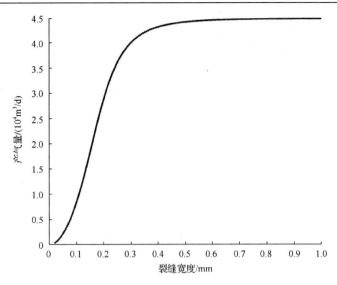

图 7.17　产气量随裂缝宽度的变化曲线

　　图 7.18 为产气量随裂缝间距的变化曲线，可见裂缝间距越小产气量越高，但此时对工艺要求也越高，因此可综合对裂缝间距进行优化。

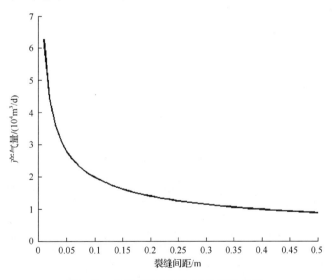

图 7.18　产气量随裂缝间距的变化曲线

7.3　多级压裂水平井稳态开采产能模型

7.3.1　页岩气储层压裂水平井稳态渗流缝网产能模型

　　页岩气储层压裂水平井稳态渗流缝网产能模型的假设条件为：①储层为上下

封闭且无限大均质地层；②页岩气藏和压裂缝内流体均为单相微可压缩流体，渗流过程不考虑重力作用，为等温稳定渗流；③储层内流体首先沿压裂缝壁面均匀的流入裂缝，再经压裂缝流入水平井井筒；④裂缝是垂直于水平井筒的横向裂缝并与井眼对称；⑤水平井井筒为套管完井，仅依赖于射孔孔眼或裂缝生产。

当水平井压裂裂缝为横向裂缝时，它的流动可剖分为垂直平面内沿成簇裂缝的流动（II主改造区）、垂直平面的缝网区域内的椭圆流动（II次改造区）和水平面内的地层向缝网区域的径向流动（I未改造区）。如图 7.19 所示。

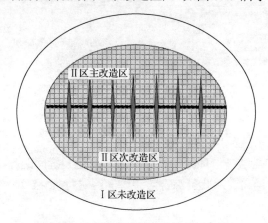

图 7.19　水平井压裂三区模型示意图

地层与裂缝网络边缘交界面处的压力设为 P_{m2}，裂缝内流动区与缝网椭圆流动区交界面处压力设为 P_{m1}。

1）II 区主改造区簇状缝渗流流场

II 区内流动阻力可由下式表示[106]：

$$R_1 = \frac{1}{K_f w_f h_f \xi} \frac{e^{\pi\xi} + 1}{e^{\pi\xi} - 1} \tag{7.12}$$

式中，

$$\xi = \sqrt{2000 K_0 \left(K_f w_f \ln \frac{2r_e}{x_f} \right)^{-1}} \tag{7.13}$$

II 区的流量公式可由下式表示：

$$q_1 = \frac{P_{m1}^2 - P_w^2}{R_1} \tag{7.14}$$

II 区压力分布公式为

$$P_1 = \sqrt{P_{m1}^2 - \mu\xi\frac{e^{\pi\xi}-1}{e^{\pi\xi}+1}(P_{m1}^2 - P_w^2)(x_f - x)} \qquad (7.15)$$

式 (7.12)~式 (7.15) 中, R_1 为 II 区主改造区簇状缝渗流流场渗流阻力, MPa^2/m^3; P_1 为 II 区主改造区簇状缝渗流流场压力, MPa; q_1 为 II 区主改造区簇状缝渗流流场流量, m^3; P_{m1} 为 II 区主改造区与次改造区边界压力, MPa。

2) II 区次改造区压裂缝网渗流流场

水平井采气时, 其形成的控制区域形状为二维椭圆状, 即以压裂缝的两端端点为椭圆焦点的椭圆, 其直角坐标和椭圆坐标的关系为: 焦距 $c = x_f$, 椭圆的长半轴 $a = x_f \text{ch}\zeta$, 短半轴为 $b = x_f \text{sh}\zeta$。

若椭圆区的近似半径 r_N 已知, 则 II 区流动阻力表示如下:

$$R_2 = \frac{P_{sc}T\overline{\mu Z}}{4\pi K_N h Z_{sc} T_{sc}} \ln\left(\frac{2r_N^2 + \sqrt{4r_N^4 + x_f^4}}{x_f^2}\right)$$

II 区的流量公式表示如下:

$$q_2 = \frac{p_{m2}^2 - p_{m1}^2}{\dfrac{P_{sc}T\overline{\mu Z}}{4\pi K_N h Z_{sc} T_{sc}} \ln\left(\dfrac{2r_N^2 + \sqrt{4r_N^4 + x_f^4}}{x_f^2}\right)} \qquad (7.16)$$

II 区压力分布公式为

$$q_2 = \sqrt{P_{m2}^2 - \frac{P_{m2}^2 - P_{m1}^2}{\dfrac{1}{2}\ln\left(\dfrac{2r_N^2 + \sqrt{4r_N^4 + x_f^4}}{x_f^2}\right)}\ln\left(\frac{2r_N^2 + \sqrt{4r_N^4 + r^4}}{x_f^2}\right)} \qquad (7.17)$$

式中, r_N 为椭圆渗流区域近似半径, m; K_N 为缝网区域渗透率, mD; R_2 为 II 区次改造区压裂缝网渗流流场渗流阻力, MPa^2/m^3; P_2 为 II 区次改造区压裂缝网渗流流场压力, MPa; q_2 为 II 区次改造区压裂缝网渗流流场流量, m^3; P_{m2} 为 II 区次改造区和 I 区未改造区边界压力, MPa。

3) I 区未改造区基质渗流流场

I 区内的流动为远离椭圆缝网区域的流体流向次改造区的径向流。

Ⅰ区的体积流量方程为

$$q_3 = \frac{2\pi K_0 h Z_{sc} T_{sc}}{P_{sc} T \overline{\mu Z} \ln \frac{r_e}{\sqrt{ab}}} \left[\frac{P_e^2 - P_{m2}^2}{2} + \frac{3\pi \mu a D_K}{16 K_0}(P_e - P_{m3}) \right] \tag{7.18}$$

则Ⅰ区的流动阻力为

$$R_3 = \frac{P_{sc} T \overline{\mu Z} \ln \frac{r_e}{\sqrt{ab}}}{2\pi K_0 h Z_{sc} T_{sc}} \tag{7.19}$$

基质解吸的流量为

$$q_m = \pi(r_e^2 - r_w^2)h\rho_c \left(V_m \frac{P_e}{P_L + P_e} - V_m \frac{\overline{P}}{P_L + \overline{P}} \right) - \pi(r_e^2 - r_w^2)h\phi_m \tag{7.20}$$

式中，R_3 为Ⅰ区未改造区基质渗流流场渗流阻力，MPa^2/m^3；P_{m3} 为Ⅰ区未改造区基质渗流流场压力，MPa；q_3 为Ⅰ区未改造区基质渗流流场流量，m^3。

根据等值渗流阻力法，两区流场串联供油，这时 $q_1 = q_2 = q_3 + q_m = q$，联立两区流动方程：

$$\begin{cases} q = \dfrac{P_{m1}^2 - P_w^2}{R_1} \\[3mm] q = \dfrac{P_{m2}^2 - P_{m1}^2}{R_2} \\[3mm] q = \dfrac{1}{R_3}\left[\dfrac{P_e^2 - P_{m2}^2}{2} + \dfrac{3\pi \mu a D_K}{16 K_0}(P_e - P_{m2}) \right] + q_m \end{cases}$$

求解得出压裂水平井产能模型方程：

$$q = \frac{P_e^2 - P_w^2}{R_1 + R_2 + C R_3} \tag{7.21}$$

式中，

$$C = \frac{P_e^2 - P_{m2}^2}{\dfrac{P_e^2 - P_{m2}^2}{2} + \dfrac{3\pi \mu D_K}{16 K_0}(P_e - P_{m2}) + \dfrac{b}{4}\left(\dfrac{3\pi \mu D_K}{16 K_0} \right)^2 \ln \dfrac{P_e}{P_{m2}} + R_3 q_m}$$

4) 水平井筒区

页岩气开采采用多级分段压裂，水平井内流体径向流量沿井筒分布不均匀，从趾端到根端流体径向流量逐渐增加，即沿井筒方向存在压降变化。因此，必须对井筒内流体流动与气藏渗流进行耦合，来研究水平井生产动态。

气体在水平井筒流动时，首先干扰了管壁边界层，进而改变由速度分布决定的壁面摩擦阻力，产生摩擦压降；其次，由于气藏的径向流入，干扰了井筒主流的正常流动，使成簇压裂缝网区上下游两端的流速发生改变，动量也发生改变，产生加速度压降。径向流入量与井筒压力相互影响，因此需要耦合求解。本书按照水平井压裂级数将水平井分为 j 段，每段为一个独立的椭圆渗流区(图 7.20)，每段满足动量守恒方程：

$$AP_{w}(L) - AP_{w}(L + \mathrm{d}L) = 2\pi r \tau \mathrm{d}L + \mathrm{d}(mv) \tag{7.22}$$

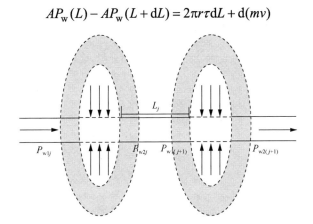

图 7.20　气体在水平井筒流动的物理模型

L_j 为相邻缝网区的距离

(1) 摩擦压降。

沿水平井筒流动的流体与壁面摩擦引起的压力损失，从第 j 簇裂缝到第 $j+1$ 簇裂缝摩擦压降为

$$P_{\mathrm{wf}2j} - P_{\mathrm{wf}1(j+1)} = 2\tau \Delta L_j / r \tag{7.23}$$

$$\tau = \frac{1}{2} f \rho_{\mathrm{g}} \overline{v}^2 = \frac{1}{2} f \frac{\rho_{\mathrm{gsc}}^2}{\rho_{\mathrm{g}}} \left[\frac{Q_{scj} + Q_{sc(j+1)}}{2A} \right]^2 \tag{7.24}$$

页岩气密度为

$$\rho_{\mathrm{g}} = \frac{T_{\mathrm{sc}} Z_{\mathrm{sc}} \rho_{\mathrm{gsc}}}{P_{\mathrm{sc}}} \frac{P_{\mathrm{w}}}{TZ} \tag{7.25}$$

水平井水平段不同流态对应摩擦压降计算式，判断流态的计算标准为雷诺数 $Re=\rho v d / \mu$，其标准如下。

① $Re \leqslant 2300$ 时，水平井内气体流动为层流：$f = \dfrac{64}{Re}$。

② $Re \geqslant 4000$ 时，水平井内气体流动为紊流：

$$f = \begin{cases} 0.3164 / \sqrt[4]{Re} & \text{(光滑管壁)} \\ \left[1.14 - 2\lg\left(\varepsilon / d + 21.25 Re^{-0.9} \right) \right]^{-2} & \text{(粗糙管壁)} \end{cases}$$

③ $2300 < Re < 4000$ 时，水平井内气体流动为过渡流：摩擦系数可以在层流和紊流之间进行线性差分法求得。

当 $\Delta L \to 0$ 时，微元段内的平均流量可用 L 处的界面流量来近似替代，可得

$$P_{w1(j+1)}^2 - P_{w2j}^2 = \frac{2}{\pi^2 r_w^5} \frac{P_{sc} \rho_{gsc} T Z}{T_{sc} Z_{sc}} f Q_{scj}^2 \Delta L_j \quad (j = 1, 2, 3, \cdots, N-1) \quad (7.26)$$

式中，第 j 段井筒内气体的流量 Q_{scj} 为

$$Q_{scj} = \begin{cases} Q_{sc(j-1)} + q_{scj} & (j \neq 1) \\ q_{sc1} & (j = 1) \end{cases} \quad (7.27)$$

(2) 加速度压降。

在压裂缝网区，流体由射孔段流入井筒。第 j 簇裂缝左端入口速度和右边出口速度分别为 v_{1j} 和 v_{2j}，入口压力和出口压力分别为 P_{1j} 和 P_{2j}，入口流量和出口流量分别为 $Q_{sc(j-1)}$ 和 Q_{scj}，单位长度产气量为 Q_{scj} / L。流体从第 j 簇裂缝左端流到右端过程中，裂缝径向入流和水平井筒主流汇合，流体渗流速度发生变化引起的第 j 条裂缝的加速度压降。其中，压裂区由于摩擦和加速度引起的井筒压降为

$$P_{w2j}^2 - P_{w1j}^2 = \frac{2}{\pi^2 r_w^5} \frac{P_{sc} \rho_{gsc} T Z}{T_{sc} Z_{sc}} f Q_{sc(j-1)}^2 \Delta 2 b_{fj} + \frac{2}{\pi^2 r_w^4} \frac{P_{sc} \rho_{gsc} T Z}{T_{sc} Z_{sc}} Q_{sc(j-1)} q_{scj} \quad (j = 2, 3, \cdots, N)$$

$$(7.28)$$

水平井筒趾端无汇流现象，因此不会产生加速度压降，即当 $j=1$ 时，$P_{w11}=P_{w21}$。对于水平管流，由于重力产生的压力降可以忽略。

已知水平井井筒内摩阻压降公式、加速度压降公式和页岩气产能模型，且在水平井筒趾端处压力 $P_{w1}=6\text{MPa}$ 的情况下，对于水平井第 j 段有

$$P_{wj} = 0.5(P_{w1j} + P_{w2j}) \quad (j = 2, 3, \cdots, N) \quad (7.29)$$

综上所述，即可得到页岩储层多级压裂水平井渗流与井筒流动耦合模型。利用迭代法推导产能模型并进行求解，分析水平井产能影响因素，并为水力压裂水平井产能评价和参数分析提供理论基础。

7.3.2　页岩气储层压裂水平井稳态渗流缝网产能模型影响因素分析

根据前面推导出的页岩气储层压裂水平井稳定渗流缝网产能模型，运用MATLAB 进行编程计算，对产能影响因素进行分析。

已知国内某致密页岩气藏单井的基本参数：孔隙度为 0.07；标准状态温度为293K；渗透率为 0.0005mD；地层温度为 366.15K；压缩因子为 0.89；黏度为0.027mPa·s；泄压半径为400m；边界压力为24.13MPa；井筒半径为0.1m；井底流压为 6MPa；气藏厚度为30m；岩石密度为 2.9g/cm³；裂缝宽度为3mm；质量扩散系数为 8.4067×10^{-7}cm²/s。

1. 缝网产能模型因素分析

图 7.21 为裂缝导流能力对产气量的影响，可见产气量随着生产压差的增大而增大。随着裂缝导流能力的增加，产气量逐渐增加，但是产气量增加幅度减慢。图 7.22 为裂缝半长对产能的影响，随着裂缝半长的增加，产气量逐渐增加。

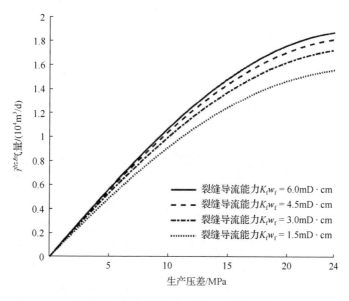

图 7.21　裂缝导流能力对产气量的影响

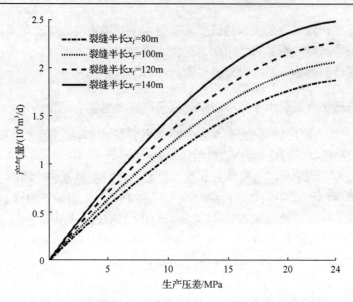

图 7.22　裂缝半长对产能的影响

图 7.23 为缝网渗透率对产气量的影响，可见随着缝网渗透率的增加，产气量逐渐增大，当缝网渗透率增加到一定程度时，产气量增加幅度减小。图 7.24 为渗流、扩散及解吸对产气量的贡献率，可见基质渗透率为 0.0005mD 时，扩散项所贡献的产量大于 80%，扩散起主要作用；基质渗透率为 0.05mD 时，渗流项所贡献的产量大于 80%，渗流起主要作用。

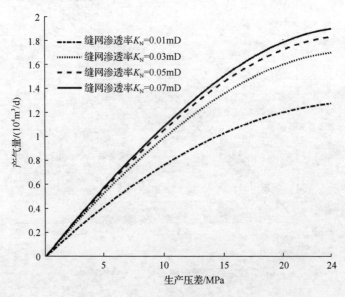

图 7.23　缝网渗透率对产气量的影响

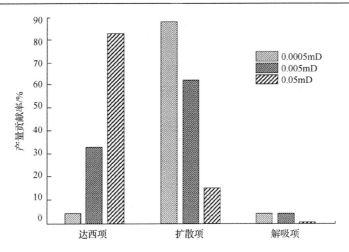

图 7.24　不同渗透率下渗流、扩散及解吸对产气量的贡献率

图 7.25 为不同孔隙半径下渗流、扩散及解吸对产气量的贡献率，可见解吸量对产气量的贡献率随着孔隙半径的增大而减小，达西项对产气量的贡献率随着孔隙半径的增大而增大，扩散项随着孔喉半径的增大而减小。当孔喉半径小于 100nm 时扩散项起主要作用，大于 100nm 时渗流项起主要作用。

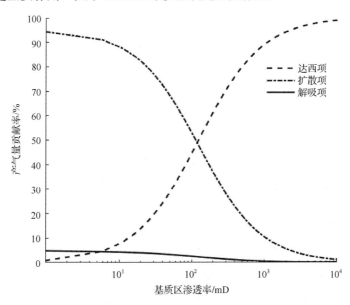

图 7.25　不同孔隙半径下渗流、扩散及解吸对产气量的贡献率

2. 考虑井筒压降的水平井流入能力分析

图 7.26 为单段流量和井底流压沿井筒分布图，可以看出水平井筒井底流压从

趾端到根端呈上升趋势，生产压差逐渐减小；越靠近根端，井筒内流量越大，引起压力损失越大，使水平井筒的流量沿井筒分布不均匀，径向流入水平井筒流量非线性减小。

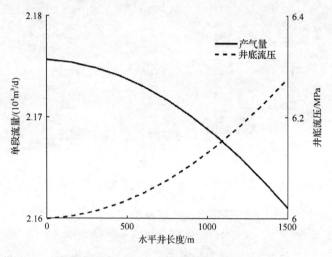

图 7.26　单段流量和井底流压沿井筒分布

　　图 7.27 为产气量沿井筒分布图，可以看出井筒内压力损失的存在会降低水平井的产气量。由于气体在井筒中流动黏度较小，井筒壁面摩擦和径向汇流引起的压降较小，井底流压和流量的变化幅度不大；随着水平井长度的增加，变化幅度增大。因此，对于产量较低、水平井长度较短的页岩气井，井筒中压降可忽略不计。

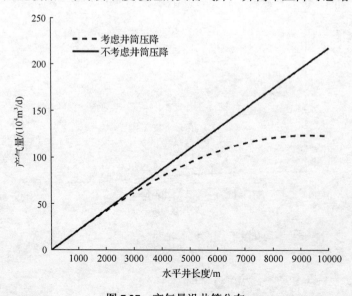

图 7.27　产气量沿井筒分布

图 7.28 为水平井长度对产气量的影响，可以看出，随着水平井长度的增加，单位级数产气量逐渐降低。水平井筒越长，沿水平井筒流动的流体与壁面摩擦引起的压力损失越大，产气量越小。因此，需结合模型及优化原则，合理优化设计水平井长度。

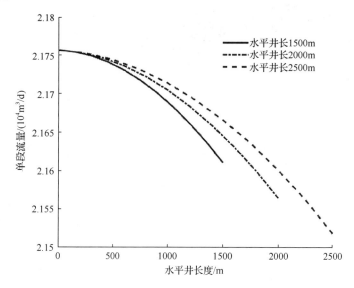

图 7.28　水平井长度对产气量的影响

7.4　多级压裂水平井非稳态开采产能模型

为了最大限度地开启天然裂缝，形成复杂缝网络，增大压裂改造体积，水平井分段多簇压裂被广泛应用页岩气藏压裂改造实践中。体积压裂通过段间交错布缝造成缝间应力干扰。提高了裂缝复杂程度，达到增强改造效果的目的。压裂级数、缝网导流能力及裂缝排布方式等是影响页岩气藏分段多簇压裂水平井产能的重要因素。本节从页岩气在基质纳米孔隙中的微观渗流和压裂裂缝中的宏观渗流特征出发，基于页岩储层单井压裂非稳态渗透数学模型，建立页岩气藏多级压裂水平井非稳态产能预测模型，开展相关产能研究。给出了压裂优化建议。

7.4.1　页岩气储层多级压裂水平井非稳态渗流缝网产能模型

图 7.29 为实测地层压裂缝网形态，可以看出缝网形态呈现椭圆形，椭圆的长轴和短轴可由现场数据确定。

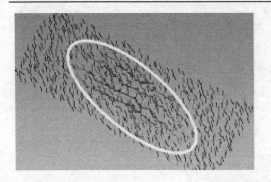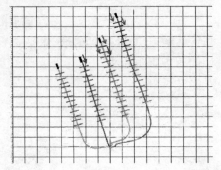

(a) 分段射孔方案图

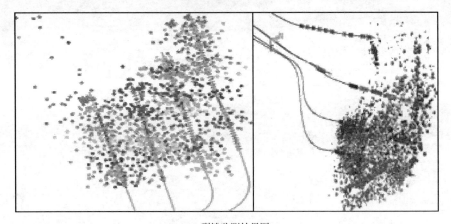

(b) 裂缝监测结果图

图 7.29　地层压裂缝网形态

　　由基质-压裂缝耦合缝网压裂不稳定渗流模型，对于第 j 条裂缝，长轴为 a_j，短轴为 b_j，则等效缝网区半径 $r_j = \sqrt{a_j b_j}$。

　　产气量随时间及井底压力的变化关系为

$$q_j = \frac{\dfrac{4\pi\lambda_1 h}{\mu Z}\left(\psi_{r_w}{}^2 - \psi_i{}^2\right)}{\left[\mathrm{Ei}\left(-\dfrac{r_w^2}{4\chi_1 t}\right) - \mathrm{Ei}\left(-\dfrac{r_j}{4\chi_1 t}\right) + \mathrm{e}^{\frac{r_j}{4\chi_1 t}(1-N)}\mathrm{Ei}\left(-\dfrac{Nr_j}{4\chi_1 t}\right)\right]} \tag{7.30}$$

1. 多簇裂缝泄流时各簇裂缝形成的泄流区域不互相干扰

　　多簇裂缝泄流，各簇裂缝形成的泄流区域不互相干扰时，泄流的总流量为各簇裂缝泄流量之和，由等值渗流阻力法及上面的分析得到页岩气储层水平井压裂

多簇裂缝时的产量公式为

$$Q = \sum_{i=1}^{n} q_i \tag{7.31}$$

2. 多簇裂缝泄流时各簇裂缝形成的泄流区域互相干扰

多簇裂缝泄流，当所有裂缝引起的椭圆泄流区均相互干扰时，相当于减少了该区域的渗流阻力，此时水平井压裂多簇裂缝相互干扰时的产量公式为

$$Q = \sum_{i=1}^{n} q_i \left(1 - \frac{S_i}{\pi a_i b_i} \right) \tag{7.32}$$

式(7.32)中，

$$S_i = 2\left(\frac{1}{4}\pi a_i b_i - \frac{1}{2} a_i b_i \arccos\frac{y_i}{b_i} \right) - \frac{W_i}{2} y_i + 2\left(\frac{1}{4}\pi a_{i+1} b_{i+1} - \frac{1}{2} a_{i+1} b_{i+1} \arccos\frac{y_i}{b_{i+1}} \right) - \frac{W_i}{2} y_i$$

其中，y_i 由椭圆方程 $\dfrac{x^2}{b^2} + \dfrac{y^2}{a^2} = 1$ 求得，其中 $x_i = \dfrac{W_i}{2}$，$y_i = \sqrt{\left[1 - \left(\dfrac{W_i}{2a} \right)^2 \right] b^2}$，

$i = 1, 2, \cdots, n-1$。当不干扰时，$S_i = 0$。

当水平井压裂裂缝既存在相互干扰又存在不干扰时，水平井的产量公式为上述两种情况的组合。

7.4.2　页岩气储层多级压裂水平井非稳态渗流缝网产能模型影响因素分析

根据前面推导出的页岩气储层压裂水平井不稳定渗流缝网产能模型，运用 MATLAB 进行编程计算，对产能影响因素进行分析。

已知国内某致密页岩气藏单井的基本参数为：孔隙度为 0.07；标准状态温度为 293K；渗透率为 0.0005mD；地层温度为 366.15K；压缩因子为 0.89；黏度为 0.027mPa·s；泄压半径为 400m；边界压力为 24.13MPa；井筒半径为 0.1m；井底流压为 6MPa；气藏厚度为 30m；岩石密度为 2.9g/cm³；裂缝宽度为 3mm；质量扩散系数为 8.4067×10^{-7}cm²/s。

图 7.30 为裂缝半长对产气量的影响，可知随着裂缝半长的增加，产气量逐渐增加。图 7.31 为压裂级数对产气量的影响，可知随着压裂级数的增加，产气量逐渐增大。图 7.32 为缝网导流能力对产气量的影响，可知裂缝导流能力对产气量的影响较大，随着缝网导流能力的增加，产气量增加较快。图 7.33 为不同裂缝排布

模式，图 7.34 为不同裂缝排布对产气量的影响。由图 7.34 可知，裂缝排布对产气量影响较小，其中均等排布产气量较大。

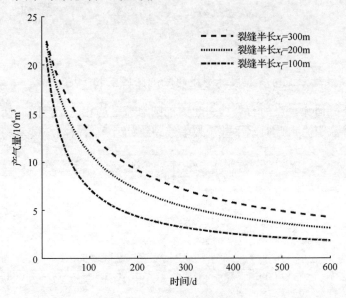

图 7.30 裂缝半长对产气量的影响

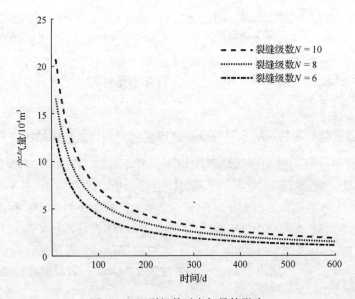

图 7.31 压裂级数对产气量的影响

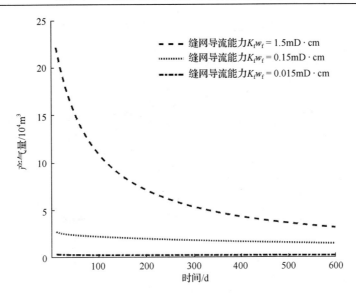

图 7.32 缝网导流能力对产气量的影响

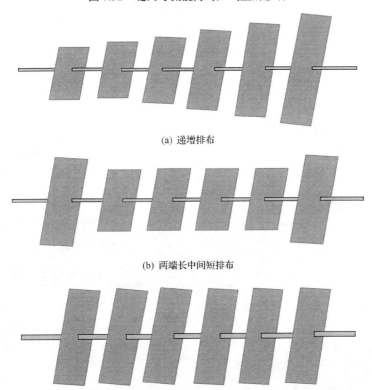

(a) 递增排布

(b) 两端长中间短排布

(c) 均等排布

图 7.33 不同裂缝排布模式

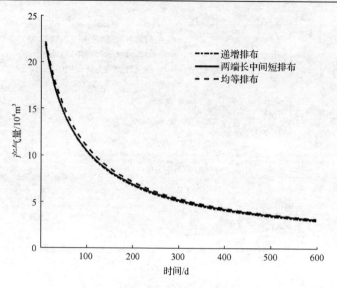

图 7.34　不同裂缝排布对产气量的影响

7.5　生产数据拟合

7.5.1　区块概况

　　研究目标区块为页岩 I 区块，地形如图 7.35 所示。该区块总体为我国南方丘陵山地，受到来自北西方向挤压应力作用，以正向构造为主，各背斜带之间以宽缓向斜带为界。海拔最高 675m，最低 250m，多为 400～600m，目标区块在图中以虚线标出。

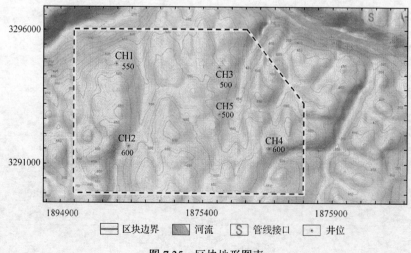

图 7.35　区块地形图表

7.5.2 地质背景

1. 地层特征

页岩Ⅰ区块为古生界奥陶系—中生界三叠系自下而上主要发育，包括十字铺组、宝塔组、涧草沟组、五峰组、龙马溪组、小河坝组、韩家店组、黄龙组、梁山组、栖霞组、茅口组、龙潭组、长兴组、飞仙关组、嘉陵江组。根据目前勘探开发情况，将下志留统龙马溪组下部—上奥陶统五峰组约86m层段含气泥页岩段作为本区主要的目的层。按照从老到新的顺序，由五峰组至嘉陵江组具体叙述如下。

1) 奥陶系

奥陶系上统五峰组(O_3w)分为上下两部分，下段为黑色炭质页岩、粉砂质页岩，厚度为3～7m；上段为钙质云岩或粉砂质页岩，曾名"观音桥段"，厚度很小，一般小于1m。

2) 志留系

(1) 志留系下统龙马溪组(S_1l)上部为灰、深灰色泥岩，含粉砂质泥岩，下部为深灰色、灰黑色泥岩，炭质泥岩。与下伏五峰组地层呈整合接触关系，厚度约300m。

(2) 志留系下统小河坝组(S_1x)地层上部及中部岩性以灰、绿灰、灰绿色泥岩，砂质泥岩为主，夹绿灰、灰绿色粉砂岩和泥质粉砂岩；下部岩性为灰、绿灰色泥岩，砂质泥岩与绿灰色粉砂岩、泥质粉砂岩，呈不等厚互层。与下伏龙马溪组地层呈整合接触关系，厚度约230m。

(3) 志留系中统韩家店组(S_2h)上部以灰色泥岩为主，夹灰绿色粉砂岩；中、下部岩性为灰色泥岩、砂质泥岩与灰绿色粉砂岩、泥质粉砂岩，呈不等厚互层。与下伏小河坝组地层呈整合接触关系，厚度约为500m。

3) 石炭系

石炭系中统黄龙组(C_2h)岩性为绿灰、深灰色云岩，针孔状云岩、角砾状云岩。与下伏韩家店组地层呈假整合接触关系，厚度约25m。

4) 二叠系

(1) 二叠系下统梁山组(P_1l)以灰、深灰色泥岩为主，顶部为灰黑色炭质泥岩。与下伏黄龙组地层呈假整合接触关系，厚度约25m。

(2) 二叠系下统栖霞组(P_1q)上部为浅灰色含生屑灰岩，灰、深灰色灰岩；下部为灰、浅灰、深灰色灰岩，含泥灰岩，厚度约150m。

(3) 二叠系下统茅口组(P_1m)上部为灰、浅灰、深灰、灰白色灰岩及灰黑色炭质页岩，中部及下部为浅灰、灰、深灰色灰岩，中下部夹薄层灰色灰质泥岩。与下伏栖霞组地层呈整合接触关系，厚度约300m。

(4)二叠系上统龙潭组(P_2l)中部岩性为灰、浅灰色灰岩，含泥灰岩；上、下部岩性为灰黑色炭质页岩、炭质泥岩。与下伏茅口组地层呈假整合接触关系，厚度约 50～60m。

(5)二叠系上统长兴组(P_2ch)上部为为灰、浅灰、深灰色灰岩，含泥灰岩，泥质灰岩，生屑灰岩；中部为灰、浅灰、深灰色生屑灰岩，灰岩；下部为灰、深灰色灰岩，含泥灰岩，生屑灰岩。与下伏龙潭组地层呈整合接触关系，厚度约 190～200m。

5)三叠系

(1)三叠系下统飞仙关组(T_1f)顶部为棕紫色泥质白云岩、灰色泥质白云岩，中部为灰色、浅灰色灰岩、鲕粒灰岩，下部为浅灰色灰岩、含泥灰岩、泥质岩，底部见一层深灰色泥灰岩。与下伏长兴组地层呈假整合接触关系，厚度约 430～480m。

(2)三叠系下统嘉陵江组(T_1j)上部为灰、浅灰、深灰色灰岩，含云灰岩，白云岩，灰质白云岩，含泥白云岩，膏质白云岩与灰白色石膏岩，云质石膏岩，呈不等厚互层；中部及下部为浅灰色灰岩，含泥灰岩。与下伏飞仙关组地层呈整合接触关系，厚度约 250～320m。

根据已钻井的资料信息，该区地层出露老，岩石硬度大，可钻性较差；浅表有溶洞、暗河发育，呈不规则分布。三叠系地层存在水层；二叠系长兴组、茅口组、栖霞组在局部地区存在浅层气，水层和浅气层均属于低压地层；志留系地层的坍塌压力与漏失压力之间的区间较小。目的层龙马溪组底部页岩气层油气显示活跃，地层压力异常，气层压力系数为 1.41～1.55，而目的层之上的地层压力系数较正常，其大致分布如表 7.1。

表 7.1　地层压力系数表

地层				地层压力系数
系	统	组	代号	
三叠系	下统	嘉陵江组	T_1j	1.00～1.12
		飞仙关组	T_1f	
二叠系	上统	长兴组	P_2ch	1.10～1.16
		龙潭组	P_2l	
	下统	茅口组	P_1m	1.10～1.20
		栖霞组	P_1q	
		梁山组	P_1l	
石炭系	中统	黄龙组	C_2h	1.10～1.20
志留系	中统	韩家店组	S_2h	1.10～1.25
	下统	小河坝组	S_1x	1.10～1.30
		龙马溪组	S_1l	1.21～1.40(非目的层段)
奥陶系	上统	五峰组	O_3w	1.41～1.55(目的层段)

龙马溪组一般厚 100～400m，最厚近 700m，发育川南及川东-鄂西深水陆棚相沉积。埋深小于2000m的面积为48388km²，埋深小于3000m的面积为67336km²，埋深小于4000m的面积为88883km²，全盆地埋藏面积147011km²。

2. 地化特征

根据岩心资料，其有机碳含量最小为 0.55%，最大为 5.89%，平均为 2.55%，且具有自上而下有机碳含量逐渐增加的趋势。纵向上五峰组—龙马溪组一段一亚段处于深水陆棚亚相，有机碳含量主要为 3%～5.5%；一段二亚段和三亚段下部有机碳含量降低，为 1.5%～3%；三亚段上部由于水体明显变浅，有机碳含量普遍较低。该区块下志留统龙马溪组和上奥陶统五峰组有机质类型指数分别为 92.84 和 100，均为Ⅰ型干酪根，镜质体反射率分别为 2.42%和 2.8%，以生成干气为主。

1) 储集特征

五峰组-龙马溪组页岩储层段发育孔隙类型包括无机孔隙、有机质孔隙、微裂缝、构造缝 4 种储集空间类型。其中无机孔隙主要包括黏土矿物晶间孔、粒间孔及粒内孔；有机质孔隙属于有机质在后期热演化过程形成的孔隙。层理缝则主要发育于纹层发育段，在刚性矿物与塑性矿物间易于形成层理缝。岩心观察结果表明，构造缝多为直劈缝和高角度构造剪切缝，整体欠发育。

储集层脆性矿物含量为 33.9%～80.3%；平均为 56.5%。在纵向上，五峰组-龙马溪组一段一亚段脆性矿物含量高，多大于 50%；一段二亚段和三亚段下部脆性矿物含量降低，主要为 40%～65%；三亚段上部脆性矿物含量普遍较低。

储集空间以纳米级有机质孔、黏土矿物间微孔为主，并发育晶间孔、次生溶蚀孔等，孔径主要为中孔，页岩气层孔隙度为 1.17%～8.61%，平均为 4.87%。稳态法测定水平渗透率主要为 0.001～355mD。其中基质渗透率普遍低于 1mD，最小值为 0.0015mD，最大值为 5.71mD，平均值为 0.25mD；而层间缝发育的样品稳态法测定渗透率显著增高，普遍高于 1mD，最高可达 355.2mD。

2) 含气性特征

根据气层解释结果，储层含气量随着深度增加含气丰度逐渐增加。从单井含气量实测结果来看，目的层总含气量为 0.44～5.19m³/t，平均值为 1.97m³/t，主要以损失气与解吸气为主，残余气含量低；损失气含量为 0.11～3.9m³/t，平均值为 1.14m³/t；解吸气含量为 0.31～1.4m³/t，平均值为 0.79m³/t；残余气含量为 0.01～0.07m³/t，平均值为 0.04m³/t。

含水饱和度测试结果表明，该地区五峰组-龙马溪组含气页岩段束缚水饱和度为 28.2%～40%，平均为 34.1%。

7.5.3　实验室或现场测量资料

1)气组分测试资料

经过检测,目的层气体为以甲烷为主的优质天然气,具体组分如表 7.2 所示。

表 7.2　气体组分表　　　　　　　(单位:%)

	井名			
	CH1	CH2	CH3	CH4
氢	0.002	0.036	0.016	0.050
氦	0.023	0.028	0.023	0.021
氮	0.412	0.513	2.081	0.399
硫化氢	1.150	1.186	1.167	1.193
二氧化碳	0.521	0.842	0.020	0.460
甲烷	97.350	96.954	96.193	97.497
乙烷	0.435	0.335	0.387	0.341
丙烷	0.031	0.012	0.000	0.010
异丁烷	0.006	0.000	0.000	0.002
正丁烷	0.008	0.000	0.000	0.002
异戊烷	0.010	0.000	0.000	0.000
正戊烷	0.007	0.000	0.000	0.000
己烷及以上	0.000	0.000	0.000	0.000

2)页岩力学特性

对该区块目的层岩心开展岩石力学参数测试,测得杨氏模量为 23~37GPa,泊松比为 0.11~0.29,体积模量为 14~18GPa,剪切模量为 10~14GPa,实测最大主应力为 61.50MPa,最小主应力为 52.39MPa,根据应力剖面图可以得到上下隔层应力差约 8MPa。CH1 井测井数据计算脆性系数为 59.9%;CH2 井测井数据计算脆性系数为 57.5%;CH3 井测井数据计算脆性系数为 53.1%;CH4 井测井数据计算脆性系数为 52.7%;CH5 井测井数据计算脆性系数为 55.3%。

3)页岩特性分析

(1)页岩岩性分析。

CH1 井龙马溪组全矿组成纵向上分布如图 7.36 所示,可见硅质矿物(石英+长石)在纵向上稍有些变化。总体说来石英含量较高,最小值为 22%,最大值为 70%,平均值为 35%。长石含量较稳定,最小值为 3%,最大值为 6%,平均值为 4.4%。碳酸盐矿物含量也较高,在龙马溪组下部较为发育,最小值为 0,最大值为 45%,平均值为 13.2%。黏土矿物纵向上含量变化较大,纵向上从浅往深减少,最小值为 17%，最大值为 59%，平均为 42.5%。

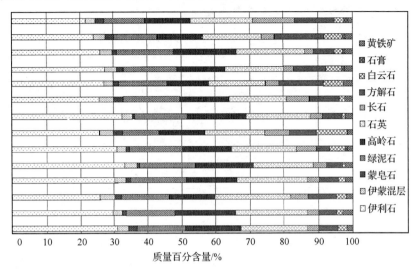

图 7.36　CH1 井下志留统龙马溪组全岩矿物组成

(2)孔隙度数据。

根据岩心测定数据，得到孔隙度数据如表 7.3 所示。

表 7.3　岩心孔隙度数据

井号	样品号	测深/m	孔隙度/%	井号	样品号	测深/m	孔隙度/%
CH1	1	2425	4.96	CH4	1	2590	4.03
	2	2456	5.61		2	2629	4.2
	3	2518	5.85		3	2685	5.18
	4	2546	6.69		4	2771	5.86
	5	2634	7.22		5	3212	6.44
CH2	1	2423	4.22	CH5	1	2530	4.52
	2	2462	5.09		2	2552	4.95
	3	2509	5.56		3	2579	5.32
	4	2537	6.38		4	2644	5.84
	5	2597	6.97		5	2760	6.68
CH3	1	2470	4.05				
	2	2583	4.22				
	3	2509	5.06				
	4	2548	5.48				
	5	2608	6.24				

(3)渗透率数据。

根据岩心测定数据，得到渗透率数据如表 7.4 所示。

表 7.4   岩心渗透率数据表

井号	样品号	测深/m	密度/(g/cm³)	平均渗透率/mD
CH1	1	2425	2.5911	0.1322
	2	2456	2.6311	0.0073
	3	2518	2.615	0.2559
	4	2546	2.6052	0.3057
	5	2634	2.5981	0.4991
CH2	1	2423	2.6032	0.1055
	2	2462	2.588	0.2865
	3	2509	2.604	0.3541
	4	2537	2.5922	0.0123
	5	2597	2.6201	0.4897
CH3	1	2470	2.5897	0.256
	2	2583	2.5432	0.152
	3	2509	2.5501	0.089
	4	2548	2.58	0.43
	5	2608	2.605	0.126
CH4	1	2590	2.589	0.0467
	2	2629	2.44	0.3245
	3	2685	2.554	0.2256
	4	2771	2.445	0.145
	5	3212	2.436	0.403
CH5	1	2530	2.55	0.122
	2	2552	2.49	0.065
	3	2579	2.468	0.302
	4	2644	2.523	0.265
	5	2760	2.511	0.432

(4)含气丰度、含水饱和度数据。

通过岩心测试，得到含气丰度、含水饱和度数据如表 7.5 所示。

表 7.5　岩心含气丰度、含水饱和度数据表

井号	样品号	测深/m	吸附气丰度/(m³/t)	游离气丰度/(m³/t)	总丰度/(m³/t)	含水饱和度/%
CH1	1	2425	0.65	0.12	0.77	36.4
	2	2456	0.74	0.76	1.5	33.5
	3	2518	1.645	0.925	2.57	34.2
	4	2546	2.007	1.453	3.46	35.1
	5	2634	2.49	2.14	4.63	32.7
CH2	1	2423	0.72	0.18	0.9	38.5
	2	2462	0.918	0.882	1.8	36.7
	3	2509	1.587	0.893	2.48	32.1
	4	2537	2.03	1.47	3.5	33
	5	2597	2.373	2.107	4.58	31.9
CH3	1	2470	0.672	0.148	0.82	35.7
	2	2583	0.711	0.74	1.451	34.2
	3	2509	1.632	0.879	2.511	32.6
	4	2548	1.956	1.344	3.2	33.1
	5	2608	2.676	2.024	4.6	32.1
CH4	1	2590	0.514	0.137	0.651	36.2
	2	2629	0.657	0.683	1.34	34.4
	3	2685	1.398	0.753	2.15	35.2
	4	2771	1.866	1.244	3.11	32.4
	5	3212	2.532	2.068	4.7	31.6
CH5	1	2530	0.621	0.189	0.81	35.9
	2	2552	0.71	0.78	1.49	34.6
	3	2579	1.34	1.21	2.55	35.4
	4	2644	1.76	1.5	3.26	32.7
	5	2760	2.55	2.01	4.56	32

(5)页岩储层扩散、等温吸附测试数据。

选择岩心样品进行扩散系数测定，得到扩散系数为 $2.987\times10^{-7}\sim9.503\times10^{-7}\,\mathrm{cm}^2\cdot\mathrm{s}^{-1}$，样品测试结果如表 7.6 和表 7.7 所示。

表 7.6　CH1 井岩心扩散系数测试表

井号	岩性	仪器名称	烃类气体类型	饱和介质	测试压力/MPa	测试温度/℃	直径/cm	长度/cm	扩散系数/(cm²·s⁻¹)
CH1	刚性	天然气扩散系数测定装置	甲烷	氮气	4.0	60.0	2.50	2.40	9.503×10^{-7}

表 7.7　CH2 井岩心扩散系数测试表

井号	岩性	仪器名称	烃类气体类型	饱和介质	测试压力/MPa	测试温度/℃	直径/cm	2.50	扩散系数/(cm²·s⁻¹)
CH2	刚性	天然气扩散系数测定装置	甲烷	氮气	4.0	60.0	2.50	2.41	2.987×10^{-7}

从目前五峰-龙马溪组等温吸附测试结果来看(图 7.37)，在 30℃温度下，气体吸附满足 Langmuir 等温吸附规律，在 20~40MPa 压力下，吸附气量为 2.35~2.55m³/t，平均为 2.45m³/t。

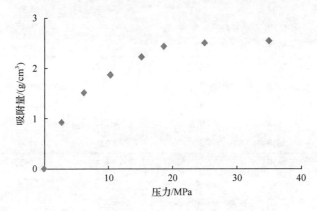

图 7.37　五峰组-龙马溪组岩心吸附测试数据

7.5.4　现场生产动态资料

1. 生产井基本数据

目前，页岩 I 区块共有 5 口生产井，进行压裂试采的基本信息如表 7.8 所示。

表 7.8　生产井基本数据

井号	坐标/m 横坐标	坐标/m 纵坐标	地面海拔/m	补心高/m	钻遇目的层深度/m	目的层垂向厚度/m	压力系数	地温梯度/(℃/100m)
CH1	18750958	3294866	552	8.5	2413	90.5	1.41	2.83
CH2	18751390	3292098	555	5.3	2415	89.2	1.47	2.85
CH3	18754565	3294752	500	7	2462	86.3	1.43	2.80
CH4	18756325	3292028	600	5.8	2585	83	1.42	2.86
CH5	18754567	3293168	530	7.6	2523	84.5	1.40	2.84

2. 压裂及生产数据

页岩 I 区块的 5 口水平井压裂后进行了试生产，生产数据如表 7.9 所示。

表 7.9 区块试采数据

井号	生产情况			累计生产时间/d	累计产气量/10⁴m³	累计产水量/m³
	平均套压/MPa	日产气量/m³	日产水量/m³			
CH1	8.24	233542	14.05	534	12892	7503.6
CH2	8.35	288264	17.89	563	16229	1039.9
CH3	7.64	231183	14.51	672	15512	9677.1
CH4	5.62	104343	19.52	851	8744	15833.5
CH5	7.28	146752	16.41	689	10229	11306.8

7.5.5 生产数据拟合

对 I 类、II 类、III 类的压裂水平井进行生产数据与理论产能模型的对比拟合，生产参数见表 7.10。在固定生产压差条件下，拟合数据见表 7.11～表 7.15，研究拟合结果如图 7.38～图 7.42 所示。

表 7.10 压裂水平井压裂生产参数

井名	井类别	压裂段数	平均压裂段间距/m	实际生产时间/d	EUR/10⁸m³
CH1	I 类	19	71.52	551	2.45
CH2	I 类	21	69.40	562	3.10
CH3	I 类	19	71.68	670	1.76
CH4	II 类	17	76.47	837	1.05
CH5	III 类	22	72.50	681	0.76

注：EUR 为单井可采资源量。

表 7.11 CH1 井拟合数据

井号	裂缝渗透率/mD	缝网复杂程度	等效缝网渗透率/mD	基质渗透率/mD	压裂范围/m	EUR/10⁸m³
CH1	500	0.005	2.5	0.005	160	2.45

表 7.12 CH2 井拟合数据

井号	裂缝渗透率/mD	缝网复杂程度	等效缝网渗透率/mD	基质渗透率/mD	压裂范围/m	EUR/10⁸m³
CH2	800	0.005	4	0.005	170	3.10

表 7.13 CH3 井拟合数据

井号	裂缝渗透率/mD	缝网复杂程度	等效缝网渗透率/mD	基质渗透率/mD	压裂范围/m	EUR/10⁸m³
CH3	1500	0.0005	7.5	0.0005	150	1.76

表 7.14 CH4 井拟合数据

井号	裂缝渗透率/mD	缝网复杂程度	等效缝网渗透率/mD	基质渗透率/mD	压裂范围/m	EUR/10⁸m³
CH4	200	0.0005	0.1	0.0005	100	1.05

表 7.15 CH5 井拟合数据

井号	裂缝渗透率/mD	缝网复杂程度	等效缝网渗透率/mD	基质渗透率/mD	压裂范围/m	EUR/10⁸m³
CH5	3000	0.0005	1.5	0.0005	150	0.76

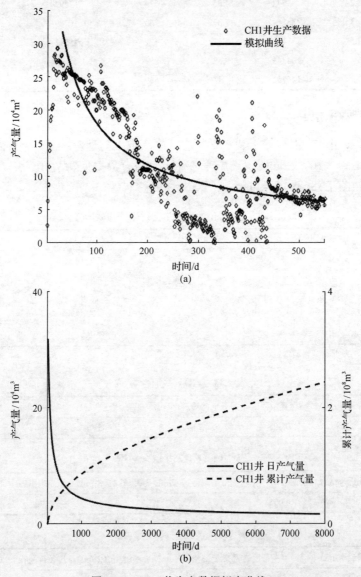

图 7.38 CH1 井生产数据拟合曲线

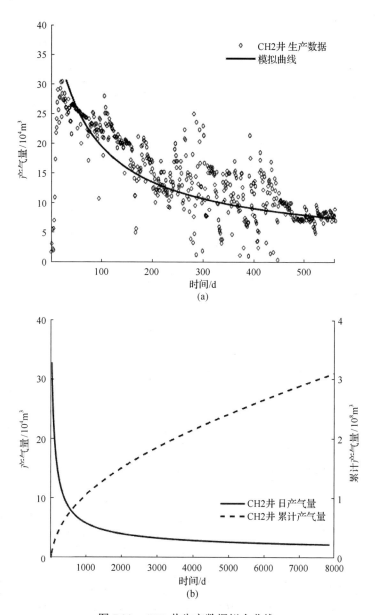

图 7.39 CH2 井生产数据拟合曲线

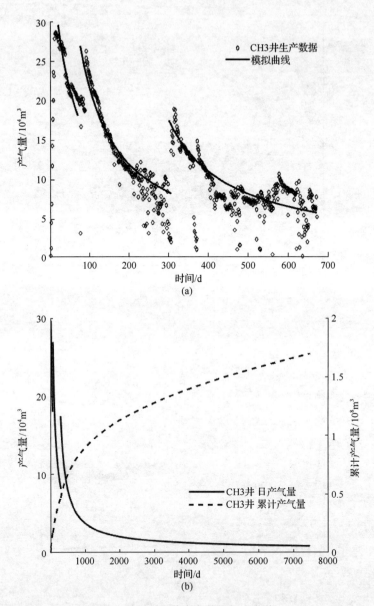

图 7.40　CH3 井生产数据拟合曲线

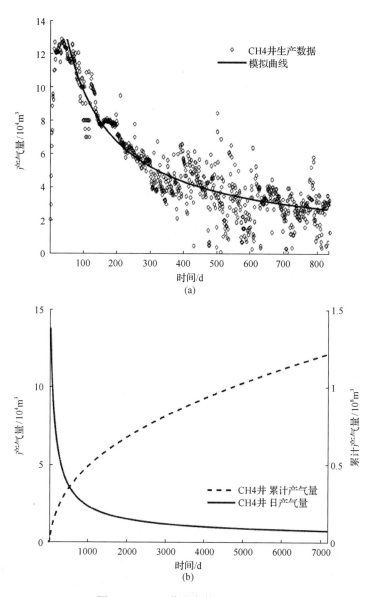

图 7.41 CH4 井生产数据拟合曲线

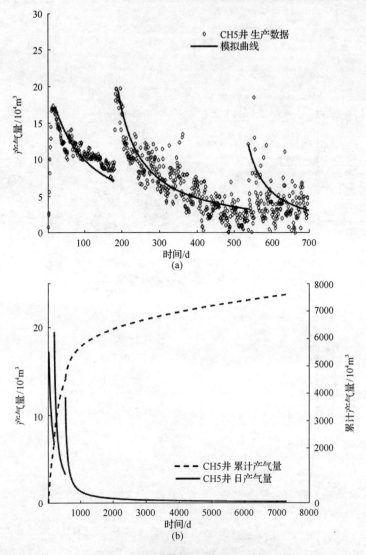

图 7.42　CH5 井生产数据拟合曲线

图 7.38～图 7.42 为单井产气量的生产数据拟合曲线。从图中可以看出，单井日产气量随时间递减，且在一年之内递减率下降到最大日产气量的 60% 以上，随后趋于平缓。模型模拟结果与实际生产数据拟合较好，说明了产能模型的正确性。

经拟合，页岩单井产气量符合"L 形"递减规律曲线，初期产气量越大，"L 形"递减越慢，EUR 越高；"L 形"规律越明显，产气量越稳定，累计产气量越高；开关井次数越多，页岩气生产曲线波动越大，累计产气量较低；基质渗透率越大，储层渗流特性越好，对产气量产生一定影响；缝网渗流范围分布在 150～170m。实验结果可为现场压裂提供指导意见。

Ⅰ类井 EUR 平均大于 $1.5 \times 10^8 \mathrm{m}^3$，Ⅱ类井为 $(0.8 \sim 1.5) \times 10^8 \mathrm{m}^3$，Ⅲ类井低于 $0.8 \times 10^8 \mathrm{m}^3$，需综合结合第一年平均日产气量和 EUR 对井进行综合预测及分类。

第8章 页岩气开采多场耦合作用机理

在页岩气的开采过程中，随着地层压力下降，岩石物性参数会随之变化，从而影响气体的产能，给页岩气田开采带来困难。因此，弄清应力敏感对气井产能的影响程度非常重要。页岩气储层具有孔隙度小、渗透率低等超致密储层物性特征，相对于常规砂岩泥质含量较高，压缩性强。页岩气藏与其他类型气藏差异较大，赋存方式复杂，主要以吸附和游离状态赋存于泥页岩地层中，且存在由纳微米级孔隙、微裂缝、人工压裂缝网组成的多重介质[107-112]。由于降压开采应力场变化及压裂液返排介质变形，流-固耦合问题凸显，流动规律不明。为此，需结合我国页岩气藏的地质特征，针对岩气开采的渗流-应力-介质变形耦合作用机理、流-固耦合非线性渗流理论问题开展研究。

8.1 应力场耦合作用对页岩渗流规律的影响

8.1.1 岩样选取及物性

研究区龙马溪组为陆棚边缘滞水盆地沉积，主要由黑灰色页岩、含粉砂页岩组成，发育水平层理及断续的水平层理。Qj2-2-1x、Ls2-1-2x 为在全直径岩心上分别沿平行于层理方向钻取岩样，Qj2-2-1y、Ls2-1-2y 为垂直层理方向钻取岩样，Ls1-11-1、Ls1-11-5 为无明显层理特征的黑色页岩，Ls1-5-1、Qj1-6-1、Qj1-7-1、Ls2-3-2 为人工造缝岩样，岩样的基础数据见表 8.1。由表 8.1 看出，层理页岩表现出较强的各向异性，Qj2-2-1y 岩样各向异性程度强于 Ls2-1-2y，基质岩样的渗透率明显小于层理岩样。

表 8.1 页岩岩心基础数据

编号	取样类型	长度/cm	直径/cm	孔隙度/%	渗透率/mD
Qj2-2-1x	平行层理	5.75	2.53	5.1019	0.0471
Ls2-1-2x		5.68	2.53	3.7453	0.0091
Qj2-2-1y	垂直层理	5.07	2.53	5.3016	0.0022
Ls2-1-2y		5.83	2.53	3.5948	0.0055
Ls1-11-1	基质页岩	5.23	2.52	1.1453	0.00067
Ls1-11-5		5.26	2.53	1.602	0.000556
Ls1-5-1	裂缝页岩	4.16	2.52	0.0602	161.3
Qj1-7-1		4.75	2.53	1.0578	31.45
Qj1-6-1		4.57	2.52	1.3475	50.6
Ls2-3-2		5.01	2.53	1.2987	10.35

8.1.2　实验设备及实验方法

采用覆压孔渗仪 KFSY/T08-055 对人工造缝岩样渗透率进行测试，仪器精度为 0.001～104mD，最大应力为 65.5MPa。实验有效应力为 4MPa、7MPa、14MPa、21MPa、27MPa，应力敏感测试实验在室温常压下进行，使用氮气作为模拟天然气的实验气体。对所选岩心，在 70℃的条件下，在恒温箱内烘干 48h。层理页岩和基质页岩采用"稳态法"进行测量，围压设备使用高精度柱塞驱替泵，保持设备和阀门的数量最小化，使渗漏量降到最低，所有的连接都仔细调整，并通过多个压力点测试手段进行捡漏实验。实验方法上选用较大的下流观测体积（10mL），这有助于将渗漏的影响降到最低。实验进口压力为 10MPa，回压设定为 7MPa。实验有效应力设置及岩样的处理方法与人工造缝岩样的实验相同，每个有效应力点持续时间为 8h，对于同一有效应力点的渗透率采用多次测量，并求取平均值。

8.1.3　实验结果与分析

1. 人工压裂缝岩样应力敏感

通过实验测得页岩覆压孔渗数据如表 8.2 所示。

表 8.2　页岩覆压孔渗数据表

序号	岩样编号	上覆压力/MPa	孔隙度/%	空气渗透率/$10^{-3}\mu m^2$	克氏渗透率/$10^{-3}\mu m^2$
1	Ls1-6-1	3.448275862	1.88	2.354	2.056
2	Ls1-6-1	6.896551724	1.58	1.305	1.1
3	Ls1-6-1	13.79310345	1.25	0.733	0.593
4	Ls1-6-1	20.68965517	1.16	0.524	0.417
5	Ls1-6-1	27.5862069	1.09	0.365	0.253
6	Ls1-5-1	3.448275862	1.04	164.6	161.3
7	Ls1-5-1	6.896551724	0.76	103.9	101.3
8	Ls1-5-1	13.79310345	0.75	55.9	54.02
9	Ls1-5-1	20.68965517	0.72	36.39	34.91
10	Ls1-5-1	27.5862069	0.68	25.96	24.73
11	Ls1-11-5	3.448275862	0.15	0	0
12	Ls2-3-2	3.448275862	0.79	1.342	1.133
13	Ls2-3-2	6.896551724	0.33	0.829	0.675
14	Ls2-3-2	13.79310345	0.08	0.465	0.366
15	Ls2-3-2	20.68965517	0.04	0.329	0.254
16	Ls2-3-2	27.5862069	0	0	0
17	Qj-7-1	3.448275862	0.96	0.624	0.495

续表

序号	岩样编号	上覆压力/MPa	孔隙度/%	空气渗透率/$10^{-3}\mu m^2$	克氏渗透率/$10^{-3}\mu m^2$
18	Qj-7-1	6.896551724	0.82	0.285	0.21
19	Qj-7-1	13.79310345	0.05	0.14	0.094
20	Qj-7-1	20.68965517	0.05	0.107	0.069
21	Qj-7-1	27.5862069	0.03	0.085	0.053

1) 应力作用对孔隙度的影响

图 8.1 为孔隙度随有效应力的变化曲线,可见 4 块岩样孔隙度应力敏感曲线形态特征差异较大。Qj1-7-1、Ls2-3-2 岩样表现为孔隙度初期下降迅速后期平缓的特征,岩样压裂前后孔隙度变化较小,裂缝孔隙体积占总孔隙体积的 6%。表明压裂缝占据较小的孔隙体积,在有效应力为 4~14MPa 区间段,岩样孔隙度保持率为 5.21%,孔隙体积下降 94%以上,表明在此压力段孔隙度的下降主要是基质的孔隙被压缩,证明了裂缝孔隙间存在支撑,与两侧的基质相比更难被压缩。Qj1-6-1 与 Ls1-5-1 岩样变化相似,在有效应力区间内,孔隙度变化较小,其中 Ls1-5-1 岩样压裂前后孔隙度变化较大,裂缝孔隙体积占总孔隙体积的 80%,基质孔隙体积仅占 20%,表明压裂缝占据较大孔隙体积;在有效应力为 4~7MPa 区间段,孔隙体积出现急剧下降,降幅达 28%,该压力段主要为基质中的孔隙体积被压缩。Qj1-6-1 岩样压裂前后孔隙度变化较小,裂缝孔隙体积约占总孔隙体积的 12%,在有效应力为 4~14MPa 区间段孔隙体积下降较快,降幅达 33%,该压力段基质孔隙下降幅度也较大。综上所述,在实验孔隙压力条件下,基质相对裂缝更容易被压缩。

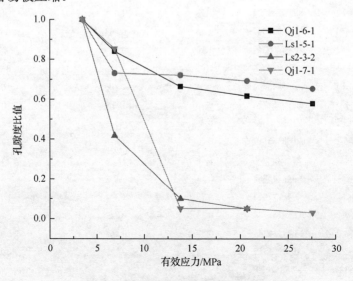

图 8.1　孔隙度随有效应力的变化曲线

2) 应力作用对渗透率的影响

页岩储层中发育大量微米级的裂缝是页岩气渗流的主要通道,笔者选取人工压裂缝岩样进行应力敏感实验研究,图 8.2 为渗透率随有效应力变化曲线。4 块人造缝岩样的渗透率应力敏感曲线形态特征大致相同,渗透率保持率都比较低,有效应力从 4MPa 增加到 27MPa 时,渗透率下降到初始值的 12%~20%,平均为 17%,含微裂缝页岩也表现出较强的应力敏感性。对比 4 条曲线特征发现,渗透率的下降幅度与渗透率的大小有着密切的关系,总体的趋势为渗透率越大,应力敏感性越弱,渗透率较低的岩样渗透率应力敏感性较强。

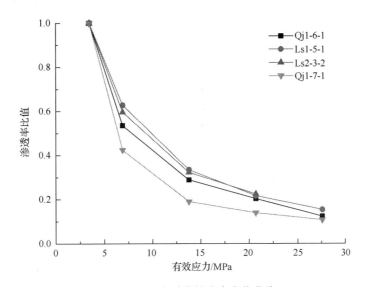

图 8.2　渗透率随有效应力变化曲线

2. 不同类型岩样围压应力敏感对比

图 8.3 为岩样渗透率随有效应力变化的测量结果,可见在最大有效应力条件下,不同类型岩样的渗透率变化范围为:人工造缝岩样 Qj1-6-1 为 2.351~0.283mD,Ls2-3-2 为 1.533~0.17mD;平行层理岩样 Ls2-1-2x 为 0.0412~0.00022mD,Qj2-2-1x 为 0.0096~0.0005mD;垂直层理岩样 Ls2-1-2y 为 0.0022~2.35×10^{-5}mD,Qj2-2-1y 为 0.0055~6.98×10^{-5}mD;基质岩样 Ls1-11-1 为 6.46×10^{-4}~9.56×10^{-8}mD,Ls1-11-5 为 5.59×10^{-4}~5.61×10^{-8}mD。显然,对于人工造缝岩样,压裂前后渗透率增加幅度较大,在最大有效应力条件下,与其他岩样相比仍然具有较高的渗透率。整体上含裂缝岩样的渗透率在有效应力范围内均大于基质岩样。

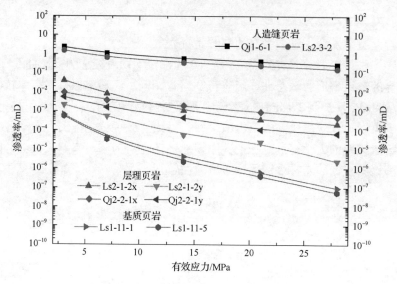

图 8.3　渗透率随有效应力变化曲线

目前，幂函数和指数函数被用于描述渗透率与有效应力之间的关系，其中指数函数形式应用最为广泛[113-115]，通过实验的方法则认为相对于指数函数，幂函数更适合描述页岩渗透率与有效应力的变化关系。本次实验选用指数函数和幂函数两种方法对实验结果进行拟合分析，其数学表达式分别如下：

$$K = K_0 \mathrm{e}^{-b\sigma_{\mathrm{eff}}} \tag{8.1}$$

式中，σ_{eff} 为有效应力；K_0 为有效应力起点时的岩石渗透率，mD；K 为任意地层压力条件下的渗透率，mD；b 为应力敏感常数。

$$K = K_0 \sigma_{\mathrm{eff}}^{-b} \tag{8.2}$$

实验拟合结果见表 8.3。

表 8.3　应力作用数学拟合

岩样类型		K_0/mD	b（指数函数）	b（幂函数）
人工裂缝	Qj1-6-1	2.351	$0.079 (R^2=0.9365)$	$0.926 (R^2=0.9969)$
	Ls2-3-2	1.533	$0.082 (R^2=0.9318)$	$0.958 (R^2=0.9968)$
层理页岩	Ls2-1-2x	0.041	$0.208 (R^2=0.9375)$	$2.431 (R^2=0.993)$
	Qj2-2-1x	0.0096	$0.112 (R^2=0.9711)$	$1.266 (R^2=0.9792)$
	Ls2-1-2y	0.0022	$0.26 (R^2=0.9799)$	$2.869 (R^2=0.935)$
	Qj2-2-1y	0.0055	$0.176 (R^2=0.9621)$	$2.001 (R^2=0.9754)$
基质页岩	Ls1-11-1	0.00065	$0.309 (R^2=0.9843)$	$3.456 (R^2=0.964)$
	Ls1-11-5	0.00059	$0.352 (R^2=0.9655)$	$4.013 (R^2=0.9869)$

由表 8.3 可以看出，幂函数与指数函数与实验结果拟合程度都在 0.9 以上，其中对于人造缝岩样，幂函数的拟合程度接近完全拟合。人工造缝岩样的应力敏感程度最弱，天然裂缝岩样次之，基质岩样的应力敏感程度最强，天然裂缝岩样中平行层理岩样应力敏感程度弱于垂直层理岩样。由此可见，裂缝的存在可以降低岩样的渗透率应力敏感程度，人工造缝岩样对应力敏感程度影响最大，天然裂缝中平行于渗流方向的裂缝对应力敏感程度的影响大于垂直于渗流方向的裂缝。应用两种方法的到应力敏感常数与岩样初始渗透率关系并非完全相关，其中 Ls2-1-2x 岩样曲线存在异常，尽管初始渗透率虽然较大，但表现为较强的应力敏感，该异常实验结果及岩样的渗透率各向异性将在本节下面的讨论中详细阐述。

3. 应力场作用耦合机理

1) 本体变形和结构变形

页岩气储层岩石成分和结构复杂，在研究岩石力学特性时，通常将岩石介质作为成分单一的连续介质，而实际岩石由多种不同力学性质的矿物组成，矿物之间并非连续分布。岩石在有效应力作用下产生结构变形和本体变形，这些变形是导致岩石出现应力敏感的主要原因。结构变形一般属于不可逆变形或部分可逆变形，岩石以塑性或弹-塑性变形为主；本体变形一般属于可逆变形，岩石以弹性变形为主，见图 8.4。

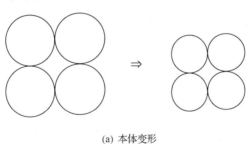

(a) 本体变形

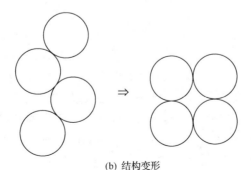

(b) 结构变形

图 8.4　多孔介质变形机制

在室内测量应力敏感曲线时的最大围压和孔隙压力分别为 29MPa 和 7MPa；目标区储层埋藏深度为 1600m 左右，根据现场地层测试和测井等资料得到页岩储层上覆地层压力和孔隙压力分别为 34MPa 和 25MPa 左右。说明实验过程中岩石骨架受到的应力并没有超过前期在地层条件下受到的最大应力。因此，实验过程中岩心不可能产生塑性变形，只会产生弹性变形，岩心的卸载曲线应该与加载曲线完全重合。但是，所有的测试曲线中，加载曲线与卸载曲线之间都存在很大的差异，分析认为岩石骨架颗粒的错动是导致结构变形的主要原因。

通常描述骨架变形的有效应力理论是力学等效的一种方法，其原理是将岩石材料多相介质应力状态简化为单相介质应力状态，以便于运用连续介质力学解决岩石材料变形和强度问题的固体力学等效方法。对于渗流问题，仅仅依靠有效应力原理将其等效为单相介质问题来进行分析并不严格。外荷作用下的岩石材料，即使是均质的，粒间力也不会像连续介质那样均匀分布，而是主要通过一个局部的强力链网络(strong force chain)的形式进行传递，处于链内的粒间作用力(尤其是法向力)非常大，而大部分的链外区域的粒间作用力则相对很小。因此，岩石材料的宏观抗剪强度主要取决于强力链网络中的粒间摩擦强度。

在应力加载过程中，实验的低有效应力阶段孔隙空间的减小由矿物颗粒相对错动和本体变形共同作用，渗透率下降速度较快；随着有效应力的增加，颗粒间摩擦力增大，岩样渗透率下降变缓。在卸载过程中，由于相对错动的不可逆性，岩石骨架主要发生弹性变形。由此可知，岩石内部颗粒的相对错动是导致页岩强应力敏感的主要原因，这在人工造缝页岩中显的尤为明显。在应力加载的初期，岩样的孔隙结构处于不稳定状态，在本体变形与结构变形的共同作用下，裂缝极易发生位置错动，即发生结构变形；在卸载过程中，裂缝两侧矿物发生的微小的本体变形促进了裂缝孔隙的结构变形，裂缝在应力作用下位置的错动即结构变形是导致人造缝页岩应力敏感的最主要因素。

2) 裂缝的自支撑作用

裂缝两侧断面并非光滑的平面，裂缝断面的位置错动会导致裂缝在应力的作用下无法原位闭合(图 8.5)，裂缝仍然具有良好的导流能力。影响裂缝闭合的因素主要是裂缝断面的位置错动和粗糙度，裂缝断面越光滑裂缝渗透率应力敏感越强[116,117]。实际岩石基质并非单一连续基质，而是由多种矿物组成的复杂介质，不同的矿物抗压、抗剪切等强度相差悬殊。因此，裂缝两侧矿物成分也是影响裂缝闭合的重要因素。由岩样矿物分析得知，本次所选岩样的矿物成分主要以石英和黏土矿物为主。石英矿物的体积模量一般为 35～40GPa，其剪切模量为 45GPa 左右；而黏土矿物的体积模量为 22GPa 左右，接近石英矿物体积模量的 1/2，其剪切模量为 8GPa，仅为石英剪切模量的 1/5～1/6。岩样中较高的石英含量为裂缝自支撑提供了前提条件。

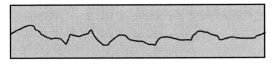

(a) 裂缝无水平错动，完全闭合

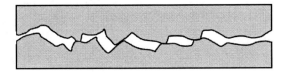

(b) 裂缝发生水平错动，裂缝存在自支撑

图 8.5　微裂缝自支撑作用[118]

将人工造缝岩样压裂前后渗透率进行对比(图 8.6)，Qj1-6-1、Ls2-3-2 岩样压裂前渗透率分别为 0.1186mD、0.0005mD，压裂后渗透率分别为 2.351mD、1.133mD，压裂后渗透率增大了 1~3 个数量级；随着有效应力的增加，在最大有效应力时渗透率分别为 0.253mD、0.07mD，岩样渗透率仍然大于压裂前的初始渗透率，表明在应力的作用下裂缝并没有完全闭合，裂缝对渗透率仍然具有较大贡献。同理，对发育有层理缝的页岩岩样与基质页岩岩样进行对比，发现在相同有效应力的作用下，含层理缝岩样渗透率高于基质岩样，表明层理缝在有效应力的作用下并没有原位闭合。综上所述，本次实验岩样，无论是人工压裂裂缝还是天然裂缝，在有效应力的作用下，裂缝由于存在自支撑作用而不能原位闭合，仍然具有较好的渗流能力。

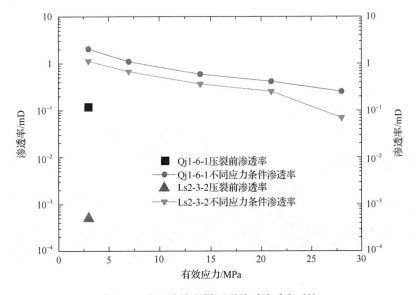

图 8.6　人工造缝岩样压裂前后渗透率对比

3) 微裂缝渗流特征的影响

基质岩心渗透率随有效应力变化幅度与渗透率初始值密切相关，渗透率越低应力敏感程度越强[119]。本次实验岩样初始渗透率分布区间为 0.0003～2.351mD，实验结果与文献结论一致。页岩裂缝的自支撑作用是影响裂缝岩样应力敏感的重要因素，本次实验中基质的渗流特征是影响含天然微裂缝页岩应力敏感程度的关键。

页岩多为纳米级孔隙，孔隙半径主要为 2～40nm，占孔隙总体积的 88.39%。对于页岩气藏，由于其孔隙系统基本上是由小孔道组成的，比表面极大，启动压力梯度的影响不能忽略。在有效应力的作用下，孔隙发生不同程度的缩小，渗流通道的启动压力梯度增加，部分较小的孔隙会丧失渗流能力，页岩储层强应力敏感不仅与应力导致的孔隙变小有关，渗流通道数量的减少也是主要影响因素。对于含微裂缝的页岩岩样，在裂缝影响区，岩样中的微裂缝相对于基质具有更好的导流能力，并且具有连接其他纳米级孔隙通道的作用。由于裂缝的存在，基质裂缝渗流段压力梯度大于基质渗流区，渗流通道的减少数量也低于基质页岩；随着裂缝角度的增大，基质段渗流长度增加，压力梯度变小，裂缝对应力敏感程度影响减弱。因此，含裂缝岩样的应力敏感程度弱于基质岩样，裂缝的存在会降低页岩岩样的应力敏感程度，本次实验结果证实了该认识。

含天然裂缝岩样的初始渗透率由基质特征和裂缝特征共同决定。由于裂缝的自支撑作用，Qj2-2-1x 与 Ls2-1-2x 的应力敏感程度差距主要受基质段孔隙特征影响，两块岩样的初始孔隙度相差不大，但是渗透率却存在差异，这表明岩样的基质孔隙存在不同(图 8.7)。由于 Qj2-2-1x 的孔隙半径较小，随着有效应力的增加，小孔隙更容易失去渗流能力，进而导致相对较强的应力敏感。当渗流方向垂直于微裂缝方向时($\theta = 90°$)，裂缝对应力敏感的影响作用最小，因此 Qj2-2-1y 的初

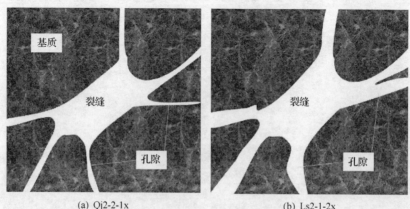

(a) Qj2-2-1x　　　　　　　　　　　(b) Ls2-1-2x

图 8.7　岩样孔隙结构示意图

始渗透率小于 Ls2-1-2y，并且 Qj2-2-1y 表现为相对 Ls2-1-2y 较强的应力敏感。含微裂缝岩样基质段的孔隙结构特征是导致岩样初始渗透率与应力敏感程度相关性较差的主要原因。

综上所述，含裂缝岩样渗透率的应力敏感影响因素如图 8.8 所示。其中储层岩石骨架的支撑作用和微孔隙的渗流能力是主要因素，在含裂缝的岩样中，基质页岩微观孔隙结构特征和裂缝的特征都会影响岩样的渗流能力。

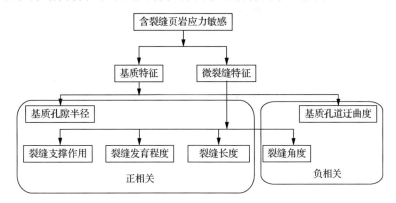

图 8.8　含裂缝页岩应力敏感影响因素分析

8.2　渗流场-应力-介质变形耦合作用机理

8.2.1　实验样品选取及物性

实验选用 2 块四川气田下志留统龙马溪组储层黑色页岩，首先在全直径岩样截取柱状岩样，分别选取基质岩样和层理岩样(微裂缝)。将柱状岩样的两端进行研磨直至平滑，然后置于干燥箱内，为避免黏土矿物中束缚水被排除而导致黏土性能的改变，选择干燥箱的温度为 45℃，持续烘干 72h。

8.2.2　实验设备与实验方法

采用 Walsh[120]的 Cross-plotting 法对岩样的有效应力系数进行测量。在高孔隙压力条件下可以排除滑脱效应的影响，此时岩样渗透率相同时，对应的有效应力也应相同。岩样渗透率随围压和孔隙压力都会发生变化，选取不同大小的渗透率作为参考值，针对每一个渗透率可以得到不同控制压力与孔隙压力值的组合，通过拟合关系得到实验中围压和孔隙压力线性关系的斜率值，该斜率值即为岩样的 Biot 系数[式(8.3)]。这种方法其实是运用图表方法，对实验的限制相对灵活，可以更直观地获得岩石的有效应力系数，本节采用此方法对实验数据进行分析，获得储层页岩的 Biot 系数。

$$C_p = \sigma_{\text{eff}} + \alpha P_p \tag{8.3}$$

式中，C_p 为围压；σ_{eff} 为有效应力，MPa；P_p 为孔隙压力，MPa；α 为 Biot 系数，无因次。

测量实验在室温常压下进行，选用氮气作为测试气体，围压设备使用高精度柱塞驱替泵，回压控制系统使用美国公司生产的 BP-100 空气弹簧回压阀，应用高精确度多级柱塞驱替压力泵进行控制。采用气体渗流"稳态法"进行测试，实验设计围压与孔隙压力如图 8.9 所示。

实验步骤为：①将烘干后的岩样装进岩心夹持器内，把仪器初始值归零；②首先加围压至 33MPa，为了避免滑脱作用对测量结果的影响，将进口起始压力设置为 7MPa，回压为 5MPa，按照设计孔隙压力依次增加孔隙压力，当渗流状态稳定时，记录下岩样不同孔隙压力条件下的渗透率；③依次增加围压，重复上述实验步骤，完成不同围压条件下的测试实验，实验结束。

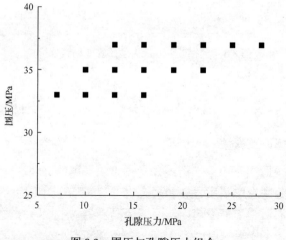

图 8.9　围压与孔隙压力组合

8.2.3　Biot 系数实验结果与分析

1. Biot 系数测量结果

从图 8.10（a）及图 8.10（b）所拟合得到的渗透率与孔隙压力关系曲线中，插值得到相同渗透率下不同控制压力所对应的孔隙压力。采用 Cross-plotting 方法，得到孔隙压力与控制压力的关系曲线，其斜率即为页岩的 Biot 系数。综合分析，不同渗透率下砂岩的 Biot 系数具有如下特征：试样 Ls1-11 的 Biot 系数随着渗透率的增加而增加，渗透率分别为 0.005mD、0.010mD、0.015mD 和 0.020mD 时，其 Biot 系数分别为 0.301、0.311、0.312、0.312，平均 Biot 系数为 0.309。试样 Ls1-16

在 4 组渗透率水平下，渗透率分别为 0.005mD、0.010mD、0.015mD 和 0.020mD 时，其 Biot 系数分别为 0.602、0.741、0.752 和 0.779，平均 Biot 系数为 0.719。

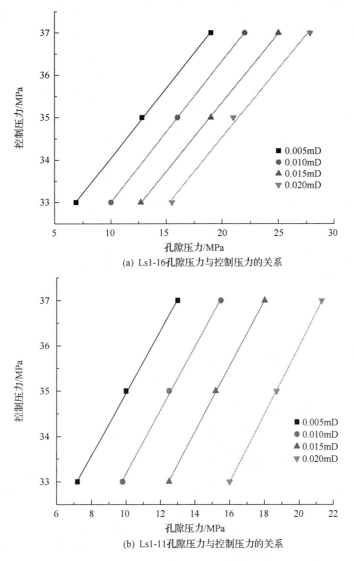

(a) Ls1-16 孔隙压力与控制压力的关系

(b) Ls1-11 孔隙压力与控制压力的关系

图 8.10　Cross-plotting 法测量 Biot 系数

运用 Cross-plotting 方法对不同类型岩样进行测量，测量结果见表 8.4。由测量结果可知，Biot 系数与岩样渗透率大小正相关，基质页岩的 Biot 系数明显小于层理页岩。这表明对于基质页岩，孔隙压力对孔隙的作用较小，对于含微裂缝的页岩孔隙压力影响则较大。所以，在页岩的实际开发中，微裂缝发育的储层孔隙压力对储层产能的影响不能忽略。

表 8.4　Biot 系数测量结果

岩样类型	岩样渗透率/mD	Biot 系数
基质	0.00003	0.1
	0.0005	0.1
	0.0006	0.3
平均		0.17
层理	0.05	0.71
	0.08	0.75
	0.1	0.80
平均		0.75

2. Biot 系数影响因素分析

有效应力系数大于 1 反映储层为流体穿过较软基质流动，外应力通过刚性颗粒固件支撑的储层结构[8.11(a)]；有效应力系数小于 1 则相反[8.11(b)]。Kwon 等[121]测得墨西哥湾威尔科克富含黏土岩样有效应力系数近似等于 1，而龙马溪组页岩有效应力系数均小于 1，由此推断龙马溪组页岩储层为图 8.11(b)模型。

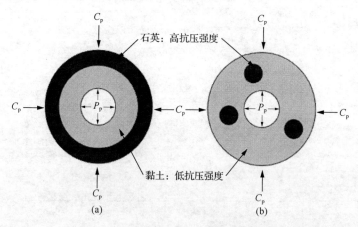

图 8.11　矿物成分对 Biot 系数的影响[106]

黏土矿物的类型和含量对于研究储层损害机理有着重要意义。含泥质页岩中发育高岭石、绿泥石和伊利石等黏土矿物。其中高岭石聚集体呈书页状或者蠕虫状填充于粒内孔或者粒间孔；绿泥石晶片垂直于颗粒表面形成包壳状或衬边状，附着于粒表及粒间；伊利石以片状附着于岩石颗粒表面。黏土矿物的存在使岩石渗流通道减小，同时增大了流体与岩石表面的接触面积，增加了渗流阻力。绿泥石以单片支架状结构生长于颗粒表面，使岩石孔隙直径缩小，当有效应力增加时，连接骨架颗粒的单片支架状结构容易被破坏、压实；同时，附着于岩石孔隙内的绿泥石未被破坏，完好的绿泥石将占据孔隙中更大的比率，从而进一步减小渗流空间。伊利石以片状附着于岩石颗粒表面和孔隙内，与绿泥石产生应力敏感性的机理相似。因此，黏土矿物的含量及其特殊的产状增强了应力敏感程度。黏土含量越高，产状越复杂，页岩的应力敏感性越强。

第9章　水平井分段压裂多场耦合非线性渗流理论

从力学观点看，流-固耦合力学是流体力学与固体力学交叉而生成的一门科学。它是研究变形固体在流场作用下的各种行为及固体位移对渗流影响的一门科学。换句话说，耦合问题的特点就是两相介质之间的交互作用，即变形固体在流体载荷作用下会产生变形或运动，而变形或运动又反过来影响流体运动，从而改变流体载荷的分布和大小，正是这种相互作用将在不同条件下产生形形色色的流-固耦合现象。

9.1　页岩气输运的多场耦合作用机理

压裂水平井产能预测是页岩气藏开采数值模拟中的主要问题，其数学模型在理论上应该归属为渗流场、应力场和温度场的流-固-热耦合问题，耦合机制主要有以下3个方面。

9.1.1　流-固耦合

近年来，随着天然气工业的发展以及解决复杂气藏工程问题的需要，流-固耦合研究在钻井、开采领域显得越来越重要，受到人们的高度重视。在钻井过程中，气井由于受到井内、外渗流体浸泡，使基质的力学性能发生改变，影响着井壁的稳定性。在水力压裂过程中，由于孔隙压力的增加，致使储层产生裂纹和裂纹扩展，为气体的流通增加通道。在开采过程中，随着大量气体的采出，储层有效应力发生改变，致使储层产生变形，储层的变形又会反过来影响气体压力的分布和大小。

在现有的页岩气产能预测中，一般不考虑流-固耦合作用，将储层看作是含多孔-裂隙的刚性体，仅考虑流场作用。事实上，页岩具有弹性，当流场变化时，储层是有变形的，且会改变其孔隙度。为了能更好地模拟实际情况，本书在预测页岩气产能时，考虑流-固耦合作用。

流-固耦合问题的处理可分为单相耦合和双相耦合。单向耦合应用于流体对固体作用后，固体变形不大，即流体的边界形貌改变很小，不影响流体分布的情形，此时可以使用流-固单向耦合，先计算出流场分布，然后将其中的关键参数作为荷载加载到固体结构上。当固体变形比较大，导致流体的边界形貌发生改变，流体的分布有明显变化时，单向耦合显然是不合适的，此时需要考虑固体变形对流体的影响，两者相互作用，最终达到一个平衡状态。在页岩气开采过程中，由于压力改变引起的储层变形较小，所以不考虑储层变形对气体压力的分布和大小的影响，即只考虑单向耦合。

9.1.2　流-热耦合

当人工改造页岩储层的温度变化时，页岩气的物理状态会发生改变，从而引起页岩气密度、解吸量和微尺度特征量(克努森数)的改变。反之，在基质-微裂缝-压裂缝中页岩气渗流的对流换热效应也会带来储层温度的改变。

9.1.3　固-热耦合

页岩储层介质的温度改变会产生热膨胀变形，使页岩储层的应力状态发生改变。另外，当介质的变形具有较高的体积变形速率时，将会产生耗散热，从而引起储层温度的改变。

本章主要研究的是页岩气体在基质-微裂缝-压裂缝中的非线性渗流问题，将页岩气渗流场作为研究多场耦合机制的主体。由于在页岩气渗流过程中，储层的体应变率很小，且气体输运速度较小，故气体的对流换热效应可忽略。另外，水平井井底温度与储层的温度一般相差不大，可近似地认为温度场在储层是均匀分布的。因此，页岩气流-固耦合为主要的多场耦合形式。

9.2　流-固耦合理论基础

渗流场和应力场耦合的数学模型是建立在渗流力学、岩石力学基础上的，具体分述如下。

9.2.1　渗流场的控制方程

本节主要研究多重介质(基质-微裂缝-压裂缝)中的多场耦合非线性渗流问题，因而渗流场是研究的主要物理场，应该将页岩气体作为主要研究对象。页岩气主要以吸附态和游离态存在页岩气藏中，以吸附态赋存于页岩基质的岩石颗粒和有机质表面，以游离态赋存于页岩储层的微孔隙和天然微裂隙中。页岩气的开采使地层压力不断降低，吸附气可以从基质中解吸出来的成为游离气。因此，解吸出来的气体是气体质量的供给源。

页岩气非稳态渗流场的连续性方程可表示为

$$\frac{\partial}{\partial t}(\rho_g \phi) + \nabla \cdot (\rho_g \boldsymbol{v}) = -\frac{\partial}{\partial t}(1-\phi)q_{ad} \tag{9.1}$$

式中，t 为时间；$\nabla \cdot (*)$ 表示物理量 $(*)$ 关于空间坐标的散度；v 为页岩气的流速矢量；ϕ 为孔隙度。

根据 Langmuir 吸附-解吸规律，单位体积页岩储层吸附的页岩气质量 q_{ad} 可表示为

$$q_{ad} = \rho_{gsc} V(P,T) \tag{9.2}$$

式中，$\rho_{gsc} = 0.78 \text{kg/m}^3$，为标准状态下气体的密度；$V$ 为单位体积页岩吸附的气体体积，其不仅与页岩气体压力 P 有关，还与页岩储层温度 T 有关，其依赖关系可由吸附-解吸实验给出[122-124]。

气体的状态方程给出真实气体密度 ρ_g 为

$$\rho_g = \frac{\rho_{gsc}}{\gamma_{sc}} \frac{P}{T\, Z(P,T)} \tag{9.3}$$

式中，Z 为真实气体压缩因子，其一般依赖于储层页岩气体压力 P 和温度 T；常数 $\gamma_{sc} = P_{sc}/(Z_{sc}T_{sc})$；$P_{sc} = 0.101325 \text{MPa}$、$Z_{sc} = 1$ 和 $T_{sc} = 273.15 \text{K}$ 依次为标准状态下页岩气体的压力、压缩因子和气体的温度。

气体运动方程为

$$v = -\frac{1}{\mu(P,T)} K \nabla P \tag{9.4}$$

式中，K 为视渗透率；μ 为真实气体的黏度，其一般依赖于页岩气体压力 P 和温度 T[125-127]。

页岩储层经过水力压裂后形成多重介质(基质-微裂缝-人工裂缝)，使其孔隙度和渗透率在储层空间上具有非均匀特征。页岩气在高致密孔隙和微裂缝介质中输运的微流动特征，会引起页岩气渗流的滑移和扩散等微尺度效应。这里考虑微尺度渗流效应，通过引入渗透率调整因子 $f(Kn)$，用于修正视渗透率模型[128,129]，即

$$K = K_0 f(Kn) \tag{9.5}$$

式中，Kn 为表征微尺度效应的特征参数克努森数，其与微孔隙半径、气体压力 P 和温度 T 均相关。

需要强调的是，这里考虑了流-固耦合作用，即页岩弹性介质的变形会导致孔隙度 ϕ 的改变，而孔隙度 ϕ 一般与储层弹性模量 E、泊松比 ν，Biot 系数 α 和气体压力 P 相关，其可由下面的应力场模型给出。

将式(9.2)、(9.3)、(9.4)和(9.9)代入式(9.1)，得到渗流场基本未知变量，即

页岩气体的压力 P 所满足的非稳态渗流控制方程：

$$\nabla \cdot \left(K_0(\phi) \frac{f(P,T_0)P}{\mu(P,T_0)Z(P,T_0)} \nabla P \right) = \frac{\partial}{\partial t} \left[\phi \frac{P}{Z(P,T_0)} + (1-\phi)\gamma_{sc}T_0 V(P,T_0) \right] \quad (9.6)$$

此数学模型反映了渗流场压力 P 和应力场体积变形相关量 ϕ 的关系，并反映出强非线性和非稳态以及多尺度等特征。

9.2.2　应力场控制方程

根据各向同性岩体有效应力原理及热弹性线性可叠加特性，利用小变形假设从线弹性动量守恒理论出发，忽略惯性项，可以得到储层中页岩在地应力和气体孔隙压力作用下的平衡方程式(9.7)(规定应力以压为正，拉为负)：

$$\nabla \cdot \boldsymbol{\sigma} + \boldsymbol{f} = 0 \quad (9.7)$$

式中，$\boldsymbol{\sigma}$ 为储层应力张量；$\boldsymbol{f}$ 为储层体积力矢量。

页岩储层变形的几何方程表示为

$$\boldsymbol{\varepsilon} = \frac{1}{2}(\nabla \boldsymbol{u} + \boldsymbol{u}\nabla) \quad (9.8)$$

式中，$\boldsymbol{\varepsilon}$ 为储层应变张量；$\boldsymbol{u}$ 为储层位移矢量。

为了描述孔隙气体压力与页岩之间的相互作用，这里引入 Biot 有效应力原理，即

$$\sigma'_{i,j} = \sigma_{i,j} - \alpha P \delta_{i,j} \quad (9.9)$$

式中，$\sigma'_{i,j}$ 为有效应力；$\sigma_{i,j}$ 为总应力；P 为孔隙压力；$\delta_{i,j}$ 为 Kroneker 符号。

$$\delta_{i,j} = \begin{cases} 1 & i = j \\ 0 & i \neq j \end{cases} \quad (9.10)$$

α 为 Biot 有效应力系数或称为比奥系数。在岩石力学中如何确定 β 为人们长期关注的问题。在 Biot 有效应力理论基础上，Biot 系数可按下面的公式选取：

$$\alpha = \frac{2G(1+\nu)}{3H(1-2\nu)} = \frac{E}{3H(1-2\nu)} = \frac{K}{H} \quad (9.11)$$

式中，ν 为泊松比；G 为多孔介质(储层)剪切模量；E 为多孔介质弹性模量；K 为多孔介质体积模量；H 为另一个 Biot 不变量。

Gesstma 和 Skempton 在实验的基础上，提出了如下关系：

$$\alpha = 1 - \frac{K}{K_s} \tag{9.12}$$

式中，K_s 为页岩的体积模量；$K_s = E_s / 3(1-2\nu)$；其中 E_s 为页岩弹性模量。

根据 Biot 有效应力 σ_e，页岩储层变形的本构方程可表示为

$$\boldsymbol{\sigma} = \lambda \varepsilon_v \boldsymbol{I} + 2G\boldsymbol{\varepsilon} + \alpha P \boldsymbol{I} \tag{9.13}$$

式中，P 为页岩气体孔隙压力；λ 和 G 为 Lame 系数，$\lambda = E\nu / (1+\nu)(1-2\nu)$，$G = E/2(1+\nu)$；$\varepsilon_v$ 为储层体应变；$\boldsymbol{I}$ 为二阶单位张量。

页岩储层经过水力压裂后，可看作由基质-微裂缝-人工裂缝组成的多重介质，改造后页岩储层的孔隙度分布呈现非均匀性。由于页岩储层弹性模量和 Biot 系数均与孔隙度相关，它们均为空间坐标的函数。而储层的泊松比随空间位置变化不大，可以视为常数。

渗流场控制方程 (9.6) 是关于气体压力和孔隙度等变量的偏微分方程。由于孔隙度与储层的体应变 $\varepsilon_v = \nabla \cdot \boldsymbol{u}$ 有关，这样渗流场通过孔隙度与应力场耦合。应力场本构方程 (9.13) 中除了包含页岩储层位移矢量 ($\boldsymbol{u}$) 的函数外，还包含基本未知量气体压力，即应力场通过气体压力与渗流场耦合。因此，上述给出的是流-固耦合数学模型。

另外，此模型还将水力压裂改造后的页岩储层视为由基质-微裂缝-人工裂缝组成的多重介质，通过假设初始孔隙度、固有渗透率 (K_0)、储层弹性模量和 Biot 系数是空间位置坐标的函数来描述多重介质所具有的非均匀性。综上所述，方程 (9.1)~(9.13) 给出了多重介质多场耦合两相数学模型。气体压力满足控制方程 (9.7)，储层位移矢量满足本构方程 (9.13)。在数学模型上反映出此问题具有非线性、非均匀、非稳态及多尺度、多场耦合等复杂特征。

9.3　页岩气水平井流-固耦合简化数学模型

页岩储层的应力表达式可变形为

$$\boldsymbol{\sigma} = \sigma_m \boldsymbol{I} + \boldsymbol{s} + \beta P \boldsymbol{I} \tag{9.14}$$

式中，平均体应力 $\sigma_m = K\varepsilon_v$；偏应力张量 $\boldsymbol{s} = 2G\boldsymbol{e}$；$\boldsymbol{e}$ 为偏应变张量。

假设由孔隙压力和热膨胀引起的变形中，储层形状的改变可忽略，即 $\boldsymbol{e} = 0$，$\boldsymbol{s} = 0$。储层的应力表达式可简化为

$$\boldsymbol{\sigma} = \sigma_m \boldsymbol{I} + \beta P \boldsymbol{I} \tag{9.15}$$

将式(9.15)代入应力平衡方程式(9.7)得

$$\nabla \cdot [(K\varepsilon_v + \alpha P)\boldsymbol{I}] = 0 \tag{9.16}$$

由于在任意单元体上，式(9.16)均成立，所以有

$$\varepsilon_v = \frac{\alpha P}{K} + C(t) \tag{9.17}$$

将初始条件 $\lim\limits_{t \to 0} P(r,t) = P_0$，$\lim\limits_{t \to \infty} \nabla \cdot \boldsymbol{u} = 0$ 代入式(9.17)可得

$$\varepsilon_v = \frac{\alpha P_0}{K} + C(0) \tag{9.18}$$

将边界条件 $\lim\limits_{r \to \infty} P(r,t) = P_0$，$\lim\limits_{r \to \infty} \nabla \cdot \boldsymbol{u} = 0$ 代入式(9.18)，得到页岩储层体应变(ε_v)的表达式：

$$\varepsilon_v = \frac{\alpha(P_0 - P)}{K} \tag{9.19}$$

假设储层多孔介质中的固体颗粒不变形，只有孔隙变形，则随着流体压力的改变，孔隙度发生改变。由于页岩储层孔隙度的改变为原始孔隙度(ϕ_0)与页岩储层体应变的差，因此，在流-固耦合作用下，孔隙度(ϕ)与气体压差($P_0 - P$)有关，即

$$\phi = \phi_0 - \varepsilon_v = \phi_0 - \frac{3\alpha(P_0 - P)(1 - 2\nu)}{E(x,y,z)} \tag{9.20}$$

从(9.20)式中可看出，孔隙度(ϕ)不但与气体压力的改变量有关，还与储层的弹性参数泊松比和 Biot 系数有关。

渗流场所满足的方程为

$$\nabla \cdot \left(K_0(\phi) \frac{f(P,T_0)P}{\mu(P,T_0)Z(P,T_0)} \nabla P \right) = \frac{\partial}{\partial t} \left[\phi \frac{P}{Z(P,T_0)} + (1 - \phi)\gamma_{sc}T_0 V(P,T_0) \right] \tag{9.21}$$

式(9.21)所满足的定解条件如下。

在井壁处 $(x = r_w \approx 0, z = r_w \approx 0, y = 0)$ 的边界条件为

$$P(0,0,0,t) = P_w \tag{9.22}$$

在无限远处的边界条件为

$$\lim_{(x,y,z) \to +\infty} P = P_e \qquad (9.23)$$

初始条件为

$$P(x, y, z, 0) = P_e \qquad (9.24)$$

式中，r_w 为井壁半径；P_w 为井底流压；P_e 为地层压力。

9.4　页岩气水平井流-固耦合参数的非均匀分布模型

9.4.1　已有的水力压裂页岩储层的介质模型

原始的页岩气储层是由含有纳微米孔隙和天然裂隙的致密页岩构成，并且包含层理弱面和节理裂隙缺陷等复杂结构，呈现出地质形态在宏观和微观上的不确定性。经过人工水力压裂后的页岩储层，在近井区域形成宏观尺度的人工裂缝缝网，并向远处延伸使得天然微裂缝及层理等弱面启裂、扩展，而形成尺度较小的微裂缝缝网区域；在较远区域基质未受到水力压裂的扰动，保持原始状态。因此，水力压裂后的页岩储层是具有多尺度复杂裂隙缝网结构的多孔岩石介质，其缝网形态的数学描述是页岩气开采储层介质模型的关键。

目前已有的研究工作，将水力压裂后的页岩储层视为不同的介质模型，主要有：①双重介质模型[130-132]，该模型将页岩储层看成是岩块孔隙（包括微裂缝）和裂隙具有不同导流参数的两种连续介质的叠加体。通过考虑两种连续介质中的气体相互交换和各自的渗流模型来确定各自的渗流场。尽管在一定程度上这一模型具有较好的拟真性，但是物质交换系数的确定困难和裂隙网络的非规则性，使该模型用于数值仿真计算时仍存在不少困难。②离散裂隙网络模型[133-135]，该模型将储层中不同裂缝的尺寸、方位等特征量在空间节点上进行数值描述，并针对裂缝个体进行渗流场计算。由于裂缝的具体尺寸和方位难以准确地确定，会影响模拟结果的拟真性，并且动态过程计算量很大。③分形模型[136,137]，该模型认为储层缝网形态具有分形自相似结构（例如树枝状、渔网状等），利用分形维数与裂缝属性等参数来表征储层缝网。但裂缝强度和分形维数难以较准确的确定，也会影响该模型在渗流数值仿真计算的应用。④分区均匀等效连续介质模型（三区模型)[138,139]，该模型将经水力压裂后的页岩储层等效成连续介质，并且将其分为压裂缝区域、微裂缝区域和远处基质区域 3 个区域。孔隙度和渗透率在各个区域分别取其平均值，即在 3 个区域取不同的常数。这一模型在空间区域上划分了不同尺度的孔隙和裂隙，为进一步应用非线性、多尺度渗流理论进行数值仿真奠定了介质模型的简化基础。

下面着重介绍在三区模型基础上提出的非均匀等效连续介质模型，包括等效

的孔隙度 ϕ、固有渗透率 K_0、弹性模量 E、Biot 系数 α 和含水饱和度 s_w 的非均匀分布模型。

9.4.2　孔隙度的非均匀全流场分布模型

在渗流场数值模型中，孔隙度是人工改造后页岩储层的最基本表征量。水力压裂改造后的页岩储层为由基质-微裂缝-压裂缝组成的孔隙-裂隙介质。页岩气在储层中的主要运移通道分为 3 个区域：①压裂缝区，该区域是由人工水力压裂形成的大裂缝区域，气体输运的主要通道是纵横交错的贯穿性裂缝和许多大的基质块；②微裂缝区，该区域是因人工改造扰动而开启和扩展的微裂缝区域，包括大量的不规则微裂缝网，这些网络构成了气体从基质到大裂缝的运移通道；③基质区，该区域是天然微裂缝和基质中的纳米级孔隙组成的未扰动区域，在此区域气体从基质的孔隙表面解吸出来并且通过天然微裂缝流到扩展的微裂缝中，然后流入大裂缝，进而汇入井筒(图 9.1)。

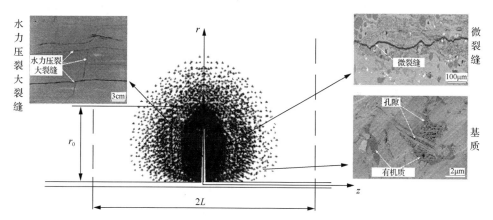

图 9.1　水力压裂形成的基质-微裂缝-压裂缝多重介质示意图

三区模型通过空间分区表征了人工改造后储层孔隙-裂隙介质的多尺度性。为了进一步改进储层孔隙-裂隙介质数学模型的拟真性，本课题研究提出了非均匀等效连续介质模型。

由于原始页岩储层的天然裂隙形态和分布的不确定性，以及水力压裂的不可控性，导致水力压裂后的页岩裂缝网络形态和分布十分复杂，以至于精确描述整体缝网形态并不现实。事实上，随着水力压裂裂缝的扩展，压裂液和页岩储层内的弹性能逐渐释放和耗散，从而导致裂缝密度和孔隙度沿远离井筒的方向逐渐减小，同时页岩的连通性和导流能力也相应地衰减。这说明页岩的孔隙度和渗透率在空间区域上具有统计意义下的连续分布性质。微地震数据也反应出裂缝密度具有宏观分布特征。因此，在三区模型的基础上，从地质统计学角度，将孔隙度分区域均匀分布假设推广成为全区域非均匀连续分布，即认为等效孔隙度 ϕ 在全区域上是随位置坐标连续函数，并且距水力压裂缝越远，等效孔隙度 ϕ 越小。在数学上，假设等效孔隙度 ϕ 沿 r 和 z 坐标方向分别呈广义 Gaussian（高斯）分布，其表达式为

$$\phi(r,z) = \phi_{\mathrm{m}}\left\{1 + A\exp\left[-B\left(\frac{r-r_{\mathrm{w}}}{r_{\mathrm{c}}}\right)^n\right]\left(z^2 - L^2\right)^2\right\}. \tag{9.25}$$

式中，A，B 为参数；z 方向为平行于井筒的方向；r 方向为垂直于井筒的径向方向；r_{w} 为井筒半径；L 为相邻水力压裂缝间距的一半；ϕ_{m} 为无限远处基质区的孔隙度。

孔隙度在 $z = 0$ 平面满足如下约束条件：

$$\phi(r_{\mathrm{w}}) = \phi_{\mathrm{f}}, \quad \phi(r_{\mathrm{c}}) = \phi_{\mathrm{mf}}, \quad \lim_{r\to\infty}\phi(r) = \phi_{\mathrm{m}} \tag{9.26}$$

可得

$$A = \frac{1}{L^4}\frac{\phi_{\mathrm{f}} - \phi_{\mathrm{m}}}{\phi_{\mathrm{m}}}, \quad B = \left(\frac{r_{\mathrm{c}}}{r_{\mathrm{c}} - r_{\mathrm{w}}}\right)^n \ln\left(\frac{\phi_{\mathrm{f}} - \phi_{\mathrm{m}}}{\phi_{\mathrm{mf}} - \phi_{\mathrm{m}}}\right) \tag{9.27}$$

式中，ϕ_{f} 为孔隙度在水力压裂区域靠近井筒位置具有最大值；ϕ_{mf} 为微裂缝处的孔隙度。

图 9.2 给出等效孔隙度 ϕ 沿着垂直于井筒（r 坐标）方向的分布曲线，图中显示，在水力压裂区域和基质区域之间的过渡区域即微裂缝区域（Ⅱ区）ϕ 急剧变化。

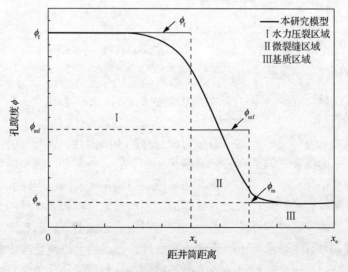

图 9.2　孔隙度的空间非均匀分布曲线

本次研究所给出的孔隙度模型为式(9.25)，将压裂储层基质-微裂缝-压裂缝组成的孔隙-裂隙介质等效为非均匀连续介质，并且在数学上描述了孔隙度非均匀连续分布特征，使其更加接近实际。关键是在数值模拟中应用储层全流场区域的统一模型，可以避免由分区界面上的连续条件给计算带来的困难。

9.4.3　固有渗透率的非均匀全流场分布模型

与上述非均匀孔隙度模型相对应的渗透率也应该是空间非均匀分布的。对于页岩气藏中的裂缝和基质，固有渗透率 $\tilde{K}_0$ 分别对应于其孔隙度的立方关系为

$$\tilde{K}_0 = \tilde{C}\phi^3, \quad \tilde{C} = \begin{cases} \tilde{C}_f \\ \tilde{C}_m \end{cases} \tag{9.28}$$

式中，压裂缝参数 $\tilde{C}_f = K_f / \phi_f^3$；基质参数 $\tilde{C}_m = K_m / \phi_m^3$。当孔隙度 ϕ 等于 ϕ_f 时，参数 $\tilde{C}$ 为 $\tilde{C}_f$；反之，当孔隙度 ϕ 等于 ϕ_m 时，参数 $\tilde{C}$ 为 $\tilde{C}_m$。为了表征固有渗透率的连续非均匀分布特征，引入压裂缝参数 $\tilde{C}_f$ 与基质参数 $\tilde{C}_m$ 加权平均值：

$$\tilde{C} = \tilde{C}_f(1-\delta) + \tilde{C}_m\delta \tag{9.29}$$

式中，权重系数 $\delta\,(0 \leqslant \delta \leqslant 1)$ 可以被表示为

$$\delta = 1 - \frac{\phi - \phi_m}{\phi_f - \phi_m} \tag{9.30}$$

图 9.3(a)、图 9.3(b)和图 9.3(c)表示 3 种典型的水力压裂人工改造缝网分布情况，假设这 3 种类型的压裂缝长度相同、在整个压裂区域上的总平均体积孔隙度相同和总平均体积渗透率相同。页岩的固有渗透率分布特征分别为：①网宽缝短型[图 9.3(a)]微裂缝区长度较小，距井筒远处和近处页岩固有渗透率 K_0 的等值线边界宽度较为一致，且沿 r 方向衰减较快；②远近均匀型[图 9.3(b)]随着距井筒距离的增加，微裂缝区页岩固有渗透率 K_0 的等值线边界宽度先增后减，其最宽处距井筒较远，且沿 r 方向衰减较慢；③近宽远窄型[图 9.3(c)]微裂缝区长度较大，页岩固有渗透率 K_0 的等值线距井筒近处较宽(沿 z 方向)、远处较窄，最宽处距井筒较近，且沿 r 方向衰减较慢。

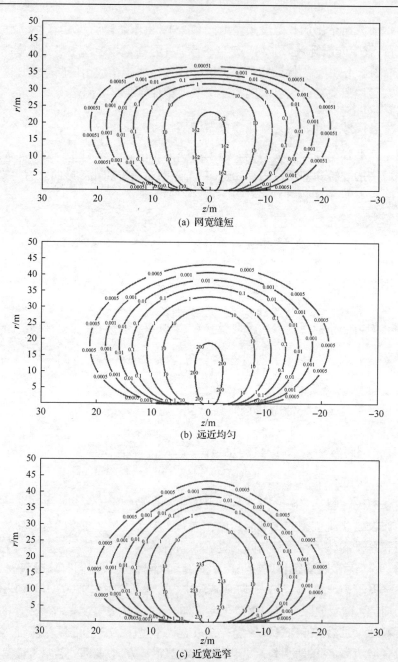

图 9.3　页岩固有渗透率的不同空间分布图

9.4.4　弹性模量的非均匀模型

根据多孔介质的等效弹性模量理论,页岩储层的等效弹性模量(E)会随着初始孔隙度(ϕ_0)的增加而减小。近似假设弹性模量 E 线性地依赖 ϕ_0，则有如下关系：

$$E = \frac{E_f - E_m}{\phi_f - \phi_m}(\phi_0 - \phi_m) + E_m \tag{9.31}$$

式中，E_m 和 E_f 分别为页岩基质和人工裂缝的平均弹性模量。由于孔隙度是空间非均匀分布的，从而页岩储层的等效弹性模量也是空间非均匀分布的。因此，在不同空间位置，流-固耦合效应的影响程度是不同的。

9.4.5　Biot 系数模型

由于 Biot 系数的值在裂缝处比基质处要高，可近似地认为 ϕ_0 越大，Biot 系数也越大[140,141]。假设页岩压裂储层 Biot 系数随 ϕ_0 增加而线性增加，且在大裂缝处有最大值(α_f)和基质处有最小值(α_m)，即有如下表达式：

$$\alpha = \frac{\alpha_f - \alpha_m}{\phi_f - \phi_m}(\phi_0 - \phi_m) + \alpha_m \tag{9.32}$$

孔隙度的非均匀分布会导致页岩储层的 Biot 系数也呈非均匀分布，这意味着在不同空间位置处流-固耦合效应的影响程度不同。

本章构建了非均匀全流场的多场耦合非线性渗流理论。考虑了水力压裂后的页岩储层是具有多尺度复杂裂隙缝网结构的多重岩石介质，其缝网形态的数学描述是页岩气开采储层介质模型的关键。基于页岩水力压裂能量耗散的空间衰减宏观统计特征，在上述三区耦合模型基础上，提出了基质-微裂缝-压裂缝全流场区域的孔隙度、渗透率、弹性模量和 Biot 系数等参数的非均匀等效连续介质模型。在阐明渗流场、应力场和温度场相互作用机理的基础上，建立了页岩气藏开采非均匀全流场流-固耦合的数学模型，其反映了渗流场压力与应力场体积变形相关量 ϕ 的流-固耦合效应，并反映出强非线性、非均匀性、非稳态及多尺度等特征。

第10章　页岩气藏多场耦合数值模拟方法

目前，大部分页岩气藏数值模拟采用 Eclipse、Tough、CMG 等商业软件来进行流动模拟研究。然而，页岩裂缝开度一般为毫米级、水平井筒为厘米级，并且存在流-固耦合作用，属于典型多尺度多物理场耦合问题。所以，传统的商业软件对于模拟页岩气多场耦合问题具有局限性。本章以页岩气藏压裂水平井为研究对象，建立考虑页岩气渗流中的解吸、滑移和扩散等非线性效应，流-固耦合作用，以及非均匀等效孔隙度和渗透率的非线性非稳态渗流问题的数学模型。应用 Boltzmann 变换，将数学问题的偏微分方程转化为积分方程，提出问题求解的半解析-半数值方法。最后，通过数值算例模拟，分析流-固耦合效应。

10.1　页岩气产能预测问题的压力场数值模型

压力场 (P) 和孔隙度 (ϕ) 所满足的方程为

$$\nabla \cdot \left(K_0(\phi) \frac{f(P)P}{\mu(P)Z(P)} \nabla P \right) = \frac{\partial}{\partial t} \left[\phi \frac{P}{Z(P)} + (1-\phi)\gamma_{sc} V(P) \right] \tag{10.1}$$

$$\phi = \phi_0 - 3(1-2v)\frac{\alpha}{E}(P_0 - P) \tag{10.2}$$

式中，$f(P)$ 为渗透率调整因子，是压力 P 的函数。其定解条件如下。
在井壁处边界条件为

$$P(r_w, z, t) = P_w \ (|z| \leqslant a) \tag{10.3}$$

$$P(0, 0, 0, t) = P_w \tag{10.4}$$

在无限远处的边界条件为

$$\lim_{r \to +\infty} P(r, z, t) = P_e \tag{10.5}$$

初始条件为

$$P(r, z, 0) = P_e \tag{10.6}$$

式 (10.3)～式 (10.5) 中，a 为井壁出气口的半径；r_w 为井壁半径；P_w 为井底流压；

P_e 为地层压力。由此建立了考虑页岩气渗流中的解吸、滑移和扩散等非线性效应、流-固耦合作用，以及非均匀等效孔隙度和渗透率的页岩压裂水平井非线性非稳态渗流问题的数学模型。

10.2　快速模拟方法及算例分析

考虑空间区域 $\Omega = \{(r,z)\,|\,r_w \leqslant r \leqslant r_e, 0 \leqslant z \leqslant L\}$，其中外边界半径 (r_e) 选取得足够大，L 为相邻水力压裂裂缝间距。为了克服渗透率非均匀性所带来的求解困难，需将渗透率作局部均匀化近似。即将全区域 Ω 分成 $N_1 \times N_2$ 个子区域，子区域 $\Omega_{ij} = \{(r,z)\,|\,x_i \leqslant r \leqslant x_{i+1}, z_j \leqslant z \leqslant z_{j+1}\}$，（$i = 0,1,\cdots,N_1$；$j = 0,1,\cdots,N_2$）。在子区域 Ω_{ij} 上，初始孔隙度、含水饱和度、渗透率、弹性模量和 Biot 系数均被近似成为常数，即取其在节点 (r_i,z_j) 处的值：

$$\phi_0(r,z) \approx \phi_{ij}^{(0)} = \phi_0(r_i,z_j) \tag{10.7}$$

$$s_w(r,z) \approx s_{ij} = s_w(r_i,z_j) \tag{10.8}$$

$$K_0(\phi(P)) \approx \bar{K}_{ij}(P) = K_0(\phi_{ij}(P)) \tag{10.9}$$

$$E(r,z) \approx E_{ij} = E(r_i,z_j) \tag{10.10}$$

$$\alpha(r,z) \approx \beta_{ij} = \alpha(r_i,z_j) \tag{10.11}$$

这样，压力场 P 在子区域 Ω_{ij} 上所满足的非稳态渗流控制方程近似为

$$\nabla \cdot \left(\bar{K}_{ij}(P) \frac{f(P)P}{\mu(P)Z(P)} \nabla P \right) = \frac{\partial}{\partial t}\left[\phi_{ij}(P)\frac{P}{Z(P)} + \left(1 - \phi_{ij}(P)\right)\gamma_{sc}V(P) \right] \tag{10.12}$$

在子区域 Ω_{ij} 上，孔隙度与压力的关系为

$$\phi_{ij}(P) = \phi_{ij}^{(0)} - 3(1-2\nu)\frac{\alpha_{ij}}{E_{ij}}(P_0 - P) \tag{10.13}$$

将时间区间分成 N_0 个子区间，即子区间 $\Gamma_l = \left\{t\,|\,t_l \leqslant t \leqslant t_{l+1}\right\}$（$l = 0,1,\cdots,N_0$）。在时间子区间 Γ_l 和子区域 Ω_{ij} 上，引入 Boltzmann 变换：

$$u = \frac{r^2 + z^2}{4t} \tag{10.14}$$

这样，压力 P 为新变量 u 的函数，即 $P = P(u)$。压力场的边界条件和初始条件可

以被转化为

$$P|_{u=u_w \approx 0} = P_w \ , \quad P|_{u=u_e \approx \infty} = P_e \tag{10.15}$$

再将变量 u 的区间 $[u_w, u_e]$ 分成 M 个子区间，其节点为

$$u_s = \frac{r_{i(s)}^2 + z_{j(s)}^2}{4t_l} \quad (s=1,2,\cdots,M) \tag{10.16}$$

式中，空间坐标的下标 $i(s), j(s)$ 是对应于 u_s 空间子区域 Ω_{ij} 上的节点，它与流线路径的选择有关。在第 s 个子区间 $[u_s, u_{s+1})$，即在时间子区间 Γ_l 和空间子区域 Ω_{ij} 上定义如下广义拟压力函数：

$$\psi_s\left[P(u)\right] = 2\int_{u_s}^u \frac{\overline{K}_s(P)}{K_{max}} \frac{f(P)}{\mu(P)Z(P)} P \frac{\mathrm{d}P(\tau)}{\mathrm{d}\tau} \mathrm{d}\tau \tag{10.17}$$

式中，$\overline{K}_s(P) = \overline{K}_{i(s)j(s)}(P)$；$K_{max}$ 表示固有渗透率 $K_0(r,z)$ 的最大值。同时，引入质量源函数：

$$F_s(P) = \phi_{ij}(P)\frac{P}{Z(P)} + (1-\phi_{ij}(P))\gamma_{sc}V(P) \tag{10.18}$$

联立式(10.17)和式(10.18)，在新变量 u 第 s 个子区间 $[u_s, u_{s+1})$ 上，偏微分方程式(10.12)可以被转换为关于拟压力函数 $\psi_s(P)$ 和质量源函数 $F_s(P)$ 的线性常微分方程：

$$\left(\frac{\mathrm{d}^2}{\mathrm{d}u^2} + \frac{3}{2u}\frac{\mathrm{d}}{\mathrm{d}u}\right)\psi_s(P) = -\frac{\mathrm{d}}{\mathrm{d}u}F_s(P) \quad (u_s \leqslant u < u_{s+1}, \quad s=1,2,\cdots,M) \tag{10.19}$$

压力场的数值计算问题被归结为在边界条件(10.15)下求式(10.17)~式(10.19)的数值解。应该指出：在非均质的情形下，对于整个空间和时间区域不能进行 Boltzmann 变换，即原数学问题一般来说无相似解；但是如果在空间和时间的充分小子区域上将非均质近似为均质情况，则可以进行局部 Boltzmann 变换，使问题在数学上得到近似简化。

对常微分方程(10.19)中关于自变量 u 积分，并交换积分顺序，可以得

$$\psi_s(u) = -2\int_{u_s}^u F_s(P(\xi))\left(\frac{3}{2}\sqrt{\frac{\xi}{u}} - 1\right)\mathrm{d}\xi + C\left(\frac{1}{\sqrt{u}} - \frac{1}{\sqrt{u_s}}\right) \tag{10.20}$$

对式(10.17)和式(10.20)分别进行 Taylor 展开，并进行联立，可以得到压力增

量 ΔP 和自变量增量 Δu 的关系式为

$$\Delta P = \frac{\mu(P)Z(P)}{2\bar{K}_s f(P)P}\left\{C - \frac{3}{2}u^{-\frac{3}{2}}\int_{u_s}^{u}\sqrt{\xi}F[P(\xi)]\mathrm{d}\xi - F[P(u)]\right\}\Delta u \qquad (10.21)$$

在 u 的第 s 个子区间 $[u_s, u_{s+1})$ 上，对于一个足够小的步长 Δu_s，压力会有一个增量 $\Delta P_s = P_{s+1} - P_s$。对 (10.21) 式中的积分应用数值积分近似，则得到显式迭代格式如下：

$$P_{s+1} = P_s + \frac{\mu(P_s)Z(P_s)}{2\bar{K}_s(P_s)f(P_s)P_s}\left(C - \frac{3}{2}F_s(P_s) - F_s\right)\Delta u_s \quad (s = 1, 2, \cdots, M)$$
$$P_1 = P_{\mathrm{w}} \qquad (10.22)$$

上述迭代格式求解压力场的步骤如下。

(1) 给定时间 t_l，并选取流线路径上的空间节点 $(r_{i(s)}, z_{j(s)})$ 后可得 u_s。

(2) 给定初始压力 P_{w}，通过迭代格式 (10.22)，由二分法求出积分常数 C，使 $\left|P_M - P_{\mathrm{e}}/P_{\mathrm{e}}\right| < 10^{-3}$（$P_M$ 为第 M 个节点处的压力值）足够小，同时得到 P_s（$s = 1, 2, \cdots, M$），即在时间 t_l 空间节点 $(x_{i(s)}, y_{j(s)}, z_{k(s)})$ 上的压力值 $P(r_{i(s)}, z_{j(s)}, t_l)$。

(3) 对于新的时间 t，重复前两个步骤，可以给出压力在所有离散时间节点和流线路径上空间节点的数值结果。

图 10.1 给出了本次研究模拟结果与文献中现场数据对比，结果显示本次研究

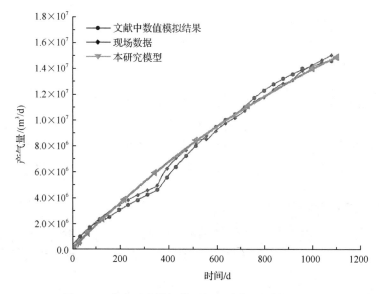

图 10.1　本次研究模拟结果与文献中现场数据对比

的模拟结果与文献中的现场数据吻合得较好，佐证了本次研究数学模型和算法的正确性。

　　图 10.2 对比了数值模拟结果与长宁 H3-6 现场数据，并分析了流-固耦合作用对产量的影响。分析表明，数值模拟结果与现场数据吻合得较好，不考虑流-固耦合效应的模拟结果会高估约 11%的产量。

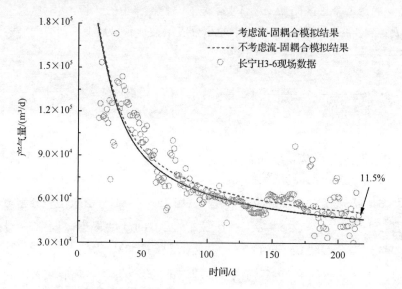

图 10.2　本次研究模拟结果与长宁 H3-6 现场数据的对比图

10.3　流-固耦合效应对页岩气产能预测的影响

10.3.1　弹性模量的影响

　　图 10.3 分析了弹性模量(E)对流-固耦合效应的影响，可看出弹性模量的取值对流-固耦合效应有较明显的影响，且弹性模量越小，流-固耦合效应影响越大。当弹性模量 E_f = 6GPa、E_m=10GPa 时，流-固耦合效应对累计产气量的影响在 6.5%左右；当弹性模量 E_f = 3GPa、E_m=10GPa 时，流-固耦合效应对累计产气量的影响在 13%左右，此时需要考虑流-固耦合效应。

10.3.2　Biot 系数的影响

　　图 10.4 分析了 Biot 系数(α)对产气量的影响。从图中可看出，Biot 系数的不同对流-固耦合效应有较明显的影响，且 Biot 系数越大，流-固耦合效应越明显。

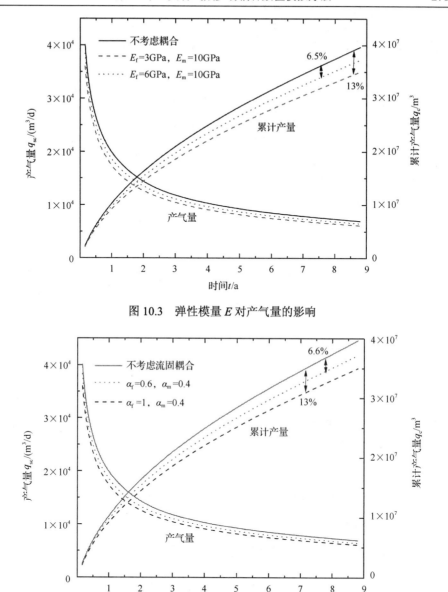

图 10.3 弹性模量 E 对产气量的影响

图 10.4 Biot 系数 α 对产气量的影响

10.3.3 泊松比的影响

图 10.5 分析了泊松比 (v) 对产气量的影响。从图中可看出，泊松比对流-固耦合效应有较明显的影响。对于 9 年累计产气量，由于泊松比的取值不同，产量最大可相差 8.9%。泊松比越小，流-固耦合效应越明显。

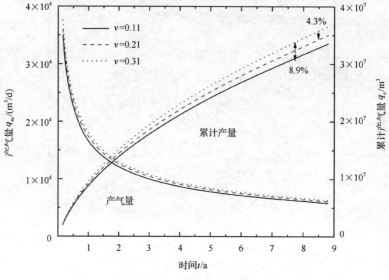

图 10.5　泊松比 v 对产量的影响

10.3.4　在不同区域上流-固耦合效应的强弱分析

图 10.6 考虑了多级压裂水平井在不同区域上的流-固耦合作用,可以看出在生产的前期(前 2 年),大裂缝区域有明显的流-固耦合效应,但微裂缝和基质区域但微裂缝和基质区域流-固耦合作用较弱。随着生产时间的增加,微裂缝区的流-固耦合作用逐渐增强,基质区域流-固耦合作用较弱。

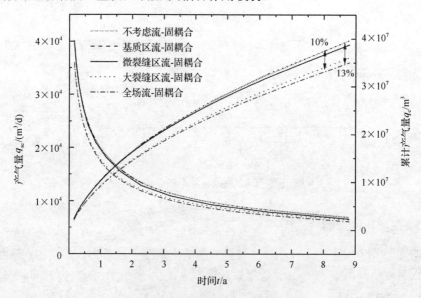

图 10.6　不同区域的流-固耦合作用

10.4　压裂缝网特征对产量的影响

10.4.1　缝网分布形式的影响

图 10.7 为一段水力压裂区域内页岩固有渗透率空间分布云图,图 10.8 展示了考虑不同孔隙度分布情况日产气量和累计产气量的曲线图。结果表明,在整个压裂区域上人工压裂缝长度相同且平均体积孔隙度和平均体积渗透率相同的前提下,在生产初期,缝网近宽远窄[图 10.7(c)]情况下所预测的日产量最高;网宽缝短[图 10.7(a)]情况下日产量最低。然而,远近均匀[图 10.7(b)]情况下,25 年后的累计产量最高;网宽缝短[图 10.7(a)]情况下的累计产量最低。这表明若缝网远近密度越均匀,则有利于提高累计产量。另外,远近均匀情况相对于网宽缝短和

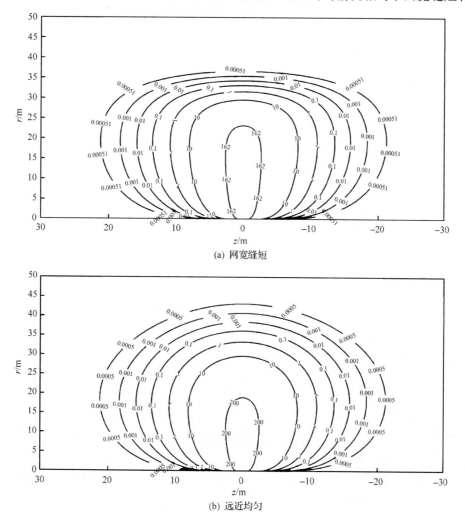

(a) 网宽缝短

(b) 远近均匀

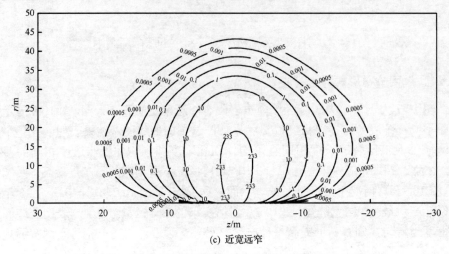

图 10.7　一段水力压裂区域内页岩固有渗透率空间分布云图

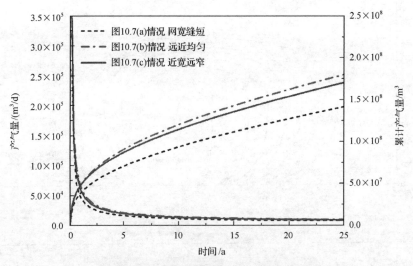

图 10.8　不同孔隙度分布对产气量的影响

近宽远窄两种情况，25 年累计产量分别要高出约 21%和 6%，这表明了页岩水力压裂缝网分布形式对最终累计产量的影响非常敏感。

10.4.2　多级压裂缝排列方式对产量的影响

图 10.9 为相邻力水压裂段页岩孔隙度的分布图，图 10.10 对比了不同压裂情形对日产气量和累计产气量的影响。研究结果表明：对于相邻水力压裂缝长排列方式为"小中大"和"小小大"的情况，日产量在生产初期较高，其 25 年累计产量和压裂缝等缝长排列的情况相差不多；相邻水力压裂缝长排列方式为"大小大"的情况，其累计产量最高。

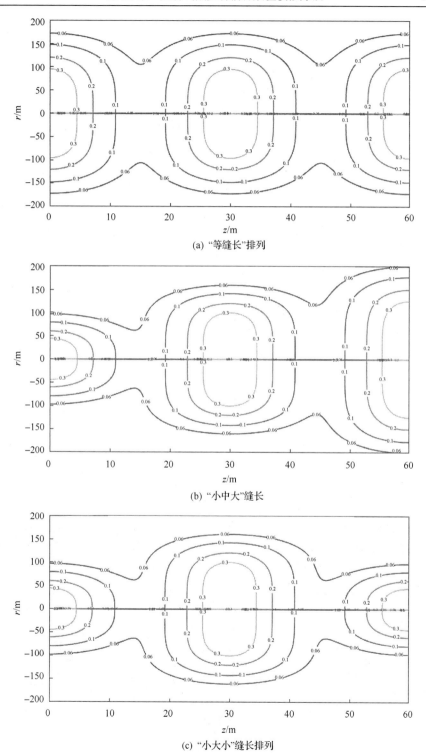

(a) "等缝长"排列

(b) "小中大"缝长

(c) "小大小"缝长排列

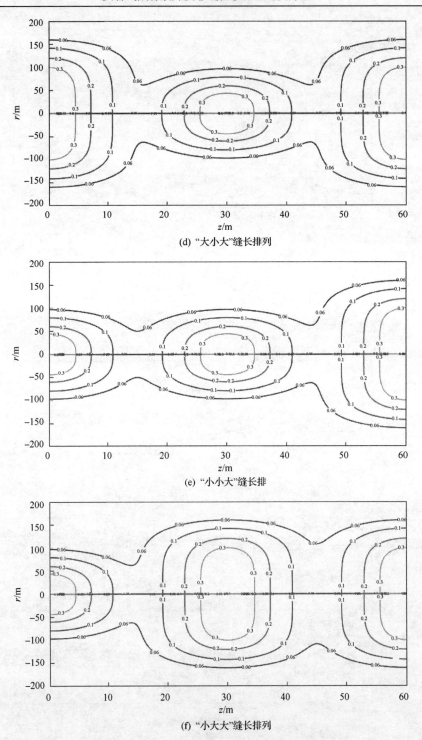

(d) "大小大"缝长排列

(e) "小小大"缝长排

(f) "小大大"缝长排列

图 10.9　相邻水力压裂段页岩孔隙度的分布图

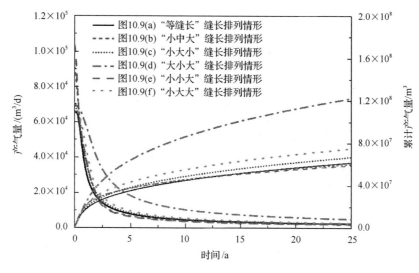

图 10.10 不同压裂情形对日产气量和累计产气量的影响

10.5 不同区块典型生产井的模拟验证和产量预测

根据现场实际生产情况，页岩气井可分为 3 类井：第一年平均日产量大于 20 万 m^3/d 的页岩气井为 I 类井；第一年平均日产量 $10 \times 10^8 \sim 20 \times 10^8 m^3/d$ 的页岩气井为 II 类井；第一年平均日产量小于 $10 \times 10^8 m^3/d$ 的页岩气井为 III 类井。对长宁和威远两个区块的 8 个平台的 I 和 II 类生产井进行了模拟验证和产能预测如图 10.11～图 10.18 所示，由图可知基于本次研究数学模型和数值算法的产量模拟结果，与实际生产井的历史数据有很好地吻合，说明了本研究理论模型和计算方法的适用性。

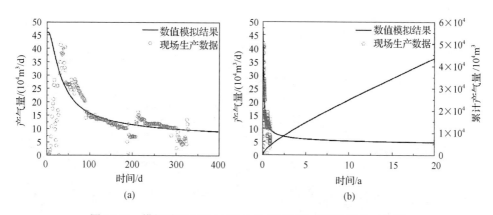

图 10.11 模拟结果与长宁 H3-9 井（I 类井）现场数据的对比图

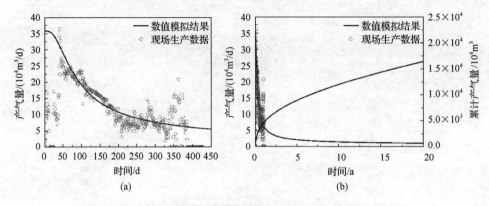

图 10.12　模拟结果与长宁 H4-2 井（Ⅰ类井）现场数据的对比图

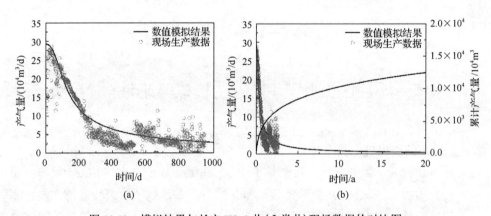

图 10.13　模拟结果与长宁 H3-4 井（Ⅰ类井）现场数据的对比图

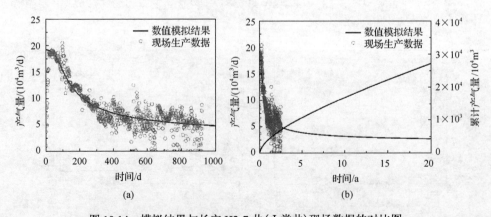

图 10.14　模拟结果与长宁 H2-7 井（Ⅰ类井）现场数据的对比图

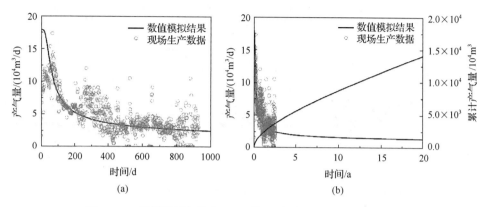

图 10.15 模拟结果与长宁 H3-6 井(Ⅱ类井)现场数据的对比图

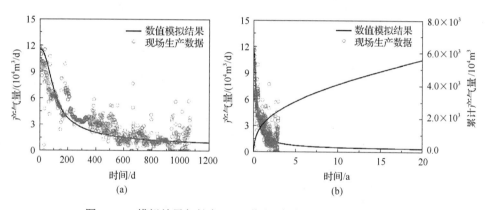

图 10.16 模拟结果与长宁 H3-2 井(Ⅲ类井)现场数据的对比图

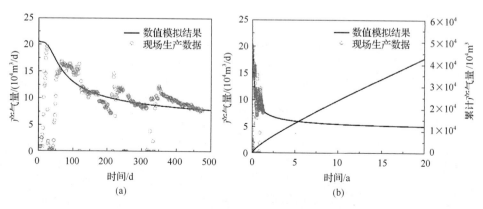

图 10.17 模拟结果与威远 202H3-1 井(Ⅰ类井)现场数据的对比图

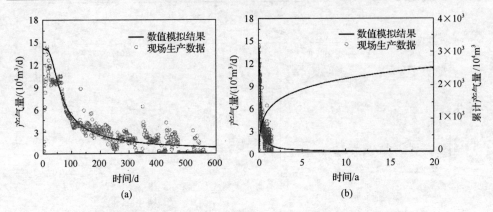

图 10.18 模拟结果与威远 H3-2 井（Ⅱ类井）现场数据的对比图

参 考 文 献

[1] Curtis M E, Ambrose R J, Sondergeld C H. Structural characterization of gas shales on the micro and nano-scales. Canadian Unconventional Resources and International Petroleum Conference, Calgary, 2010

[2] 邹才能, 朱如凯, 白斌, 等. 中国油气储层中纳米孔首次发现及其科学价值. 岩石学报, 2011(6): 1857-1864

[3] 邹才能, 董大忠, 杨桦, 等. 中国页岩气形成条件及勘探实践. 天然气工业, 2011(12): 26-39, 125

[4] 邹才能, 朱如凯, 吴松涛, 等. 常规与非常规油气聚集类型、特征、机理及展望——以中国致密油和致密气为例. 中国石油地质年会, 北京, 2011

[5] 翟光明, 何文渊, 王世洪. 中国页岩气实现产业化发展需重视的几个问题. 天然气工业, 2012(2): 1-4, 111

[6] 董大忠, 程克明, 王玉满, 等. 中国上扬子区下古生界页岩气形成条件及特征. 石油与天然气地质, 2010, 31(3): 288-299

[7] 张雪芬, 陆现彩, 张林晔, 等. 页岩气的赋存形式研究及其石油地质意义. 地球科学进展, 2010, 25(6): 597-604

[8] 杨峰, 宁正福胡昌蓬, 等. 页岩储层微观孔隙结构特征. 石油学报, 2013, 34(2): 301-311

[9] 任影. 层理节理影响下的页岩气流动规律研究. 成都: 西南石油大学硕士学位论文, 2017

[10] 衡帅, 杨春和, 郭印同, 等. 层理对页岩水力裂缝扩展的影响研究. 岩石力学与工程学报, 2015(2): 228-237

[11] 韩建斌. 页岩气藏中孔裂隙特征及其作用. 内蒙古石油化工, 2011(2): 147-148

[12] 令雪霜. 页岩气赋存与渗流特征研究. 成都: 西南石油大学硕士学位论文. 2012

[13] 张志英, 杨盛波. 页岩气吸附解吸规律研究. 实验力学, 2012(4): 492-497

[14] 郭为, 熊伟, 高树生, 等. 页岩气等温吸附/解吸特征. 中南大学学报(自然科学版), 2013(7): 2836-2840

[15] 郭肖, 任影, 吴红琴. 考虑应力敏感和吸附的页岩表观渗透率模型. 岩性油气藏, 2015(4): 109-112, 118

[16] 马东民, 韦波, 蔡忠勇. 煤层气解吸特征的实验研究. 地质学报, 2008(10): 1432-1436

[17] 刘洪林, 王红岩. 四川盆地南部志留系页岩气成藏地质特征研究. 煤层气学术研讨会, 杭州, 2013

[18] 付晓泰, 王振平. 气体在水中的溶解机理及溶解度方程. 中国科学, 1996(2): 124-130

[19] 张群双. 工厂化压裂技术现场试验研究. 大庆: 东北石油大学硕士学位论文, 2015

[20] 靳海鹏, 田世澄, 李书良. 国内外水平井技术新进展. 内蒙古石油化工, 2009, 35(22): 92-95

[21] 王光颖. 多分支井钻井技术综述与最新进展. 海洋石油, 2006, 26(3): 100-104

[22] 王志国. 沈阳油田鱼骨多分支水平井钻井技术的研究. 大庆: 东北石油大学硕士学位论文, 2010

[23] 王绪华. 套管钻井技术发展与应用. 焊管, 2009, 32(10): 33-36

[24] 李刚, 艾尼瓦尔, 雷宇, 等. 表层套管钻井技术在红山嘴油田的应用. 石油钻采工艺, 2014, 36(5): 22-23

[25] 李庆峰, 姚传高. 连续油管在水平井中的应用. 中国化工贸易, 2015(14): 200-201

[26] 陈树杰, 赵薇, 刘依强. 国外连续油管技术最新研究进展. 石油石化节能, 2010, 26(11): 44-50

[27] 任敏. 现代钻井技术发展与思考. 中国科技纵横, 2016(7): 166

[28] 唐安双. 页岩气水平井钻井技术研究与应用. 西安: 西安石油大学硕士学位论文, 2013

[29] 肖烈文. 油田水平井钻井技术现状与发展趋势的研究. 中国石油和化工标准与质量, 2013(19): 77

[30] 卢胤锟, 赵霄. 现代石油钻井技术的新进展及发展方向. 石化技术, 2016, 23(11): 213

[31] 金娟, 刘建东, 沈露禾, 等. 斜井水平井优势钻井方位确定方法研究. 石油钻采工艺, 2009, 31(3): 26-29

[32] 张焕芝, 何艳青, 刘嘉, 等. 国外水平井分段压裂技术发展现状与趋势. 石油科技论坛. 2012, 31(6): 47-52

[33] 陈作, 王振铎, 曾华国. 水平井分段压裂工艺技术现状及展望. 天然气工业, 2007, 27(9): 78-80

[34] 苏建. 水平井压裂优化设计. 青岛: 中国石油大学(华东)硕士学位论文, 2009

[35] 赵子仪. Y241 连续油管用压裂封隔器的研制与应用. 化工管理, 2014(32): 171-172

[36] 李江, 孙海鹏. 限流压裂工艺技术应用. 中国石油和化工标准与质量, 2012, 33(13): 52

[37] 程忱, 牟莎莎. 水平井限流压裂技术在江汉油田的应用. 能源与节能, 2015(1): 154-155

[38] 王烨炜. 苏里格气田水平井压裂效果评价. 西安: 西安石油大学硕士学位论文, 2014

[39] 王欢, 廖新维, 赵晓亮, 等. 非常规油气藏储层体积改造模拟技术研究进展. 特种油气藏, 2014, 21(2): 8-15

[40] 张威. 大牛地气田水平井体积压裂技术应用研究. 价值工程, 2015(28): 137-138

[41] 申贝贝, 何青, 张永春, 等. 水平井段内多裂缝压裂技术研究与应用. 天然气勘探与开发, 2014, 37(1): 64-67

[42] 董志刚, 李黔. 段内暂堵转向缝网压裂技术在页岩气水平复杂井段的应用. 钻采工艺, 2017(2): 38-40.

[43] 何先君, 蒋建勋, 张建涛, 等. 低渗透气井重复压裂工艺技术研究与应用. 天然气勘探与开发, 2009, 32(2): 37-39

[44] 陈春雷. 工厂化水平井优快钻井技术研究. 西部探矿工程, 2016, 28(1): 61-64

[45] 韩烈祥, 孙海芳. 长宁页岩气工厂化钻井模式研究. 钻采工艺, 2016, 39(6): 1-4

[46] 刘伟. 四川长宁页岩气"工厂化"钻井技术探讨. 钻采工艺, 2015(4): 24-27

[47] 王志刚. 应用学习曲线实现非常规油气规模有效开发. 天然气工业, 2014, 34(6): 1-8

[48] 刘子晗, 郭菊娥, 王树斌. 我国页岩气开发技术工程化实现的学习曲线研究. 科技管理研究, 2016, 36(3): 118-122

[49] 何桢, 韩亚娟, 岳刚, 等. 六西格玛管理在我国企业中的应用情况调查与分析. 天津大学学报(社会科学版), 2007, 9(5): 397-401

[50] 夏梓欣. 基于精益思想的油田钻井成本管理模式研究. 天津: 河北工业大学硕士学位论文, 2014

[51] 王林, 马金良, 苏凤瑞, 等. 北美页岩气工厂化压裂技术. 钻采工艺, 2012, 35(6): 48

[52] 刘鑫顺. 试论如何降低水平井投资规模. 中国经贸, 2015(18): 88-89

[53] 袁发勇, 胡光, 曹颖. 焦石坝丛式水平井组"井工厂"压裂技术应用. 化工管理, 2016(20): 141-143

[54] 刘阳, 陈平, 马天寿. 页岩气工厂化开发关键技术. 煤层气、页岩气勘探开发与井筒技术推介交流会, 杭州, 2014

[55] 刘晓旭, 吴建发, 刘义成, 等. 页岩气"体积压裂"技术与应用. 天然气勘探与开发, 2013, 36(4): 64-70

[56] 李军龙, 何昀宾, 袁操, 等. 页岩气藏水平井组"工厂化"压裂模式实践与探讨. 钻采工艺, 2017, 40(1): 47-50

[57] 钱斌, 张俊成, 朱炬辉, 等. 四川盆地长宁地区页岩气水平井组"拉链式"压裂实践. 天然气工业, 2015, 35(1): 81-84

[58] 师斌斌, 薛政, 马晓云, 等. 页岩气水平井体积压裂技术研究进展及展望. 中外能源, 2017, 22(6): 41-49

[59] 蒋裕强, 董大忠, 漆麟, 等. 页岩气储层的基本特征及其评价. 天然气工业, 2010, 30(10): 7-12

[60] 白兆华, 时保宏, 左馨敏. 页岩气及其聚集机理研究. 天然气与石油, 2011, 29(3): 54-57

[61] 孔德涛, 宁正福, 杨峰, 等. 页岩气吸附特征及影响因素. 石油化工应用, 2013, 32(9): 1-4

[62] 林腊梅, 张金川, 韩双彪. 泥页岩储层等温吸附测试异常探讨. 油气地质与采收率, 2012, 19(6): 30-32

[63] 熊健, 刘向君, 梁利喜. 页岩中超临界甲烷等温吸附模型研究. 石油钻探技术, 2015(3): 96-102

[64] 江楠, 姚逸风, 徐驰, 等. 页岩气吸附模型的研究进展. 化工技术与开发, 2015(6): 51-54

[65] Javadpour F, Fisher D, Unsworth M. Nanoscale gas flow in shale gas sediments. Journal of Canadian Petroleum Technology, 2007, 46(10): 55-61

[66] Beskok A, Karniadakis G E. Simulation of heat and momentum transfer in complex micro geometries, Journal of Thermophysics Heat & Transfer, 1994, 8(4): 647-653

[67] Karniadakis G E, Beskok A, Aluru N. Microflows and Nanoflows: Fundamental and Simulation. New York: Springer-Verlag, 2005

[68] Civan F. Relating permeability to pore connectivity using a power-law flow unit equation. Petrophysics, 2002, 43(6): 457-476.

[69] Shabro V, Torres-Verdín C, Javadpour F, et al. Finite-difference approximation for fluid-flow simulation and calculation of permeability in porous media. Transport in Porous Media, 2012, 94(3): 775-793

[70] Narasimha R. Some flow problems in rarefied gas dynamics. Pasadena : California Institute of Technology, 1961.

[71] Kaviany M. Principles of Heat Transfer in Porous Media. New York: Springer, 1995.

[72] Beskok A, Karniadakis G E. Modeling separation in rarefied gas flows. APS Division of Fluid Dynamics Meeting, Snowmass Village, 2013

[73] Guggenheim E A. Elements of the kinetic theory of gases. Pergamon Press, 1960. 29(1-2): 143-144

[74] Civan F. A Review of approaches for describing gas transfer through extremely tight porous media. 2010, 1254(1):53-58

[75] 唐颖, 唐玄, 王广源, 等. 页岩气开发水力压裂技术综述. 地质通报, 2011, 30(z1): 393-399

[76] 王世谦. 页岩气资源开采现状、问题与前景. 天然气工业, 2017, 37(6): 115-130

[77] 贾爱林, 位云生, 金亦秋. 中国海相页岩气开发评价关键技术进展. 石油勘探与开发, 2016, 43(6): 949-955

[78] 董大忠, 邹才能, 杨桦, 等. 中国页岩气勘探开发进展与发展前景. 石油学报, 2012, 33(1): 107-114

[79] 程涌, 陈国栋, 尹琼, 等. 中国页岩气勘探开发现状及北美页岩气的启示. 昆明冶金高等专科学校学报, 2017, 33(1): 16-24

[80] 陈尚斌, 朱炎铭, 王红岩, 等. 中国页岩气研究现状与发展趋势. 石油学报, 2010, 31(4): 689-694

[81] 朱军剑, 张高群, 乔国锋, 等. 页岩气压裂用滑溜水的研究及中试应用. 石油化工应用, 2013, 32(11): 24-28

[82] 黄浩勇. 泥页岩地层井壁坍塌动态模拟. 青岛: 中国石油大学(华东)硕士学位论文, 2012

[83] Civan F. Critical modification to the vogel-Tammann-Fulcher equation for temperature effect on the density of water. Industrial & Engineering Chemistry Research, 2007, 46(17): 5810-5814

[84] Ezzat A M. Completion fluids design criteria and current technology weaknesses. SPE Formation Damage Control Symposium, Lafayette, 1990

[85] Conway M W, Venditto J J, Reilly P B, et al. An Examination of clay stabilization and flow stability in various north American gas shales. SPE Annual Technical Conference, Denver, 2011

[86] Mao H J, Guo Y T, Wang G J, et al. Evaluation of impact of clay mineral fabrics on hydration process. Rock & Soil Mechanics, 2010, 31(9): 2723-2728

[87] Sharma M M, Yortsos Y C, Handy L L. Release and deposition of clays in sandstones. SPE Oilfield and Geothermal Chemistry Symposium, Phoenix, 1985

[88] Zhang J J, Kamenov A, Zhu D, et al. Measurement of realistic fracture conductivity in the Barnett shale. Journal of Unconventional Oil & Gas Resources, 2015, 11: 44-52

[89] Jagannathan M, Sharma M M. Clean-up of water blocks in low permeability formations. SPE Annual Technical Conference and Exhibition , Denver,2003

[90] Zhang J, Kamenov A, Zhu D, et al. Development of new testing procedures to measure propped fracture conductivity considering water damage in clay-rich shale reservoirs: An example of the Barnett Shale. Journal of Petroleum Science & Engineering, 2015, 135:352-359.

[91] Pascal H. Nonsteady flow through porous media in the presence of a threshold gradient. Acta Mechanica, 1981, 39(3-4): 207-224

[92] 刘慈群. 有起始比降固结问题的近似解. 岩土工程学报, 1982, 4(3): 107-109

[93] 李凡华, 刘慈群. 含启动压力梯度的不定常渗流的压力动态分析. 油气井测试, 1997(1): 1-4

[94] 邓英尔, 谢和平, 黄润秋, 等. 低渗透微尺度孔隙气体渗流规律. 力学与实践, 2005(2): 33-35, 47

[95] 葛家理. 油气层渗流力学. 北京: 石油工业出版社, 1982

[96] 朱维耀, 亓倩, 马千, 等. 页岩气不稳定渗流压力传播规律和数学模型. 石油勘探与开发, 2016(2): 261-267

[97] 朱维耀, 亓倩. 页岩气多尺度复杂流动机理与模型研究. 中国科学: 技术科学, 2016(2): 111-119

[98] Deng J, Zhu W, Ma Q. A new seepage model for shale gas reservoir and productivity analysis of fractured well. Fuel, 2014: 124(15): 232-240

[99] Deng J, Zhu W Y, Ma Q. Study on the steady and transient pressure characteristics of shale gas reservoirs. Journal of Natural Gas Science and Engineering, 2015, 24: 210-216.

[100] 亓倩, 朱维耀, 邓佳, 等. 含微裂缝页岩储层渗流模型及压裂井产能. 工程科学学报, 2016(3): 306-313

[101] 亓倩, 朱维耀, 张鉴, 等. 页岩气储层压裂稳态和非稳态渗流模型. 天然气工业, 2017, 37(1): 113-119

[102] 朱维耀, 马东旭, 亓倩, 等. 复杂缝网页岩压裂水平井多区耦合产能分析天然气工业, 2017(7): 60-68

[103] 邓佳. 页岩气储层多级压裂水平井非线性渗流理论研究. 北京: 北京科技大学博士学位论文, 2015

[104] BeJan A, Lorente S. Constructal theory of generation of configuration in nature and engineering. Journal of Applied Physics, 2006, 100(4): 5-353

[105] 徐鹏, 郁伯铭, 邱淑霞. 裂缝型多孔介质的平面径向渗流特性研究. 华中科技大学学报(自然科学版), 2012(1): 100-103

[106] 汪永利, 蒋廷学, 曾斌. 气井压裂后稳态产能的计算. 石油学报, 2003(4): 65-68

[107] Mighani S, Sondergeld C H, Rai C S. Observations of tensile fracturing of anisotropic rocks. SPE Journal, 2016, 21(4): 1-289

[108] Cho Y, Ozkan E, Apaydin O G. Pressure-dependent natural-fracture permeability in shale and Its effect on shale-gas well production. SPE Reservoir Evaluation & Engineering, 2013, 16(2): 216-228

[109] Shimizu H, Murata S, Ishida T. The distinct element analysis for hydraulic fracturing in hard rock considering fluid viscosity and particle size distribution. International Journal of Rock Mechanics & Mining Sciences, 2011, 48(5): 712-727

[110] Shi J Q, Durucan S. Near-exponential relationship between effective stress and permeability of porous rocks revealed in Gangis phenomenological models and application to gas shales. International Journal of Coal Geology, 2016, 154-155: 111-122

[111] Bustin R M, A M Bustin, Cui A, et al. Impact of shale properties on pore structure and storage characteristics. SPE Shale Gas Production Conference, Fort Worth, 2008

[112] Briggs K, Hill A D, Zhu D, et al. The Relationship between rock properties and fracture conductivity in the fayetteville shale. Society of Petroleum Engineers, Amsterdam, 2014

[113] Song Z Y, Song H Q, Ma D X, et al. Morphological characteristics of microscale fractures in gas shale and its pressure-dependent permeability. Interpretation, 2016, 5(1): SB25-SB31

[114] Heller R, Vermylen J, Zoback M. Experimental investigation of matrix permeability of gas shales. AAPG Bulletin, 2014, 98(5): 975-995

[115] Reyes L, Osisanya S O. Empirical Correlation of effective stress dependent shale rock properties. Journal of Canadian Petroleum Technology, 2002, 41(12): 90-99

[116] Dong J J, Hsu J Y, Wu W J, et al. Stress-dependence of the permeability and porosity of sandstone and shale from TCDP Hole-A. International Journal of Rock Mechanics & Mining Sciences, 2010, 47(7): 1141-1157

[117] Chen D, Pan Z J, Ye Z H. Dependence of gas shale fracture permeability on effective stress and reservoir pressure: Model match and insights. Fuel, 2015, 139: 383-392

[118] Fredd C N, McConnell S B, Boney C L, et al. Experimental study of fracture conductivity for water-fracturing and conventional fracturing applications. SPE Journal, 2001, 6(3): 288-298

[119] Ali H S, Al-Marhoun M A, Abu-Khamsin S A, et al. The Effect of overburden pressure on relative permeability. Journal of Petroleum Technology, 1987, 5(10): 15-16

[120] Walsh J B. Effect of pore pressure and confining pressure on fracture permeability. International Journal of Rock Mechanics & Mining Sciences & Geomechanics Abstracts, 1981, 18(5): 429-435

[121] Kwon O, Kronenberg A K, Gangi A F, et al. Permeability of Wilcox shale and its effective pressure law. Journal of Geophysical Research Solid Earth, 2001, 106(B9): 19339-19353

[122] Umpleby R J, Baxter S C, Chen Y Z, et al. Characterization of molecularly imprinted polymers with the Langmuir-Freundlich isotherm. Analytical Chemistry, 2001, 73(19): 4584

[123] Feast G, Wu K, Walton J, et al. Modeling and simulation of natural gas production from unconventional shale reservoirs. International Journal of Clean Coal & Energy, 2015. 4(2): 23-32

[124] Rexer T F T, Benham M J, Aplin A C, et al. Methane adsorption on shale under simulated geological temperature and pressure conditions. Energy & Fuels, 2013. 27(6): 3099-3109

[125] Sanjari E, Lay E N, Peymani M. An accurate empirical correlation for predicting natural gas viscosity. Journal of natural gas chemistry, 2011, 20(6): 654-658

[126] Lee A, Gonzalez M, Eakin B. The viscosity of natural gases. Journal of Petroleum Technology, 1966, 18(8): 997-1000

[127] Elsharkawy A M. Efficient methods for calculations of compressibility, density and viscosity of natural gases. Fluid Phase Equilibria, 2004, 218(1): 1-13

[128] 刘嘉璇, 尚新春, 朱维耀. 页岩气直井非稳态非线性渗流的数值计算及产能预测. 中国科学: 技术科学, 2015(7): 737-746

[129] 刘嘉璇, 尚新春, 朱维耀. 页岩非均匀非线性渗流数学模型及数值计算. 天然气工业, 2017, 37(1): 107-112

[130] Ozkan E, Raghavan R S, Apaydin O G. Modeling of fluid transfer from shale matrix to fracture network. SPE Annual Technical Conference and Exhibition, Florence, 2010

[131] Zhao Y L, Zhang L H, Zhao J Z, et al. "Triple porosity" modeling of transient well test and rate decline analysis for multi-fractured horizontal well in shale gas reservoirs. Journal of Petroleum Science & Engineering, 2013, 110: 253-262

[132] Zhang D, Zhang L H, Zhao Y L, et al. A composite model to analyze the decline performance of a multiple fractured horizontal well in shale reservoirs. Journal of Natural Gas Science & Engineering, 2015, 26: 999-1010

[133] Zou Y S, Zhang S C, Ma X F, et al. Numerical investigation of hydraulic fracture network propagation in naturally fractured shale formations. Journal of Structural Geology, 2016, 84: 1-13

[134] Tran N H, Chen Z, Rahman S S. Practical Application of hybrid modelling to naturally fractured reservoirs. Liquid Fuels Technology, 2007, 25(10): 1263-1277

[135] Meyer B R, Bazan L W. A Discrete fracture network model for hydraulically induced fractures-theory, parametric and case studies. SPE Hydraulic Fracturing Technology Conference, The Woodlands, 2011

[136] Liang L X, Xiong J, Liu X J. An investigation of the fractal characteristics of the Upper Ordovician Wufeng Formation shale using nitrogen adsorption analysis. Journal of Natural Gas Science & Engineering, 2015, 27(10): 402-409

[137] Sakhaee-Pour A, Li W F. Fractal dimensions of shale. Journal of Natural Gas Science & Engineering, 2016, 30: 578-582

[138] Lee S T, Brockenbrough J R. A new approximate analytic solution for finite-conductivity vertical fractures. SPE Formation Evaluation, 1986, 1(1): 75-88

[139] Brown M L, Ozkan E, Kazemi H. Practical solutions for pressure-transient responses of fractured horizontal wells in unconventional shale reservoirs. SPE Reservoir Evaluation & Engineering, 2011, 14(6): 663-676

[140] 马中高. Biot 系数和岩石弹性模量的实验研究. 石油与天然气地质, 2008, 29(1): 135-140

[141] Zammerilli A M. A Simulation Study of Horizontal, high-angle, and vertical wells in eastern Devonian shale. Low Permeability Reservoirs Symposium, Denver, 1989